Mathematik 12.1

Grundkurs

Herausgegeben von

Dr. Anton Bigalke Dr. Norbert Köhler

Erarbeitet von

Dr. Anton Bigalke

Dr. Norbert Köhler

Cornelsen

Bildnachweis

Bildarchiv Preußischer Kulturbesitz, Berlin: S. 12
DB AG/Mann: S. 81
Henrik Pohl, Berlin: S. 9, 27, 43, 69, 85, 95, 113
Lade, Frankfurt/Main: Umschlagfoto (Ott)

Alle übrigen Abbildungen: Bigalke/Köhler/Ledworuski/Schüler, Berlin

In einigen Fällen war es uns nicht möglich, die Rechtsinhaber zu ermitteln.
Selbstverständlich werden wir berechtigte Ansprüche im üblichen Rahmen vergüten.

Redaktion: Dr. Jürgen Wolff
Technische Umsetzung: Universitätsdruckerei H. Stürtz AG, Würzburg

http://www.cornelsen.de

1. Auflage € Druck 5 4 3 Jahr 04 03

Alle Drucke dieser Auflage können im Unterricht nebeneinander verwendet werden.

Druck: Universitätsdruckerei H. Stürtz AG, Würzburg

ISBN 3-464-57321-4

Bestellnummer 573214

Gedruckt auf säurefreiem Papier, umweltschonend hergestellt aus chlorfrei gebleichten Faserstoffen.

Inhalt

Vorwort

Rahmenplan

In dieser Oberstufenreihe wird der *Berliner Rahmenplan Mathematik* konsequent umgesetzt. Der modulare Aufbau des Buches und auch der einzelnen Kapitel ermöglichen dem Lehrer individuelle Schwerpunktsetzungen und dem Schüler eine problemlose Orientierung bei der Arbeit mit dem Buch. Die Stundenvorschläge sind grobe Orientierungswerte.

Druckformat

Das Buch besitzt ein weitgehend *zweispaltiges Druckformat*, was die Übersichtlichkeit deutlich erhöht und die Lesbarkeit erleichtert.
Lehrtexte und Lösungsstrukturen sind überwiegend auf der linken Seitenhälfte angeordnet, während Beweisdetails, Rechnungen und Skizzen in der Regel rechts platziert sind.

Beispiele

Wichtige Methoden und Begriffe werden auf der Basis anwendungsnaher, vollständig durchgerechneter *Beispiele* eingeführt, die das Verständnis des klar strukturierten *Lehrtextes* instruktiv unterstützen. Diese Beispiele können auf vielfältige Weise als Grundlage des Unterrichtsgesprächs eingesetzt werden. Im Folgenden werden einige Möglichkeiten skizziert:

- Die Aufgabenstellung eines Beispiels wird problemorientiert vorgetragen. Die Lösung wird im *Unterrichtsgespräch* oder in *Stillarbeit* entwickelt, wobei die Schülerbücher geschlossen bleiben. Im Anschluss kann die erarbeitete Lösung mit der im Buch dargestellten Lösung verglichen werden.

- Die Schüler *lesen* ein Beispiel und die zugehörige Musterlösung. Anschließend bearbeiten sie eine an das Beispiel anschließende *Übung in Stillarbeit*. Diese Vorgehensweise ist auch für Hausaufgaben gut geeignet.

- Ein Schüler wird beauftragt, ein Beispiel zu Hause durchzuarbeiten und sodann als *Kurzreferat* zur Einführung eines neuen Begriffs oder Rechenverfahrens im Unterricht vorzutragen.

Übungen

Im Anschluss an die durchgerechneten Beispiele werden gut passende Übungen angeboten.

- Diese Übungsaufgaben können mit Vorrang in *Stillarbeitsphasen* eingesetzt werden. Dabei können die Schüler sich am vorangegangenen Unterrichtsgespräch orientieren.

- Eine weitere Möglichkeit: Die Schüler erhalten den Auftrag, eine Übung zu lösen, wobei sie *mit dem Lehrbuch arbeiten* sollen, indem sie sich am Lehrtext oder an den Musterlösungen der Beispiele orientieren, die vor der Übung angeordnet sind.

- Weitere Übungsaufgaben auf *zusammenfassenden Übungsseiten* finden sich am Ende der meisten Abschnitte. Sie sind besonders für Hausaufgaben, Wiederholungen und Vertiefungen geeignet. Rot markierte Übungen gelten als schwieriger.

- Am Ende wichtiger Abschnitte befindet sich eine *Testseite*, die Aufgaben zum Standardstoff des jeweiligen Kapitels beinhaltet. Sie ist als Kontrolle und Übung für den Schüler, insbesondere zur Klausurvorbereitung, oder auch für Lernkontrollen geeignet.

- In das gesamte Buch eingestreut finden sich stoffunabhängige *Knobelaufgaben*. Sie dienen zur Förderung der Denkfähigkeit der Schüler und können im binnendifferenzierten Unterricht für besonders qualifizierte Schüler eingesetzt werden.

Kapitel I: Einführung in die Integralrechnung

In diesem Kapitel wird dem historischen Weg zur Integralrechnung gefolgt.
Die ***Möndchen des Hippokrates*** sind als kurze Einstimmung gedacht. Sie sollen durch Kontrastwirkung das Neue an der Idee der Streifenmethode besonders herausstellen.

Die ***Idee der Archimedischen Streifenmethode*** sollte intensiv besprochen werden, da sie großen mathematischen Bildungswert hat und bei Beweisen eine Rolle spielt. Jedoch sollten *nur einfache Berechnungsbeispiele* durchgeführt werden, da diese Rechnungen in der Kursfolge nie wieder aufgegriffen werden und zuviel Zeit kosten.
In der Folge werden stets *differenzierbare Funktionen* betrachtet, die den Schülern begrifflich sehr vertraut sind. Stetigkeit wird im Grundkurs nicht thematisiert.

Der Begriff der ***Flächeninhaltsfunktion*** zur unteren Grenze 0 wird von einfachen Beispielen ausgehend erarbeitet. Auf den Beweis des Zusammenhangs $A_0' = f$ kann verzichtet werden. Flächeninhaltsfunktionen zu anderen unteren Grenzen als 0 werden erst gar nicht eingeführt, da sie nur unnötigen Ballast darstellen würden.

So kommt man sehr schnell – was die Motivation der stärker praktisch orientierten Grundkursschüler aufrechterhält – zu einer ersten Runde über ***einfache Flächenberechnungen*** mit Hilfe der Flächeninhaltsfunktion A_0 in einem spiralig gestalteten Kursaufbau.

Möndchen des Hippokrates	1 Stunde	S. 10, Auswahl S. 11
Archimedische Streifenmethode:	2 Stunden	S. 12–14, Auswahl S. 15
Flächeninhaltsfunktion zur unteren Grenze 0	2 Stunden	S. 16 und S. 18, evtl. S. 17
einfache Flächenberechnungen	1–2 Stunden	S. 20–23, Auswahl
Übungen	1 Stunde	S. 24–26, Auswahl

Hinweis zu den vereinfachten Bezeichnungen im Buch:
Eine Fläche und ihr Inhalt werden in der Regel mit demselben Symbol bezeichnet, um mathematisch wertlosen Ballast zu vermeiden. Entsprechendes gilt für Funktionsbezeichnungen. Auf die schwerfällige schreibtechnische Unterscheidung von Funktion f, Funktionsterm f(x) und Funktionsgraph G(f) wird verzichtet, wenn der Zusammenhang klar ist.

Kapitel II: Stammfunktionen und Integrale

In diesem Abschnitt werden zügig die Begriffe ***Stammfunktion, unbestimmtes Integral, bestimmtes Integral*** mit den entsprechenden *Integralschreibweisen* und *Rechenregeln* eingeführt. Eine zu langgezogene Behandlung würde aufgrund ihrer geringen Praxisbezogenheit demotivieren.

Stammfunktion/unbestimmtes Integral	2 Stunden	S. 28–32
Flächeninhalt und Stammfunktion	2 Stunden	S. 34–38
Bestimmte Integrale/Rechenregeln	1–2 Stunden	S. 39–41

Kapitel III: Anwendungen der Integralrechnung

Dieses Kapitel soll das Arbeiten mit Integralen vor allem in Hinblick auf Flächeninhalte zur sicheren Beherrschung führen. Die Aufgabenstellungen sind auf das hierfür Wesentliche konzentriert und blenden andere Aspekte der Kurvendiskussion bewusst aus. Graphische Vorgaben erleichtern das Verständnis der Aufgabenstellung und sparen Zeit ein.

Zu Beginn wird der ***Zusammenhang zwischen bestimmten Integralen und Flächeninhalten*** für *nichtnegative*, *nichtpositive* und Funktionen mit *wechselndem Vorzeichen* wiederholt und vertieft. Hier wird das in der Folge absolut Notwendige zusammengestellt.

Dann folgt ein ausführlicher Abschnitt über ***Flächen unter Funktionsgraphen***, der den Spiralprozess aus Kapitel 1 fortsetzt. Die Aufgaben sind aus didaktischen Gründen kurz, klar gegliedert nach Grundaufgaben, Parameteraufgaben, Rekonstruktionen und Anwendungen. Es reicht, eine Auswahl der Beispiele und anschließenden Übungen zu behandeln, wobei man die Auswahl an einem evtl. geplanten Test bzw. einer Klausur orientieren sollte.

Den Abschluss bildet der Abschnitt über ***Flächen zwischen Funktionsgraphen***. Hier wird die Theorie zügig eingeführt, unter anderem die Differenzfunktion, damit schnell viele Übungsbeispiele gerechnet werden können, um Rechensicherheit zu erzielen. Aus Zeitgründen kann nur eine kleine Auswahl des vielfältigen Übungsmaterials bearbeitet werden.

Bestimmte Integrale und Flächeninhalte	1 Stunde	S. 44–45
Flächen unter Funktionsgraphen	4 Stunden	S. 46–50, Auswahl
Flächen unter Funktionsgraphen, Anwendung	1 Stunde	S. 51 oder S. 52
Übungen/Test	2 Stunden	S. 54–55, Auswahl
Flächen zwischen Funktionsgraphen, Theorie	1–2 Stunden	S. 56–57
Flächen zwischen Funktionsgraphen, Übungen	3 Stunden	S. 58–60
Anwendungen/Übungen/Test	3 Stunden	S. 61–68, Auswahl

Kapitel IV: Volumina und Arbeit *EXKURS*

Dieses Kapitel ist im Lehrplan nicht explizit vorgesehen. Es kann nur ausnahmsweise in Auszügen behandelt werden, wenn Zeit zur Verfügung steht.
Allerdings werden hier interessante ***realitätsbezogene Anwendungen*** der Integralrechnung behandelt. Es ist gut vorstellbar, die eine oder andere Anwendung als Schülerreferat oder als häusliche Leseaufgabe zu vergeben.
Inhaltlich wird neben den Anwendungszusammenhängen vor allem das sehr wichtige Prinzip vermittelt, bestimmte ***Produktsummen*** der Form $\sum f(x) \cdot \Delta x$, die in Praxisproblemen sehr häufig vorkommen, durch bestimmte Integrale erfassen und berechnen zu können.

Kapitel V: Produktregel und Kettenregel

Diese beiden Ableitungsregeln wurden hier isoliert dargestellt, um den methodischen Spielraum zu erhöhen. Es wäre auch möglich, sie an geeigneter Stelle – z. B. dort, wo sie zum ersten Mal benötigt werden, in die Behandlung der trigonometrischen Funktionen zu integrieren.
Hier werden sie – ausgehend von einfachen Beispielen – entdeckend entwickelt. Es ist wichtig, sie an dieser Stelle und auch später stets wieder gut einzuüben, da sie im Zusammenhang mit Kurvendiskussionen eine Fehlerquelle ersten Ranges darstellen.

Produktregel	1 Stunden	S. 86–87
Kettenregel	1 Stunden	S. 89–91
Übungen/Test	1–2 Stunden	S. 93–94, Auswahl

Kapitel VI: Die trigonometrischen Funktionen

Die erste für das *schriftliche Abitur* relevante Funktionsklasse bilden die trigonometrischen Funktionen, die neben der Integralrechnung knapp die Hälfte des Rahmenplans füllen.

Der erste Abschnitt über ***grundlegende Definitionen und Formeln*** hat hier nur Wiederholungscharakter und die Funktion einer Formelsammlung vor Ort. An eine explizite Behandlung ist nicht gedacht. Die Schüler sollten sich jedoch durch eine häusliche Leseaufgabe über den Inhalt informieren, um ihn bei Bedarf verwenden zu können.

Auch der zweite Abschnitt über die ***Auflösung trigonometrischer Gleichungen*** ist eine Wiederholungsdarstellung. Allerdings haben die Schüler hiermit erfahrungsgemäß große praktische Schwierigkeiten, sodass einige typische Beispiele besprochen werden sollten.
Die Schüler können bei späteren Kurvendiskussionen im Bedarfsfall hier gezielt nachlesen, wie man trigonometrische Gleichungen löst.

Der dritte Abschnitt über ***die Ableitungen von Sinus und Kosinus*** beginnt mit einer graphisch orientierten grundkursgemäßen Entdeckung der beiden Ableitungsregeln und der beiden Integrationsregeln.

Die Regeln werden dann sofort erst einmal auf *ausgewählte, sehr übersichtliche Fragestellungen aus dem Bereich der Kurvendiskussionen* angewandt, um ihren Nutzen zu zeigen und sie sicher einzuüben.

Erst danach werden sie in einem Exkurs bewiesen, der bei Zeitmangel ohne große Nachteile ausgelassen werden könnte, aber auch für ein Schülerreferat gut geeignet erscheint.

Anschließend werden die in der Praxis besonders häufig vorkommenden ***elementaren trigonometrische Funktionen*** der Gestalt $f(x) = a\sin(bx + c) + d$ und $g(x) = a\cos(bx + c) + d$ mit Hilfe von Verschiebungs- und Streckungsbetrachtungen ***ohne Differentialrechnung*** diskutiert. Hier soll das anschauliche Vorstellungsvermögen im Umgang mit einfachen trigonometrischen Termen geschult werden, ohne dass der Blick durch den Differentialkalkül von Anbeginn zu stark rechentechnisch ausgerichtet wird.

Die *Exkurse zum Überlagerungsverfahren und zur Amplitudenmodulation* bieten Vertiefungsmöglichkeiten, werden aber im normalen Durchlauf wegen Zeitmangel nicht behandelt werden können.

Der anschließende Abschnitt über ***Kurvenuntersuchungen mit Differentialrechnung*** spricht wieder die zentralen Themen Differentialrechnung und Integralrechnung an und ist damit sicher der wichtigste Abschnitt des gesamten Kapitels. Insbesondere das zentrale Thema des Kurses ma-1 – die *Integralrechnung* – wird auch hier noch einmal intensiv aufgegriffen im Sinne des Spiralprinzips und als integrierte Wiederholungsübungen.
Es wurde auf übersichtliche Aufgabenstellungen einfachen bis mittleren Schwierigkeitsgrades geachtet.
Das Problem der *Periodizität* wurde in der Regel durch Beschränkung des Definitionsintervalls auf ein Periodenintervall entschärft, da die beständige Betrachtung der Periode im Grundkurs schnell demotivierend wirkt und inhaltlich wenig bringt.

Abschließend werden im Rahmen von ***Exkursen*** als Vertiefungsmöglichkeiten *Funktionen mit komplexeren Termen*, trigonometrische *Extremalprobleme* und trigonometrische *Rekonstruktionsaufgaben* angeboten.

Die Auflösung trig. Gleichungen	1 Stunde	S. 99–102, Auswahl
Differentiation/Int. von Sinus und Kosinus	1–2 Stunden	S. 103–105
Nachweis einer Diff.regel	1 Stunde	S. 106–107
Einfache Diff.- und Int.-Aufgaben	2 Stunden	S. 106–108, Auswahl
Kurvenuntersuchungen ohne Diff.rechnung	4 Stunden	S. 113–117, Auswahl
Das Überlagerungsverfahren	1 Stunde	S. 118
Kurvenuntersuchungen mit Diff.rechnung	10 Stunden	S. 121–128, ggf. S. 129–133
Extremalprobleme/Rekonstruktionen	1 Stunde	S. 134–141, Auswahl

1. Einführung in die Integralrechnung

1. Die Möndchen des Hippokrates

Schon vor über 2000 Jahren versuchten die Mathematiker des Altertums, die Inhalte krummlinig begrenzter Flächen und Körper zu bestimmen.
Dem griechischen Gelehrten und Naturforscher ***Hippokrates von Chios*** gelang um 450 v. Chr. die exakte Berechnung der Inhalte verschiedener mondsichelförmiger Figuren.
Eine solche Berechnung werden wir nun nachvollziehen, um uns einen Eindruck vom Stand des damaligen Wissens zu verschaffen.

Hippokrates' Problem war die Berechnung des Flächeninhalts der rechts abgebildeten Mondsichel.
Diese Figur wird durch zwei Kreise mit den Mittelpunkten M_1 und M_2 und den Radien $r_1 = a$ und $r_2 = a\sqrt{2}$ begrenzt.
Hippokrates konnte beweisen, dass die rote Sichelfläche ebenso groß ist wie die Fläche des grauen Quadrats, d. h. a^2.

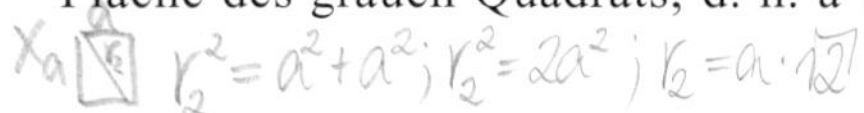

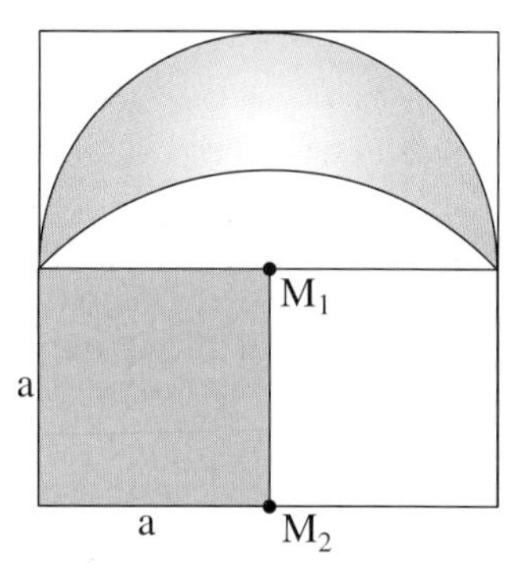

Sein Gedankengang geht aus der zweiten Abbildung hervor:

Die Viertelkreise AM_2B und AM_1C sind ähnliche Figuren. Da ihre Radien sich wie $\sqrt{2}$ zu 1 verhalten, stehen ihre Flächeninhalte im Verhältnis 2 zu 1.
Das gleiche Verhältnis gilt daher für die Flächeninhalte ihrer Segmente Y und X, d. h. Y = 2X.
Die Sichelfläche Z + X + X lässt sich also durch Z + Y ausdrücken.
Dies aber ist gerade der Inhalt des Dreiecks ABC, der a^2 beträgt (Grundlinienlänge 2a, Höhe a).
Damit ist die überzeugende Beweisführung des Hippokrates abgeschlossen.

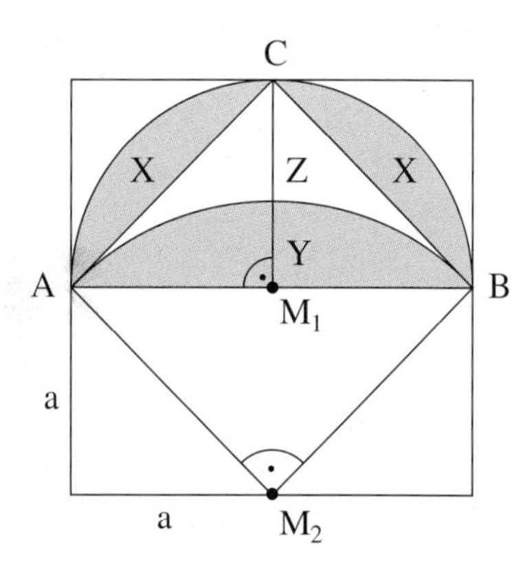

Hippokrates lebte auf der griechischen Mittelmeerinsel Chios. Er betrieb seine Studien in Athen und auf zahlreichen Reisen. Er gilt als der bedeutendste Mathematiker seines Jahrhunderts.

Übungen

Kreisflächen und Möndchenflächen

1. Berechnen Sie die Flächeninhalte der beiden Figuren innerhalb der Quadrate, die durch Halbkreise bzw. Viertelkreise begrenzt sind.

2. Ein Quadrat sei von einem roten Kreis umschrieben. Über den Quadratseiten seien schwarze Halbkreise errichtet. Zeigen Sie: Die grau markierten Sichelflächen besitzen insgesamt den gleichen Inhalt wie die Quadratfläche.

3. Zeigen Sie, dass die große Sichel A_1 den gleichen Inhalt hat wie die beiden kleinen Sicheln A_2 and A_3 zusammen. Die Begrenzungsbögen der Sicheln seien auch hier jeweils Kreisbögen.

4. Durch den Thaleskreis zum rechtwinkligen Dreieck ABC und die beiden Halbkreise über den Seiten a und b werden zwei Möndchen begrenzt. Zeigen Sie, dass die beiden Möndchen zusammen den gleichen Inhalt besitzen wie das Dreieck.

5. Der Punkt X liege irgendwo auf dem Durchmesser des roten Halbkreises und teile diesen in a und b. Die rote Fläche wurde von Archimedes als *Arbelos* bezeichnet. Zeigen Sie, dass sie den gleichen Inhalt wie ein Kreis mit dem Durchmesser c hat.

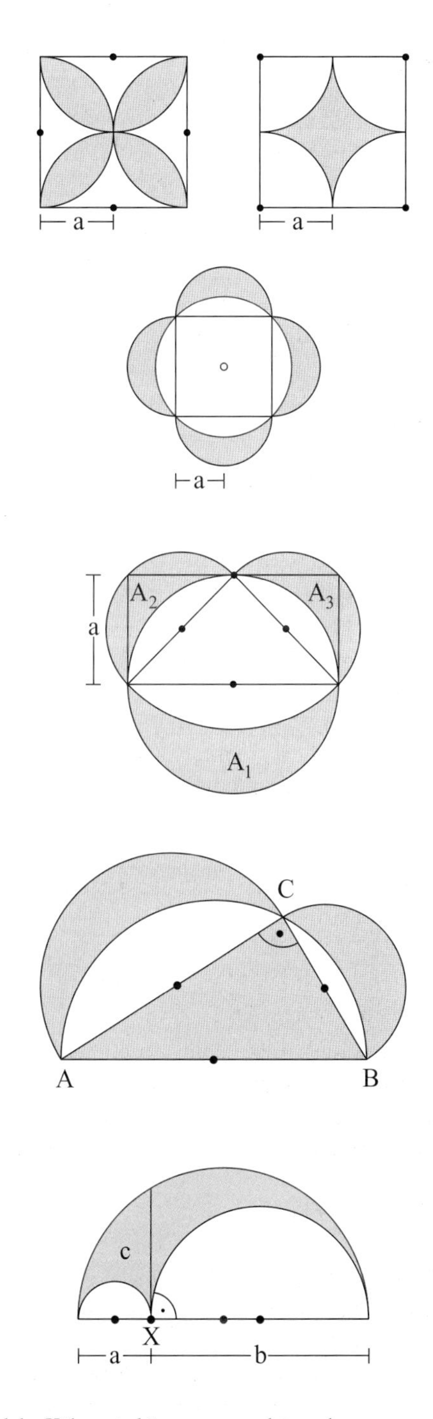

Hinweis: Die Flächenformel für den Kreis, der Satz des Thales und der Höhensatz können verwendet werden.

2. Die Streifenmethode des Archimedes

A. Die Grundidee

Der bedeutendste Mathematiker der Antike war ***Archimedes von Syrakus***, der 287 v. Chr. bis 212 v. Chr. lebte. Ihm gelang die exakte Bestimmung des Flächeninhalts eines Parabelsegments. Damit war er seiner Zeit um 2000 Jahre voraus, denn erst um 1630 wurden seine Theorien durch Cavalieri sowie später durch Newton und Leibniz fortgesetzt (um 1670) und weiterentwickelt, sodass Differential- und ***Integralrechnung*** entstanden, mathematische Grundpfeiler der modernen Naturwissenschaften.
Das Flächenberechnungsverfahren des Archimedes ist auch heute noch von zentraler Bedeutung für das Verständnis der Integralrechnung. Daher versuchen wir nun, die Grundidee des Archimedes nachzuvollziehen, die ***Streifenmethode***.

Archimedes – Sohn des Astronomen Pheidias – lebte in Syrakus. Er bestimmte den Kreisumfang und die Kreiszahl Pi, berechnete Volumen und Oberfläche der Kugel, baute Brennspiegel, Wurfmaschinen und die archimedische Schraube und entdeckte die Gesetze des Hebels, des Schwerpunktes, des Auftriebes und der geneigten Ebene.
Im Zweiten Punischen Krieg wurde er von römischen Legionären getötet, die Syrakus eroberten. Seine letzten Worte sollen gelautet haben: „Noli turbare circulos meos!" (Störe meine Kreise nicht!)

Beispiel: Der Flächeninhalt des abgebildeten Parabelsegments, welches zwischen dem Graphen der Funktion $f(x) = x^2$ und der x-Achse über dem Intervall $[0 ; 1]$ liegt, soll näherungsweise bestimmt werden.

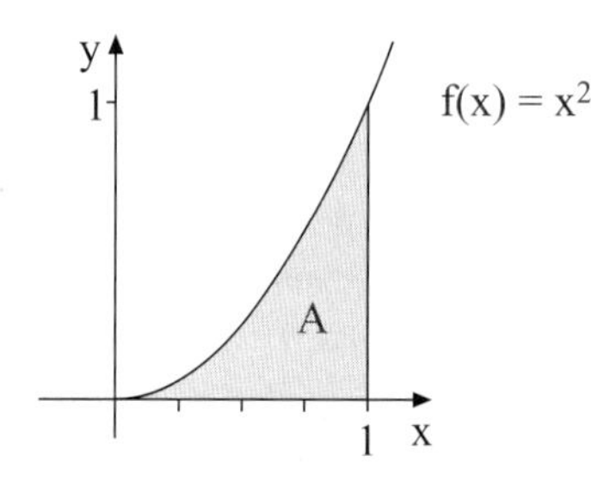

Lösung:

Wir unterteilen die Fläche in eine Anzahl von vertikalen Streifen. Die Fläche eines jeden solchen Streifens lässt sich durch zwei Rechtecke einschachteln.

So ergibt sich z. B. bei einer Einteilung in 4 Streifen eine untere Abschätzung von A durch die Inhaltssumme der ganz unter der Kurve liegenden Rechtecke (**Untersumme** U_4) sowie eine obere Abschätzung durch die Summe der Inhalte der über die Kurve hinausragenden Rechtecke (**Obersumme** O_4).

Einschachtelung durch Rechteckstreifen

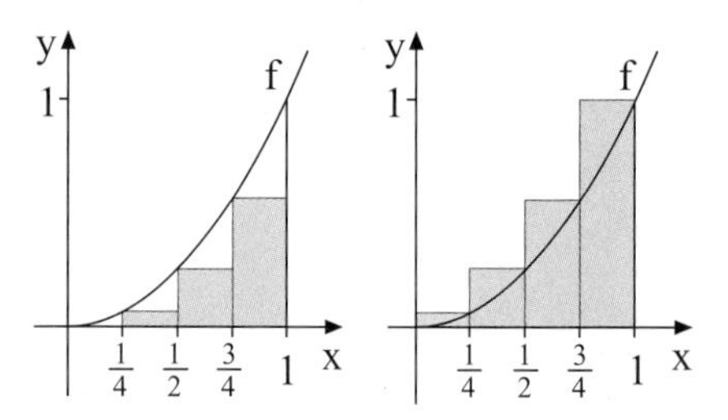

Untersumme $U_4 \leq A \leq$ Obersumme O_4

Alle Rechteckstreifen besitzen die Breite $\frac{1}{4}$, während ihre Höhen Funktionswerte der Funktion $f(x) = x^2$ an den Stellen $0, \frac{1}{4}, \frac{2}{4}, \frac{3}{4}, 1$ sind, also $0^2, \left(\frac{1}{4}\right)^2, \left(\frac{2}{4}\right)^2, \left(\frac{3}{4}\right)^2$ und 1^2.
Damit kann man U_4 und O_4 wie rechts dargestellt berechnen und erhält eine Einschachtelung des gesuchten Flächeninhalts A, die leider noch nicht sehr genau ist.

$$U_4 = \frac{1}{4} \cdot \left[0^2 + \left(\frac{1}{4}\right)^2 + \left(\frac{2}{4}\right)^2 + \left(\frac{3}{4}\right)^2\right] = \frac{14}{64}$$

$$O_4 = \frac{1}{4} \cdot \left[\left(\frac{1}{4}\right)^2 + \left(\frac{2}{4}\right)^2 + \left(\frac{3}{4}\right)^2 + 1^2\right] = \frac{30}{64}$$

$$\frac{14}{64} \le A \le \frac{30}{64}$$

$$0{,}21 \le A \le 0{,}47$$

Um eine größere Genauigkeit zu erzielen, kann man die Anzahl der Streifen erhöhen. Geht man z. B. auf 8 Streifen, so erhält man die nebenstehende Figur (Untersumme U_8 kräftig rot, Obersumme O_8 schwach rot).

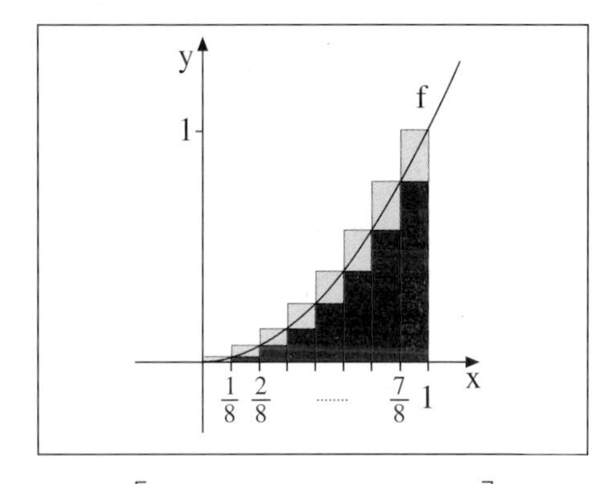

Die Berechnung der Rechtecksummen ergibt für den Flächeninhalt A die Abschätzung $0{,}27 \le A \le 0{,}40$, die schon genauer ist.

$$U_8 = \frac{1}{8} \cdot \left[0^2 + \left(\frac{1}{8}\right)^2 + \left(\frac{2}{8}\right)^2 + \ldots + \left(\frac{7}{8}\right)^2\right] = \frac{35}{128}$$

$$O_8 = \frac{1}{8} \cdot \left[\left(\frac{1}{8}\right)^2 + \left(\frac{2}{8}\right)^2 + \ldots + \left(\frac{7}{8}\right)^2 + 1^2\right] = \frac{51}{128}$$

$$\frac{35}{128} \le A \le \frac{51}{128}$$

$$0{,}27 \le A \le 0{,}40$$

Weitere Rechnungen mit noch kleineren Streifenbreiten führen auf die nebenstehende Tabelle, aus der auch ersichtlich ist, dass die Differenz aus Obersumme und Untersumme mit zunehmender Streifenzahl kleiner wird, sodass die gesuchte Fläche A immer genauer approximiert wird. Bei 256 Streifen erhält man $A \approx 0{,}33$ auf 2 Nachkommastellen genau. Allerdings ist der Rechenaufwand dann schon extrem hoch, sodass ein Computer eingesetzt werden muss.

Interessant: Das arithmetische Mittel von U_n und O_n liefert schon ab n=4 einen ziemlich guten Schätzwert, nämlich 0,345.

n	U_n	O_n	$O_n - U_n$
4	0,22	0,47	0,25
8	0,27	0,40	0,13
16	0,30	0,37	0,07
32	0,32	0,35	0,03
64	0,325	0,341	0,016
128	0,329	0,337	0,008
256	0,331	0,335	0,004

$A \approx 0{,}33$

Übung 6

Rechnen Sie das Tabellenergebnis für die Untersumme U_{16} und für die Obersumme O_{16} mit Hilfe Ihres Taschenrechners nach.

B. Die exakte Berechnung des Parabelsegmentinhalts

Archimedes gab sich mit der näherungsweisen Berechnung des Inhalts des Parabelsegmentes nicht zufrieden. Ihm gelang die exakte Inhaltsbestimmung. Dazu teilte er das Intervall $[0\,;\,1]$ in n Streifen der Breite $1/n$.
Für diese allgemeine Unterteilung berechnete er die Untersumme U_n und die Obersumme O_n. Dies gelang ihm durch Anwendung der Formel für die Summe der ersten m Quadratzahlen: $1^2+2^2+\ldots+m^2=\frac{1}{6}\cdot m\cdot(m+1)\cdot(2m+1)$. Diese Formel war damals bereits bekannt.
Die Rechnung für U_n and O_n verläuft analog zur Berechnung von U_8 and O_8 auf der vorigen Seite und lautet folgendermaßen:

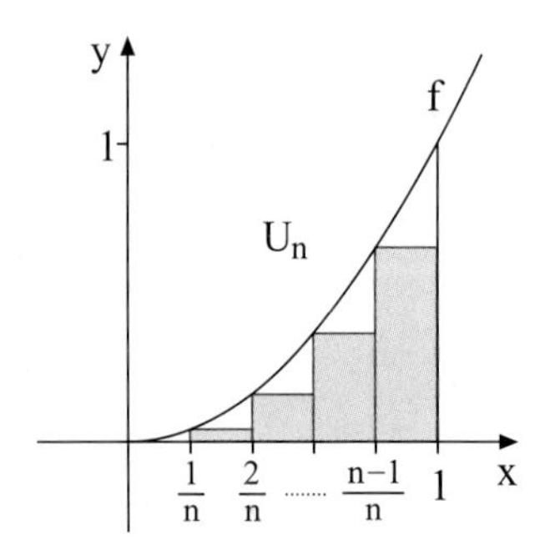

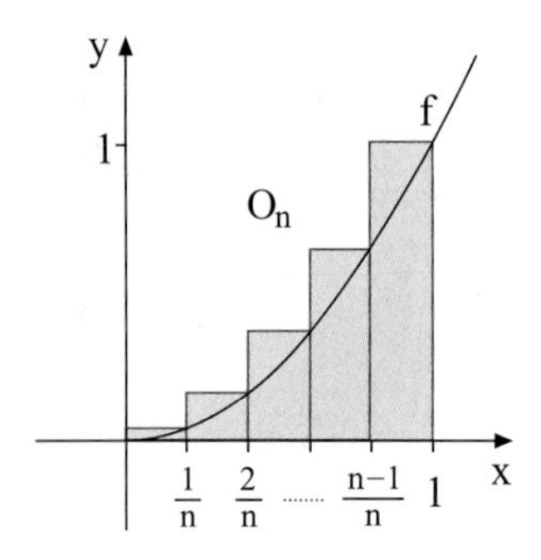

Nun ließ er in Gedanken die Anzahl der Streifen immer weiter anwachsen. Er bildete also den Grenzwert für $n\to\infty$ und stellte fest, dass dabei sowohl die Untersumme U_n als auch die Obersumme O_n auf den Grenzwert $\frac{1}{3}$ zustreben.

Da A für jedes n zwischen U_n und O_n liegt, muss $A=\frac{1}{3}$ gelten.

Damit war Archimedes die exakte Bestimmung des Inhaltes A tatsächlich gelungen.

Berechnung von U_n und O_n:

$$\begin{aligned}U_n&=\frac{1}{n}\cdot\left[0^2+\left(\frac{1}{n}\right)^2+\left(\frac{2}{n}\right)^2+\ldots+\left(\frac{n-1}{n}\right)^2\right]\\&=\frac{1}{n}\cdot\left[0^2+\frac{1^2}{n^2}+\frac{2^2}{n^2}+\ldots+\frac{(n-1)^2}{n^2}\right]\\&=\frac{1}{n^3}\cdot\left[0^2+1^2+2^2+\ldots+(n-1)^2\right]\\&=\frac{1}{n^3}\cdot\frac{1}{6}\cdot(n-1)\cdot n\cdot(2n-1)\\&=\frac{1}{6}\cdot\frac{n-1}{n}\cdot\frac{n}{n}\cdot\frac{2n-1}{n}\end{aligned}$$

$$\begin{aligned}O_n&=\frac{1}{n}\cdot\left[\left(\frac{1}{n}\right)^2+\left(\frac{2}{n}\right)^2+\ldots+\left(\frac{n-1}{n}\right)^2+1^2\right]\\&=\frac{1}{n^3}\cdot\left[1^2+2^2+\ldots+(n-1)^2+n^2\right]\\&=\frac{1}{n^3}\cdot\frac{1}{6}\cdot n\cdot(n+1)\cdot(2n+1)\\&=\frac{1}{6}\cdot\frac{n}{n}\cdot\frac{n+1}{n}\cdot\frac{2n+1}{n}\end{aligned}$$

Grenzwertbildung:

$$\begin{aligned}\lim_{n\to\infty}U_n&=\lim_{n\to\infty}\left(\frac{1}{6}\cdot\frac{n-1}{n}\cdot\frac{n}{n}\cdot\frac{2n-1}{n}\right)\\&=\frac{1}{6}\cdot 1\cdot 1\cdot 2=\frac{1}{3}\end{aligned}$$

$$\begin{aligned}\lim_{n\to\infty}O_n&=\lim_{n\to\infty}\left(\frac{1}{6}\cdot\frac{n}{n}\cdot\frac{n+1}{n}\cdot\frac{2n+1}{n}\right)\\&=\frac{1}{6}\cdot 1\cdot 1\cdot 2=\frac{1}{3}\end{aligned}$$

Wegen $U_n\le A\le O_n \quad (n\in\mathbb{N})$

gilt $\lim\limits_{n\to\infty}U_n\le A\le\lim\limits_{n\to\infty}O_n$.

Also: $\frac{1}{3}\le A\le\frac{1}{3}$

Ergebnis: $A=\frac{1}{3}$

Übungen

Archimedische Streifenmethode

7. Gegeben sei der abgebildete Funktionsgraph, der für das Intervall [0 ; 2] definiert ist. Teilen Sie das Intervall in 4 gleiche Teile und zeichnen Sie die zur Untersumme U_4 und zur Obersumme O_4 gehörenden Treppenkurven ein.

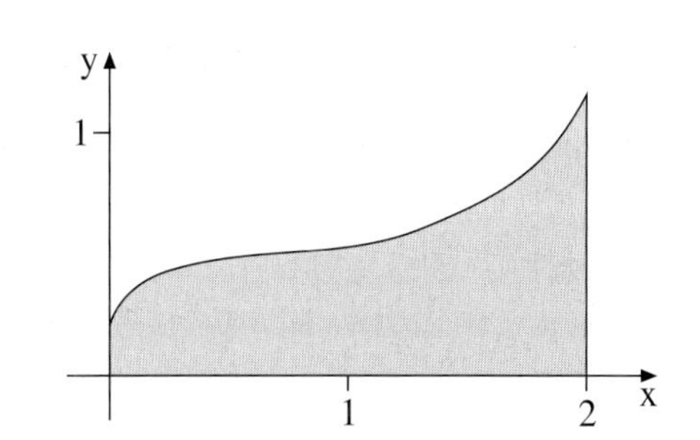

8. Berechnen Sie U_4 und O_4 sowie U_8 und O_8 für die angegebene Funktion f über dem Intervall I.

a) $f(x) = x + 1$, $I = [0;1]$
b) $f(x) = 2 - x$, $I = [0;2]$
c) $f(x) = \frac{1}{2}x^2$, $I = [0;1]$
d) $f(x) = x^2$, $I = [1;2]$
e) $f(x) = 2x^2 + 1$, $I = [0;2]$
f) $f(x) = x^4$, $I = [0;2]$

9. Berechnen Sie U_n und O_n für die Funktion f über dem Intervall I. Welcher Grenzwert ergibt sich jeweils für $n \to \infty$?

a) $f(x) = x + 1$, $I = [0;1]$
b) $f(x) = 2 - x$, $I = [0;2]$
c) $f(x) = x^2$, $I = [0;10]$
d) $f(x) = 2x^2 + x$, $I = [0;1]$

Benötigte Summenformeln: $1+2+\ldots+n = \frac{n(n+1)}{2}$, $1^2+2^2+\ldots+n^2 = \frac{n(n+1)(2n+1)}{6}$

10. Gesucht ist der Inhalt A der Fläche zwischen dem Graphen von $f(x) = x^3$ und der x-Achse über dem Intervall [0 ; 1].
Gehen Sie analog zum archimedischen Beispiel $f(x) = x^2$ (S. 14) vor.

Benötigte Summenformel: $1^3+2^3+\ldots+n^3 = \frac{n^2(n+1)^2}{4}$

11. Archimedes verwendete keine Rechteckstreifen, sondern in natürlicher Weise Trapezstreifen (siehe Abb.). Berechnen Sie die Trapezstreifensumme T_4 der Funktion $f(x) = x^2$ über dem Intervall [0 ; 1].
Wie groß ist die Differenz zwischen dem exakten Inhalt von A und T_4?
Vergleichen Sie mit den Rechtecksummen U_4 und O_4.
Welchen Nachteil haben Trapezstreifen gegenüber Rechteckstreifen ?

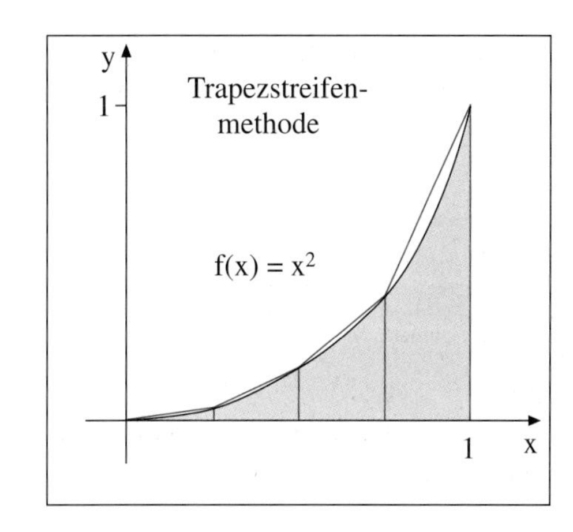

3. Die Flächeninhaltsfunktion

A. Die Flächeninhaltsfunktion einer linearen Funktion

Flächenbestimmungen mit der Streifenmethode des Archimedes sind sehr rechenaufwendig. Seit Newton und Leibniz steht uns ein einfacheres Verfahren zur Verfügung. Man verwendet **Flächeninhaltsfunktionen**.

Beispiel: Gegeben sei die reelle Funktion $f(x) = \frac{1}{3}x$. Gesucht ist eine passende Funktion A_0, die jedem $x \geq 0$ den Inhalt $A_0(x)$ derjenigen Fläche zuordnet, die über dem Intervall $[0; x]$ zwischen dem Graphen von f und der x-Achse liegt.

Lösung:
Rechts ist der Graph der **Randfunktion** f als schwarze Kurve dargestellt.
Die rote Fläche zwischen Graph und x-Achse, die bei 0 beginnt und an der Stelle x vertikal begrenzt endet, hat die Form eines Dreiecks (Grundlinie x, Höhe $\frac{1}{3}x$). Für ihren Flächeninhalt $A_0(x)$ gilt demnach: $A_0(x) = \frac{1}{2} \cdot x \cdot \frac{1}{3}x = \frac{1}{6}x^2$.
Durch diesen Term wird also in eindeutiger Weise jeder Stelle $x \geq 0$ der Flächeninhalt zwischen dem Graphen von f und der x-Achse zugeordnet, wobei die Zählung des Inhalts an der Stelle 0 beginnt. Aus diesem Grund bezeichnet man die Funktion $A_0(x) = \frac{1}{6}x^2$ als Flächeninhaltsfunktion der Funktion $f(x) = \frac{1}{3}x$ zur unteren Grenze 0. Ihr Graph ist im Bild 2 dargestellt. Der roten Fläche aus Bild 1 entspricht der rot eingezeichnete Funktionswert aus Bild 2. Mit Hilfe der ***Flächeninhaltsfunktion zur unteren Grenze 0*** kann man den Inhalt der bei 0 "beginnenden" und an einer beliebigen Stelle "endenden" Fläche einfach berechnen.

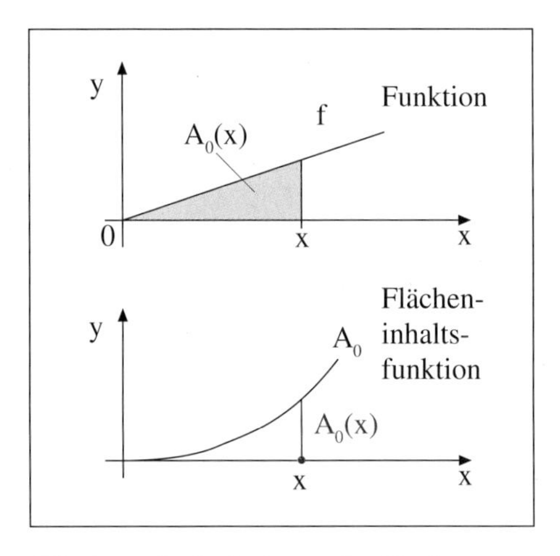

Flächeninhaltsfunktion der Funktion $f(x) = \frac{1}{3}x$ zur unteren Grenze 0:

$$A_0(x) = \frac{1}{6}x^2$$

Anwendungsbeispiel:
Berechnung der Fläche unter $f(x) = \frac{1}{3}x$ über dem Intervall $[0;3]$:

$$A_0(3) = \frac{1}{6} \cdot 3^2 = 1{,}5$$

Übung 12
Berechnen Sie die Flächeninhaltsfunktion $A_0(x)$ zur unteren Grenze 0 für die Funktion f.

a) $f(x) = x$ b) $f(x) = 2$
c) $f(x) = x+2$

Übung 13
Gegeben sei die Funktion f. Zeigen Sie, dass die angegebene Funktion A_0 die Flächeninhaltsfunktion von f zur unteren Grenze 0 ist.

a) $f(x) = 2x+3$: $A_0(x) = x^2+3x$
b) $f(x) = ax,\ a>0$: $A_0(x) = \frac{1}{2}ax^2$

B. Die Flächeninhaltsfunktion der Normalparabel

Die Bestimmung der Flächeninhaltsfunktion zu einer gegebenen linearen Randfunktion war einfach, weil die auftretenden Flächen Rechtecks- oder Dreiecksform besaßen.
Bei krummlinig begrenzten Flächen, z. B. unter einer Parabel, ist es zunächst nicht ganz so einfach. Hier müssen wir die Streifenmethode des Archimedes anwenden.

Beispiel: Gegeben sei die reelle Funktion $f(x) = x^2$. Gesucht ist A_0, die Flächeninhaltsfunktion von f zur unteren Grenze 0.

Lösung:
Wir teilen das Intervall [0 ; x] in n Streifen der Breite $\frac{x}{n}$ und berechnen die zugehörige Untersumme und Obersumme in Analogie zur Rechnung für das Intervall [0 ; 1] auf Seite 14. Für die Obersumme ergibt sich, wie rechts ausgeführt, der Term $O_n = \frac{x^3}{6} \cdot \frac{n}{n} \cdot \frac{n+1}{n} \cdot \frac{2n+1}{n}$.
Dabei musste die Formel für die Summe der ersten n Quadratzahlen angewendet werden, die lautet:
$1^2 + 2^2 + \ldots + n^2 = \frac{n(n+1)(2n+1)}{6}$.
Für $n \to \infty$ (beliebige Verfeinerung der Streifen) strebt die Obersumme (und die Untersumme) gegen den Inhalt der Fläche zwischen Kurve und x-Achse über dem Intervall [0 ; x], also gegen $A_0(x)$.
Die Grenzwertrechnung ergibt hier $\lim\limits_{n\to\infty} O_n = \frac{1}{3}x^3$. Daher ist $A_0(x) = \frac{1}{3}x^3$ die gesuchte Flächeninhaltsfunktion.

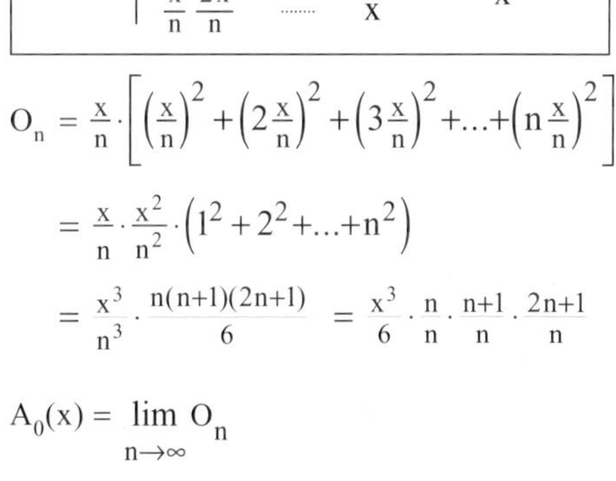

$$O_n = \frac{x}{n} \cdot \left[\left(\frac{x}{n}\right)^2 + \left(2\frac{x}{n}\right)^2 + \left(3\frac{x}{n}\right)^2 + \ldots + \left(n\frac{x}{n}\right)^2\right]$$
$$= \frac{x}{n} \cdot \frac{x^2}{n^2} \cdot \left(1^2 + 2^2 + \ldots + n^2\right)$$
$$= \frac{x^3}{n^3} \cdot \frac{n(n+1)(2n+1)}{6} = \frac{x^3}{6} \cdot \frac{n}{n} \cdot \frac{n+1}{n} \cdot \frac{2n+1}{n}$$

$$A_0(x) = \lim_{n\to\infty} O_n$$
$$= \lim_{n\to\infty} \left(\frac{x^3}{6} \cdot \frac{n}{n} \cdot \frac{n+1}{n} \cdot \frac{2n+1}{n}\right)$$
$$= \frac{x^3}{6} \cdot 1 \cdot 1 \cdot 2 = \frac{1}{3}x^3$$

Das Beispiel zeigt, wie günstig es ist, die Flächeninhaltsfunktion $A_0(x)$ zu kennen. Denn wir können nun durch Einsetzen eines einzigen Funktionswertes jede Fläche zwischen Kurve und der x-Achse unter der Parabel $f(x) = x^2$, die bei 0 beginnt, berechnen. Zum Beispiel ist der Inhalt der Fläche über dem Intervall [0 ; 1] gleich $A_0(1) = \frac{1}{3}1^3 = \frac{1}{3}$, während die Fläche über dem Intervall [0 ; 3] den Inhalt $A_0(3) = \frac{1}{3}3^3 = 9$ besitzt.

Übung 14

a) Gesucht ist die Flächeninhaltsfunktion $A_0(x)$ zur unteren Grenze 0 für die quadratische Randfunktion $f(x) = \frac{1}{3}x^2$.
b) Wie groß sind die Flächeninhalte zwischen dem Graphen von f aus a) und der x-Achse über den Intervallen [0 ; 1] und [0 ; 2]?
c) Wie groß ist der Inhalt der Fläche zwischen dem Graphen von f und der x-Achse über dem Intervall [1 ; 2]?

C. Vereinfachte Bestimmung von Flächeninhaltsfunktionen

Stellen wir einige der in den vorhergehenden Beispielen und Übungen betrachteten Funktionen f mit ihren Flächeninhaltsfunktionen A_0 in einer Tabelle zusammen, so ist ein sehr einfacher Zusammenhang zu erkennen:

Randfunktion f	Flächeninhaltsfunktion A_0
$f(x) = \frac{1}{3}x$	$A_0(x) = \frac{1}{6}x^2$
$f(x) = x$	$A_0(x) = \frac{1}{2}x^2$
$f(x) = 2$	$A_0(x) = 2x$
$f(x) = x+2$	$A_0(x) = \frac{1}{2}x^2+2x$
$f(x) = x^2$	$A_0(x) = \frac{1}{3}x^3$

Differenziert man die Flächeninhaltsfunktion A_0 von f, so erhält man als Resultat die Randfunktion f.
Man kann beweisen, dass dies stets der Fall ist. Wir werden dies im Rahmen eines Exkurses nachholen (*Exkurs* D: Beweis zu $A_0' = f$).
Der gefundene Zusammenhang zwischen A_0 und f vereinfacht die Bestimmung von Flächeninhaltsfunktionen enorm.

$$A_0'(x) = f(x) \quad !$$

Beispiel: Bestimmen Sie die Flächeninhaltsfunktion zur unteren Grenze 0 von $f(x) = x^3$ und berechnen Sie anschließend den Flächeninhalt zwischen dem Graphen von f und der x-Achse über dem Intervall [0;2].

Lösung:
Wegen des oben registrierten Zusammenhangs suchen wir also eine Funktion A_0, deren Ableitung die gegebene Funktion $f(x) = x^3$ ist.
Mit etwas Überlegung erkennt man, dass $A_0(x) = \frac{1}{4}x^4 + C$ gelten muss, wobei C eine Konstante ist. Da die Flächenzählung an der unteren Grenze 0 beginnen soll, muss $A_0(0) = 0$ gelten, woraus C=0 folgt.
Resultat: $A_0(x) = \frac{1}{4}x^4$ ist die Gleichung der gesuchten Flächeninhaltsfunktion von $f(x) = x^3$ zur unteren Grenze 0.
Die Fläche über dem Intervall [0;2] hat folglich den Inhalt $A_0(2) = 4$.

1. Flächeninhaltsfunktion

$f(x) = x^3$

$A_0'(x) = x^3$

$A_0(x) = \frac{1}{4}x^4 + C$

Bedingung: $A_0(0) = 0 \Rightarrow C=0$

Resultat: $A_0(x) = \frac{1}{4}x^4$

2. Fläche über [0;2]

$A_0(2) = \frac{1}{4}2^4 = 4$

Übung 15

Suchen Sie die Flächeninhaltsfunktion von f zur unteren Grenze 0.

a) $f(x) = x+1$ b) $f(x) = x^2 + 2x + 3$ c) $f(x) = 2x^3 + 4x + 1$ d) $f(x) = ax^2$, a>0

D. *EXKURS:* Beweis des Zusammenhangs $A_0'(x) = f(x)$

Wir werden nun den auf der vorhergehenden Seite gefundenen Zusammenhang zwischen einer Funktion f und ihrer Flächeninhaltsfunktion A_0 zur unteren Grenze 0 beweisen. Wir müssen allerdings einige Voraussetzungen an f stellen, damit uns dies gelingt.

> **Satz I.1:** f sei eine nicht negative, differenzierbare Funktion. A_0 sei die Flächeninhaltsfunktion von f zur unteren Grenze 0. Dann gilt:
>
> (I) $A_0'(x) = f(x)$ (II) $A_0(0) = 0$

Beweis*:
Wir berechnen $A_0'(x)$ mit Hilfe des Differentialquotienten:

$$A_0'(x) = \lim_{h \to 0} \frac{A_0(x+h) - A_0(x)}{h}.$$

Der Term $A_0(x+h) - A_0(x)$ stellt anschaulich gesehen die rote Fläche unter f über dem Intervall $[x\,;\,x+h]$ dar (Abb.).

Eine differenzierbare Funktion besitzt über einem abgeschlossenen Intervall, also auch über $[x; x+h]$, stets ein absolutes Minimum *min* sowie ein absolutes Maximum *max*.

Die rote Fläche lässt sich daher durch zwei rechteckige archimedische Streifen der Breite h und der Höhe *min* bzw. *max* einschachteln, sodass sich für den Zählerterm $A_0(x+h) - A_0(x)$ die Einschachtelung (1) ergibt.

Division durch h liefert daraus eine entsprechende Einschachtelung (2) für den gesamten Differenzenquotienten.

Führen wir nun den Übergang $h \to 0$ durch, so strebt der in der Mitte stehende Differenzenquotient gegen $A_0'(x)$, während die beiden archimedischen Streifen immer dünner werden. Dabei nähern sich ihre Höhen *min* und *max* immer stärker an und fallen schließlich zu einem terminalen Strich der Höhe $f(x)$ zusammen, sodass sich (3) ergibt, woraus dann sofort der Zusammenhang $A_0'(x) = f(x)$ folgt.

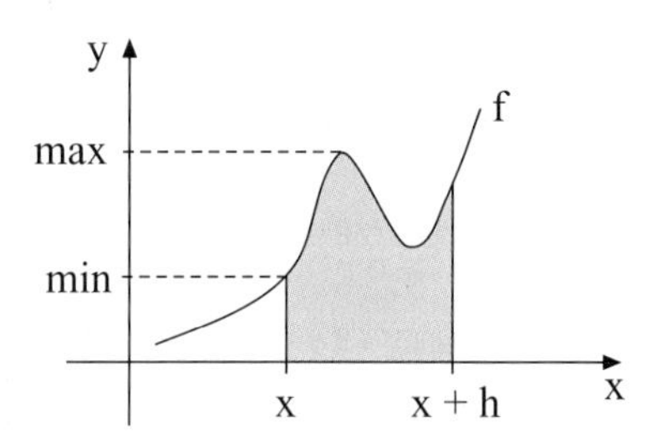

Einschachtelung durch Streifen:

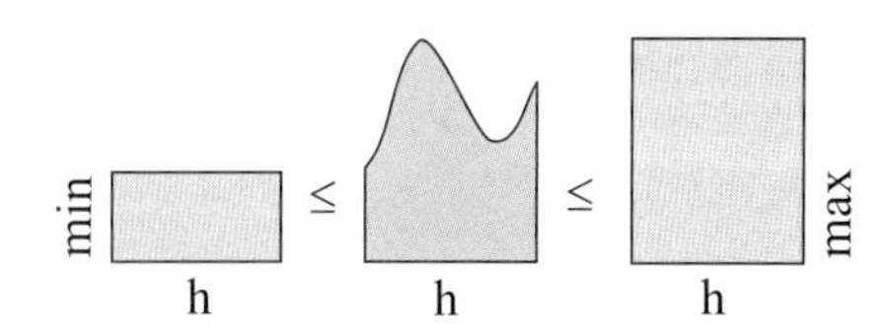

(1) $h \cdot min \leq A_0(x+h) - A_0(x) \leq h \cdot max$

Division durch h > 0:

(2) $min \leq \frac{A_0(x+h) - A_0(x)}{h} \leq max$

Grenzübergang h → 0:

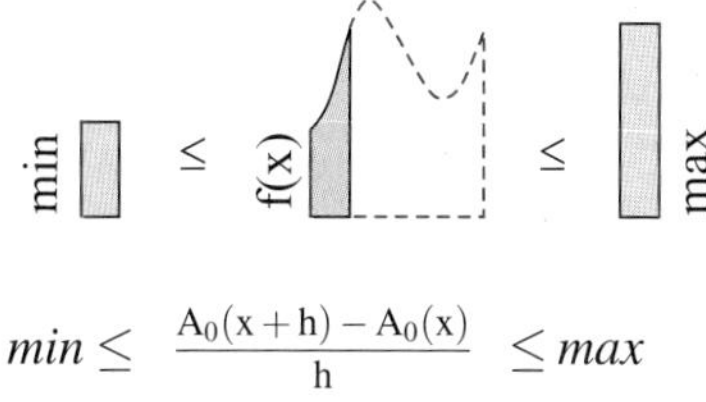

$$
\begin{array}{ccc}
(2)\ min \leq & \dfrac{A_0(x+h) - A_0(x)}{h} & \leq max \\
\downarrow & \downarrow & \downarrow \\
(3)\ f(x) \leq & A_0'(x) & \leq f(x)
\end{array}
$$

Folgerung: $A_0'(x) = f(x)$

---

* Die Betrachtung erfolgt für $h > 0$. Der Fall $h < 0$ verläuft analog.
Aussage (II) ist klar, da die Fläche bei 0 beginnt, sodass $A_0(0) = 0$ gilt.

E. Einfache Flächenberechnungen

Die folgenden Beispiele sollen als erste Musteraufgaben für die Bestimmung von Flächeninhalten mit Hilfe der Flächeninhaltsfunktion dienen.

Beispiel: Gesucht ist der Inhalt der rechts abgebildeten Fläche A unter dem Graphen von $f(x)=\frac{1}{2}x^2+1$ über dem Intervall [0 ; 2].

Lösung:
Es handelt sich hier um den Standardaufgabentyp, bei dem die Fläche bei $x=0$ beginnt. Durch Einsetzen in die Flächeninhaltsfunktion zur unteren Grenze 0 ergibt sich als Resultat: $A = A_0(2) = 3\frac{1}{3}$.

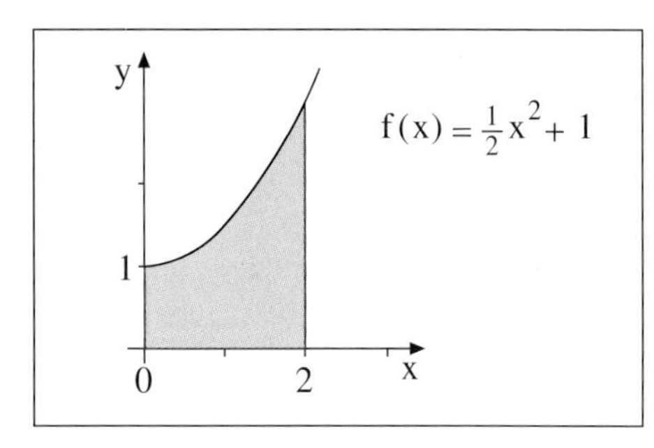

$A_0(x) = \frac{1}{6}x^3 + x$

$A = A_0(2) = 3\frac{1}{3}$

Beispiel: Bestimmen Sie den Inhalt der dargestellten Fläche A zwischen dem Graphen von $f(x)=\frac{1}{2}x^2-2x+3$ und der x-Achse über dem Intervall [1 ; 3].

Lösung:
Die Gleichung der Flächeninhaltsfunktion lautet hier $A_0(x)=\frac{1}{6}x^3-x^2+3x$.
Die Fläche A beginnt leider nicht bei 0, sodass zunächst die Flächeninhaltsfunktion A_0 zur unteren Grenze 0 nicht verwendet werden kann.

Allerdings hilft uns hier ein kleiner Trick weiter:
Wir können nämlich die gesuchte Fläche A über dem Intervall [1 ; 3] als Differenz zweier Flächen auffassen, die beide bei der unteren Grenze 0 beginnen, und zwar als Differenz der Fläche C über dem Intervall [0;3] und der Fläche B über dem Intervall [0;1].

Deren Flächeninhalte können mit Hilfe von A_0 bestimmt werden.

$A = C - B = A_0(3) - A_0(1) = 2\frac{1}{3}$

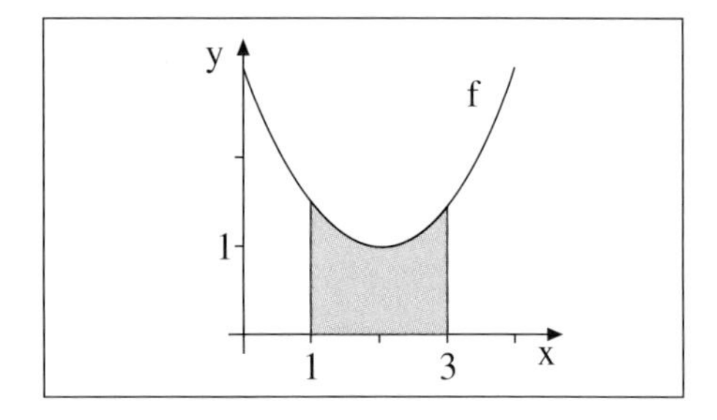

$f(x)=\frac{1}{2}x^2-2x+3$

$A_0(x)=\frac{1}{6}x^3-x^2+3x$

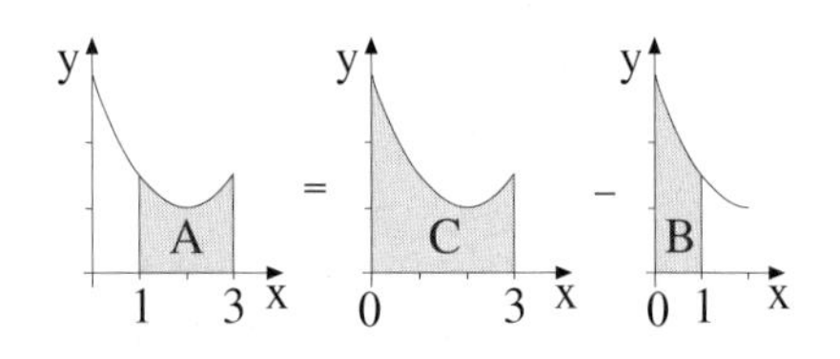

$C = A_0(3) = \frac{27}{6}$

$B = A_0(1) = \frac{13}{6}$

$A = C - B = \frac{14}{6} = 2\frac{1}{3}$

Abschließend stellen wir zwei etwas anspruchsvollere Aufgabentypen vor.

Beispiel: Der Inhalt A derjenigen Fläche soll berechnet werden, die von den Graphen der Funktionen f und g eingeschlossen wird:
$f(x) = x + 1,\ \ g(x) = x^2 - 2x + 1.$

Lösung:
Wir bestimmen zunächst die Intervallgrenzen, indem wir die Schnittstellen der Graphen von f und g errechnen.
Es sind die Stellen $x = 0$ und $x = 3$.
Außerdem stellen wir die Flächeninhaltsfunktionen A_0 und B_0 von f bzw. von g bereit. Die Fläche kann nun als Differenz der Fläche unter f über dem Intervall $[0;3]$ und der Fläche unter g über diesem Intervall aufgefasst werden. Die Inhalte dieser Flächen lassen sich mit den Flächeninhaltsfunktionen A_0 und B_0 leicht errechnen, sodass wir folgendes Ergebnis erhalten:
$A = A_0(3) - B_0(3) = 7{,}5 - 3 = 4{,}5.$

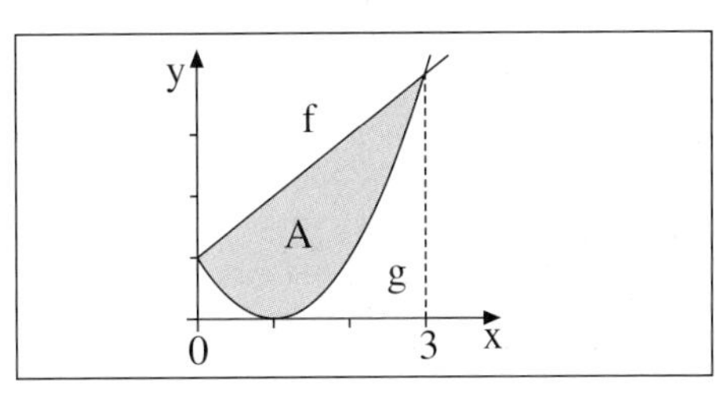

Schnittstellen von f und g:
$f(x) = g(x)$
$x + 1 = x^2 - 2x + 1$
$x^2 - 3x = 0 \quad \Rightarrow \quad x = 0\ ,\ x = 3$

Flächeninhaltsfunktionen:

von f: $A_0(x) = \frac{1}{2}x^2 + x$

von g: $B_0(x) = \frac{1}{3}x^3 - x^2 + x$

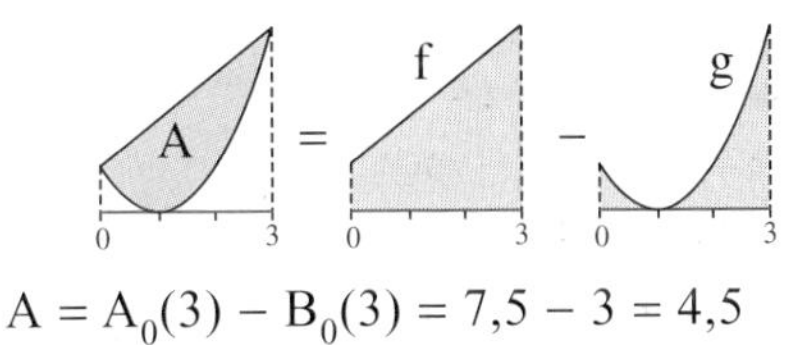

$A = A_0(3) - B_0(3) = 7{,}5 - 3 = 4{,}5$

Beispiel: Der Inhalt der Fläche unter dem Graphen von $f(x) = \sqrt{x}$ über dem Intervall $[0;2]$ soll bestimmt werden.

Lösung:
Die Problematik dieser Aufgabe liegt darin, dass wir die Flächeninhaltsfunktion der Wurzelfunktion $f(x) = \sqrt{x}$ noch nicht bestimmen können. Allerdings besteht die Möglichkeit, anstelle der Funktion f deren Umkehrfunktion $g(x) = x^2$ auf dem Intervall $[0;\sqrt{2}]$ zu untersuchen. Die gesuchte Fläche lässt sich dann als Differenz aus einer Rechteckfläche mit der Breite $\sqrt{2}$ und der Höhe 2 sowie der Fläche unter dem Graphen der Funktion $g(x) = x^2$ über dem Intervall $[0;\sqrt{2}]$ darstellen. Die entsprechenden Flächeninhalte betragen $2\sqrt{2}$ und $\frac{2}{3}\sqrt{2}$, sodass sich als Ergebnis $A = \frac{4}{3}\sqrt{2}$ ergibt.

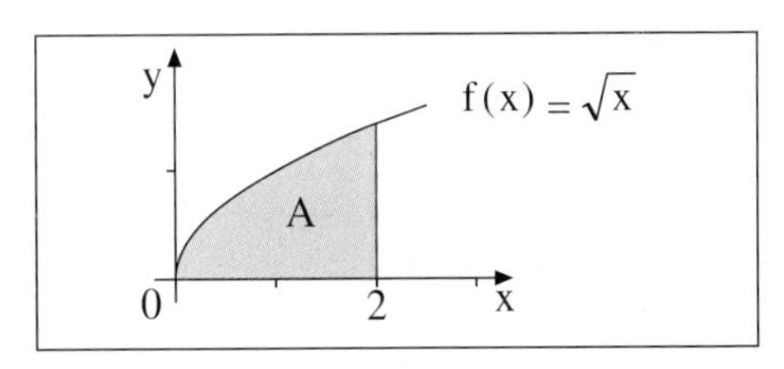

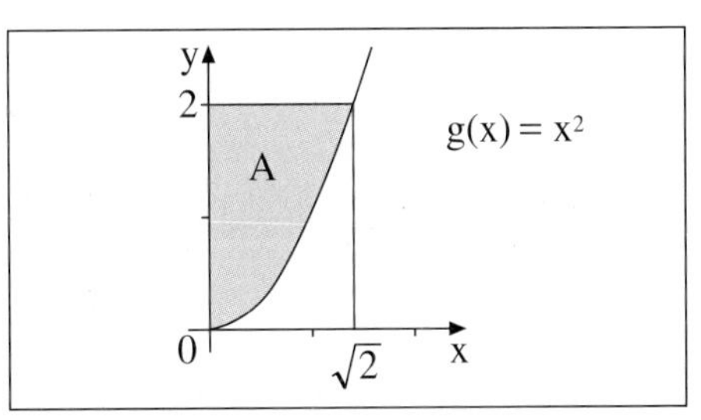

2 A = 2 − 2

0 $\sqrt{2}$ 0 $\sqrt{2}$ 0 $\sqrt{2}$

$A = 2\sqrt{2} - A_0(\sqrt{2}) = 2\sqrt{2} - \frac{2}{3}\sqrt{2} = \frac{4}{3}\sqrt{2}$

Mit dem folgenden Beispiel nähern wir uns den Grenzen unserer Methode. Nur noch Tricks helfen weiter. Wir schildern dies etwas ausführlicher, um die Probleme zu verdeutlichen.

Beispiel: Berechnen Sie den Inhalt der rechts abgebildeten Fläche, die vom Graphen der Funktion $f(x) = 4x - x^2 - 3$ und der x-Achse umschlossen wird.

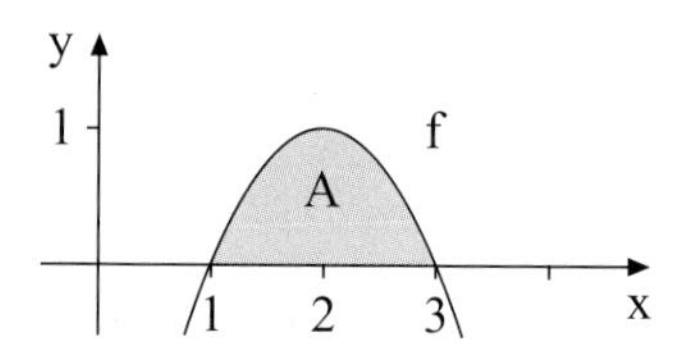

Lösung:
Die Nullstellen von f liegen bei $x = 1$ und $x = 3$. Dies sind die Intervallgrenzen, die wir benötigen.

Problem 1:
Die Fläche beginnt nicht bei $x = 0$, sondern bei $x = 1$.

Da die Fläche nicht bei $x = 0$ beginnt, könnten wir auf die Idee kommen, wie im zweiten Beispiel auf Seite 20 vorzugehen und zwei bei 0 beginnende Flächen zu verwenden.
Leider liegt der Graph von f in den Intervallen $[0\,;\,3]$ und $[0\,;\,1]$ nicht ganz oberhalb der x-Achse, sodass unser Vorhaben nicht statthaft ist, denn wir setzten stets eine nicht negative Randfunktion f voraus.

Problem 2:
Eine Darstellung von A als Differenz zweier Flächen C und B, die bei null beginnen, ist nicht möglich, da diese nicht ganz im positiven Bereich liegen würden.

Wir können uns mit einem weiteren Trick dennoch retten:
Wir verschieben den Graphen von f um eine Einheit nach links.
Es entsteht eine neue Randfunktion g mit der Gleichung $g(x) = 2x - x^2$.
Nun beginnt die entsprechende Fläche bei 0 und die Randfunktion g ist im betrachteten Bereich nicht negativ. Unter dieser Voraussetzung ist es möglich, die Flächeninhaltsfunktion der Randfunktion g zur unteren Grenze 0 zu verwenden.
Wir erhalten als Resultat $A = 1\frac{1}{3}$.

Verschiebungstrick:

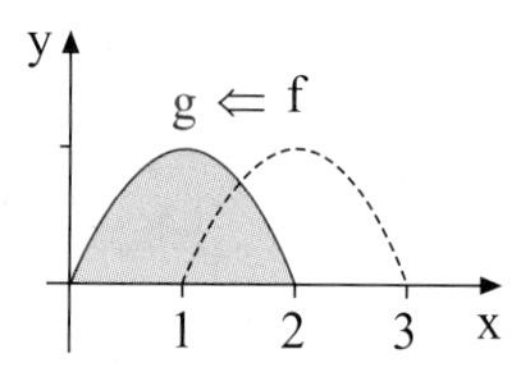

$g(x) = f(x+1)$

$g(x) = 4(x+1) - (x+1)^2 - 3$

$g(x) = 2x - x^2$

$A_0(x) = x^2 - \frac{1}{3}x^3 \quad \Rightarrow \quad A_0(2) = 1\frac{1}{3}$

An dieser Stelle endet unser Einstieg in praktische Flächenberechnungen zunächst einmal. An späterer Stelle werden wir diese auf einem höheren Niveau fortsetzen. Es wird dann etwas mehr Theorie zur Verfügung stehen, was die Flächenberechnungen noch einmal vereinfachen wird.

F. Eine typische Anwendung

Im Folgenden lösen wir ein Anwendungsproblem zur Flächeninhaltsberechnung.

Beispiel: Das Profil eines Eisenbahntunnels hat die Gestalt einer Parabel zweiten Grades. Die Breite des Tunnels beträgt 6 m, seine Höhe 4 m. Der Tunnel muss durch Ventilatoren ausreichend belüftet werden. Um deren erforderliche Leistung errechnen zu können, benötigen die Ingenieure den Flächeninhalt des Lüftungsquerschnitts des Tunnels. Wie groß ist dieser Flächeninhalt?

Lösung:
Zunächst muss ein geeignetes Koordinatensystem gewählt werden, um eine Funktionsgleichung der Parabel aufstellen zu können.
Hierzu bieten sich verschiedene Möglichkeiten an. So könnte der Koordinatenursprung in die Mitte der Tunnelgrundlinie gelegt werden und eine Funktionsgleichung aus der Kenntnis der Nullstellen und des Hochpunktes ermittelt werden. Aufgrund der Achsensymmetrie könnte dann mit Hilfe der Flächeninhaltsfunktion A_0 zunächst die Hälfte des gesuchten Flächeninhaltes errechnet oder eine Verschiebung der Parabel durchgeführt werden. Der Ursprung könnte andererseits in den Scheitelpunkt der Parabel gelegt werden. Als dritte Möglichkeit bietet sich die Wahl des Ursprungs in einem Eckpunkt des Querschnitts an.

Wir werden die zweite Möglichkeit behandeln und den Ursprung in den Scheitelpunkt legen, wobei das Koordinatensystem wie abgebildet gewählt wird. Der Ansatz für die Funktionsgleichung der Parabel vereinfacht sich dadurch erheblich.
Nach der nebenstehenden Rechnung ergibt sich unter Berücksichtigung der gegebenen Breite und Höhe die Funktionsgleichung $f(x) = \frac{4}{9}x^2$.

Aus Symmetriegründen kann zunächst die Hälfte des gesuchten Flächeninhaltes ermittelt werden. Dieser wird als Differenz der Rechteckfläche C und der Fläche B errechnet, die die Parabel mit der x-Achse über dem Intervall [0 ; 3] einschließt. Nach nebenstehender Detailrechnung ergibt sich mittels der Flächeninhaltsfunktion A_0 zur unteren Grenze 0 als Ergebnis: A = 16.

Folglich beträgt der Inhalt der Lüftungsquerschnittsfläche 16 m^2.

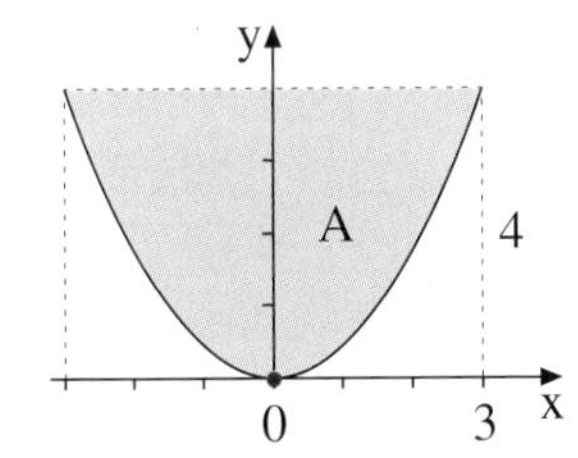

Ansatz: $f(x) = ax^2$
Eigenschaft: $f(3) = 4$
$a \cdot 9 = 4 \quad \Rightarrow a = \frac{4}{9}$

Gleichung: $f(x) = \frac{4}{9}x^2$

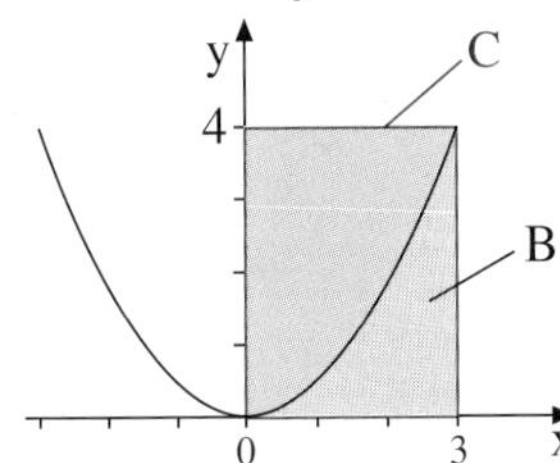

Rechteckfläche C: $C = 4 \cdot 3 = 12$
Fläche B: $B = A_0(3)$

$A_0(x) = \frac{4}{27}x^3 \quad \Rightarrow B = 4$

Ergebnis: $A = 2(C - B) = 16$

Übungen

Flächeninhaltsfunktionen/Einfache Flächenberechnungen

16. Für die abgebildete Gerade f ist die Flächeninhaltsfunktion A_0 zur unteren Grenze 0 gesucht.
Zeichnen Sie die Graphen von f und A_0 in ein gemeinsames Koordinatensystem.

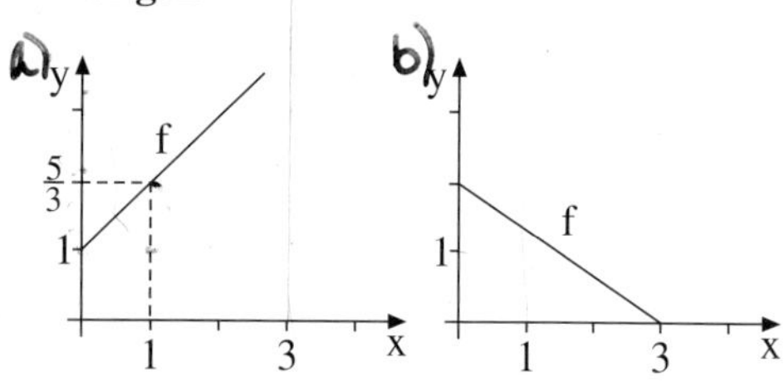

17. Zeigen Sie, dass A_0 die Flächeninhaltsfunktion von f zur unteren Grenze 0 ist.

a) $f(x) = 3$, $A_0(x) = 3x$
b) $f(x) = 3x$, $A_0(x) = \frac{3}{2}x^2$
c) $f(x) = 2x + 2$, $A_0(x) = x^2 + 2x$
d) $f(x) = \frac{1}{6}x^3$, $A_0(x) = \frac{1}{24}x^4$
e) $f(x) = x^2 + x$, $A_0(x) = \frac{1}{3}x^3 + \frac{1}{2}x^2$
f) $f(x) = 4x^3 + x$, $A_0(x) = x^4 + \frac{1}{2}x^2$

18. Gegeben sei der schwarz dargestellte Funktionsgraph von $f(x) = 1 + x^2$. Bei welcher der rot abgebildeten Kurven g, h, i könnte es sich um die Flächeninhaltsfunktion von f zur unteren Grenze 0 handeln?

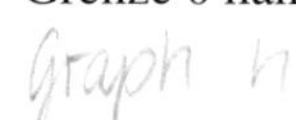

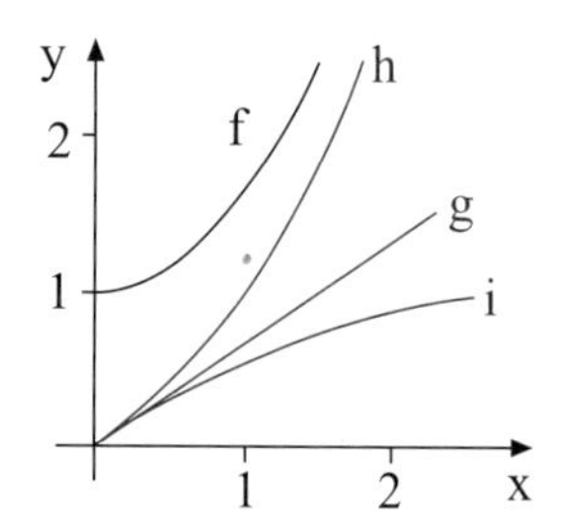

19. Bestimmen Sie die Flächeninhaltsfunktion von f zur unteren Grenze 0.

a) $f(x) = 4$
b) $f(x) = x$
c) $f(x) = 3x + 1$
d) $f(x) = \frac{1}{2}x^4$
e) $f(x) = x^3 - x + 1$
f) $f(x) = x^3 + 2x$

20. Bestimmen Sie den Inhalt der grauen Fläche.

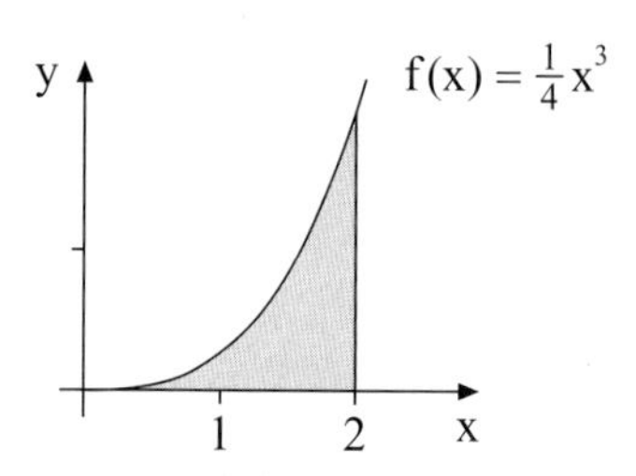

21. Gesucht ist der Inhalt der Fläche zwischen dem Graphen von f und der x-Achse über dem Intervall I.

a) $f(x) = x + 3$, $I = [0\,;\,4]$
b) $f(x) = \frac{1}{3}x^2 + x$, $I = [0\,;\,3]$
c) $f(x) = 3 - \frac{1}{3}x^2$, $I = [0\,;\,3]$

22. Bestimmen Sie den Inhalt der grauen Fläche.

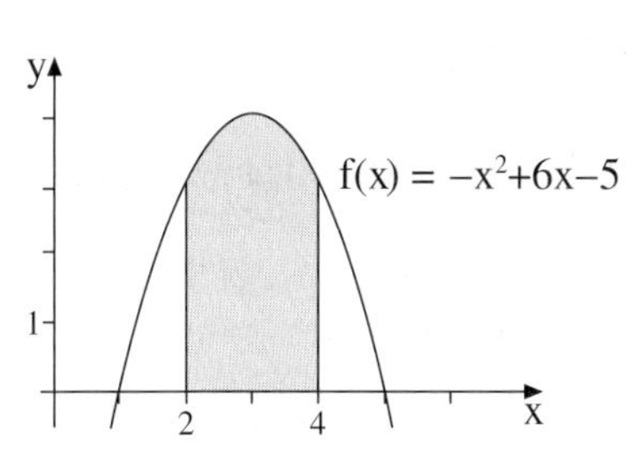

23. Gesucht ist der Inhalt der Fläche zwischen dem Graphen von f und der x-Achse über dem Intervall I.

a) $f(x) = 2x^2 + 1$, $\quad I = [1\ ;\ 2]$

b) $f(x) = x^3 + x + 1$, $\quad I = [2\ ;\ 3]$

c) $f(x) = (2 - x)^2$, $\quad I = [1\ ;\ 3]$

24. Gesucht ist der Inhalt der Fläche unter $f(x) = \sqrt[3]{x}$ über dem Intervall $[0\ ;\ 2]$. Verwenden Sie die Umkehrfunktion von f.

Gehen Sie in Analogie zum Beispiel $f(x) = \sqrt{x}$ auf Seite 21 vor.

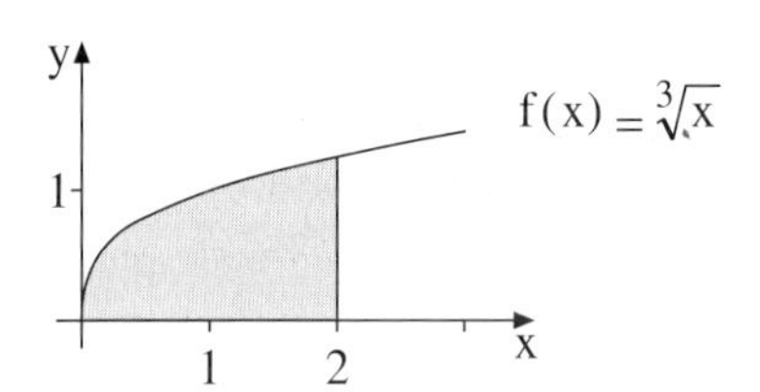

25. Gesucht ist der Inhalt der Fläche zwischen dem Graphen von f und der x-Achse.

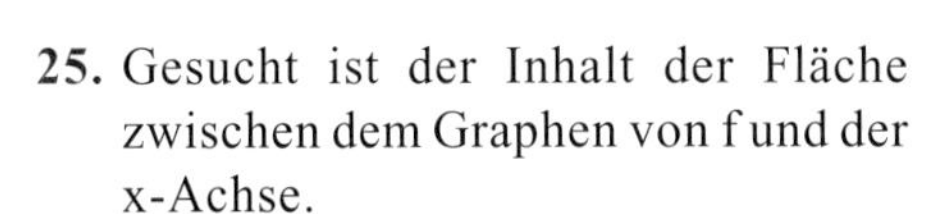

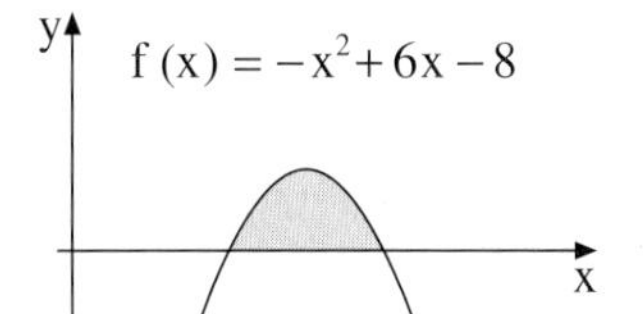

26. Gesucht ist der Inhalt der grauen Fläche.

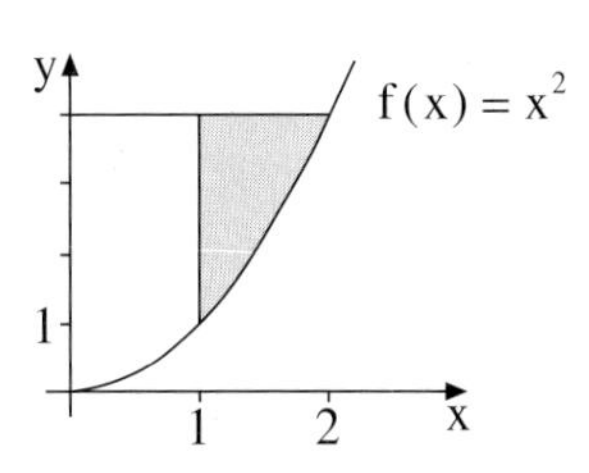

27. Gesucht ist der Inhalt der grauen Fläche.

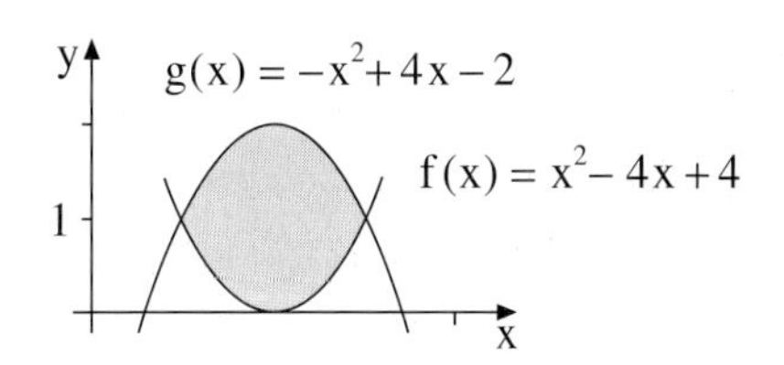

Test: Archimedische Streifenmethode / Flächeninhaltsfunktion

Bearbeitungszeit: ca. 30 Minuten

1. Gegeben sei die Funktion $f(x) = x^3 + x$ über dem Intervall $I = [0\,;\,1]$. Teilen Sie das Intervall in fünf gleiche Abschnitte und berechnen Sie die zugehörige Untersumme U_5 sowie die Obersumme O_5. Welche Schranken ergeben sich daraus für den Inhalt A der Fläche unter dem Graphen von f über dem Intervall I?

2. Gesucht ist die Flächeninhaltsfunktion A_0 von f zur unteren Grenze 0.

a) $f(x) = 3x^2 + 1$

b) $f(x) = \frac{1}{(x+1)^2}$

Hinweis: Verwenden Sie den Ansatz $A_0(x) = \frac{a}{x+1} + b$.

3. Bestimmen Sie den Inhalt A der Fläche unter dem Graphen von $f(x) = \frac{1}{2}x^2 + \frac{1}{3}x$ über dem Intervall $[1\,;\,3]$.

4. Gegeben sei die quadratische Randfunktion $f(x) = -x^2 + 2x + 3$, deren Graph rechts abgebildet ist.

Gesucht ist der Inhalt der grau markierten Fläche.

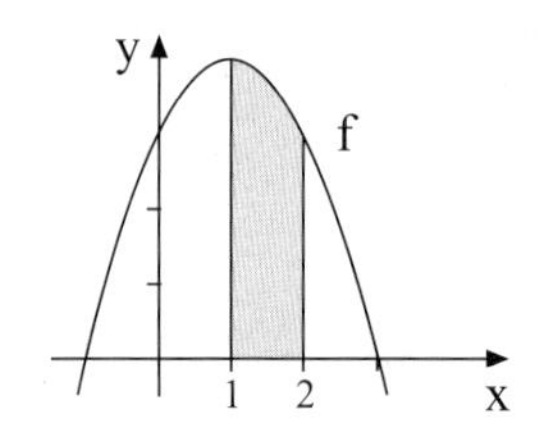

5. Bestimmen Sie den Inhalt der abgebildeten Fläche. Berechnen Sie dazu zunächst einzeln die Inhalte der Flächen unter f und unter g über dem betrachteten Intervall I.

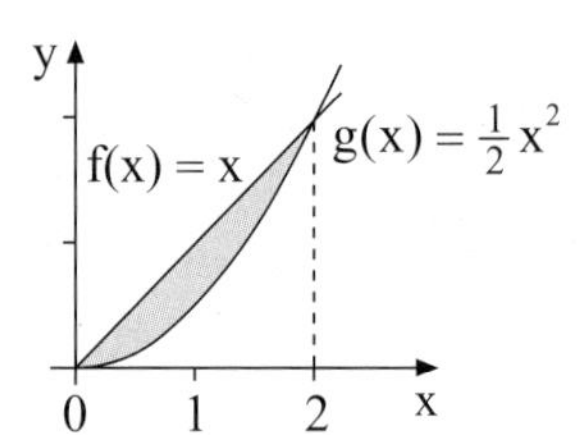

II. Stammfunktionen und Integrale

1. Stammfunktion und unbestimmtes Integral

A. Der Begriff der Stammfunktion

Eine grundlegende Aufgabe der Differentialrechnung ist es, zu einer gegebenen Funktion f die Ableitungsfunktion f' zu bestimmen. Beim Aufsuchen von Flächeninhaltsfunktionen stellte sich uns die umgekehrte Aufgabe: Gegeben ist eine Funktion f. Gesucht ist diejenige Funktion F, deren Ableitung die gegebene Funktion f ist. Die ***Integralrechnung*** beschäftigt sich mit dieser Fragestellung.

Beispiel: An der Tafel steht das Ergebnis einer Differentiation. Leider ist die Ausgangsfunktion F, die differenziert wurde, schon abgewischt. Kann man sie rekonstruieren?

Lösung:
Die gegebene Funktion $f(x) = 2x^2 + 1$ ist hier das Ergebnis eines Differentiationsprozesses. Gesucht ist eine sogenannte ***Stammfunktion F von f***, für die gilt: $F'(x) = f(x)$.
Da beim Differenzieren einer Potenz der Grad um 1 sinkt, vermuten wir, dass F eine Polynomfunktion dritten Grades ist. Wir finden nach kurzem Probieren, dass die Funktion $F(x) = \frac{2}{3}x^3 + x$ die Ableitung $f(x) = 2x^2 + 1$ hat, womit die Aufgabe fast gelöst wäre.
Wir können allerdings noch eine beliebige reelle Konstante C hinzuaddieren, da eine solche beim Differenzieren wegfällt. Die Menge alle Stammfunktionen von $f(x) = 2x^2 + 1$ ist daher die Funktionenschar $F(x) = \frac{2}{3}x^3 + x + C$, $C \in \mathbb{R}$.
Diese Menge aller Stammfunktionen von f wird auch als ***unbestimmtes Integral von f*** bezeichnet.
Hierfür wird die nebenstehend aufgeführte symbolische Schreibweise unter Verwendung des Integralzeichens $\int$ eingeführt. Das Adjektiv "unbestimmt" drückt aus, dass das Ergebnis wegen des Auftretens einer Konstanten C, der sog. ***Integrationskonstanten***, nicht eindeutig bestimmt ist.

Gegebene Funktion f:

$f(x) = 2x^2 + 1$

Eine Stammfunktion F von f:

$F(x) = \frac{2}{3}x^3 + x$

Weitere Stammfunktionen von f:

$F(x) = \frac{2}{3}x^3 + x + 1$

$F(x) = \frac{2}{3}x^3 + x - 2{,}5$

...

Menge aller Stammfunktionen von f:

$F(x) = \frac{2}{3}x^3 + x + C, \; C \in \mathbb{R}$

Integralschreibweise:

$$\int (2x^2 + 1)\, dx = \frac{2}{3}x^3 + x + C$$

unbestimmtes Integral — Integrationskonstante (↑ C)

Wir fassen noch einmal zusammen:

Definition II.1: Jede differenzierbare Funktion F, für die $F'(x) = f(x)$ gilt, wird als **Stammfunktion von f** bezeichnet.

Man bezeichnet den Vorgang des Aufsuchens von Stammfunktionen als ***Integration***. Es handelt sich dabei um die Umkehrung der Differentiation.
Die Menge aller Stammfunktionen einer gegebenen Funktion f bezeichnet man als ***unbestimmtes Integral von f*** und verwendet die *symbolische Schreibweise* $\int f(x)\,dx$.

f gegeben $\xrightarrow[\text{Ableitung bilden}]{\text{Differenzieren}}$ f'

$F = \int f(x)\,dx \xleftarrow[\text{Stammfunktionen bestimmen}]{\text{Integrieren}}$ f gegeben

Wir betrachten weitere Beispiele, auch zur Übung der neuen Symbolik.

Beispiel: Bestimmen Sie die Menge aller Stammfunktionen von f.
Gesucht ist also das unbestimmte Integral von f.

a) $f(x) = x^5$ b) $f(x) = 2x^3$ c) $f(x) = 3x^4 - 6x + 8$ d) $f(x) = \frac{1}{x^3}$

Lösung:

a) Die Stammfunktionen von f müssen Potenzen 6. Grades sein, da der Grad beim Integrieren als Umkehrung des Differenzierens um 1 steigt.
Da $(x^6)' = 6x^5$ gilt, folgt $(\frac{1}{6}x^6)' = x^5$.
Allerdings gilt auch für jedes $C \in \mathbb{R}$
$(\frac{1}{6}x^6 + C)' = x^5$.

$$\int x^5\,dx = \frac{1}{6}x^6 + C$$

b) Analog zu a) erhalten wir für die Menge aller Stammfunktionen von f:
$F(x) = \frac{1}{2}x^4 + C$.

$$\int 2x^3\,dx = \frac{1}{2}x^4 + C$$

c) Hier kehren wir die Summenregel der Differentation um und erhalten dann
$F(x) = \frac{3}{5}x^5 - 3x^2 + 8x + C$.

$$\int (3x^4 - 6x + 8)\,dx = \frac{3}{5}x^5 - 3x^2 + 8x + C$$

d) Da nach der Reziprokenregel $(\frac{1}{x^2})' = (x^{-2})' = -2x^{-3}$ gilt, folgt $(-\frac{1}{2x^2})' = \frac{1}{x^3}$.
Daher gilt: $F(x) = -\frac{1}{2x^2} + C$.

$$\int \frac{1}{x^3}\,dx = -\frac{1}{2x^2} + C$$

Die Beispiele bestätigen, dass jede Funktion f, die überhaupt eine Stammfunktion F besitzt, sogar unendlich viele Stammfunktionen besitzt, die sich nur um eine additive Konstante unterscheiden .
Weiterhin gewinnt man den Eindruck, dass sich aus jeder Differentiationsregel (Regel zum Auffinden der Ableitungsfunktion) durch sinngemäße "Umkehrung" eine Integrationsregel (Regel zum Auffinden einer Stammfunktion / des unbestimmten Integrals) ergibt.

B. Das Anfangswertproblem

Häufig sucht man nicht alle Stammfunktionen einer gegebenen Funktion, sondern eine ganz spezielle, die besondere Eigenschaften aufweist.

Beispiel: Gegeben ist $f(x) = x^2 - 2x$. Gesucht ist diejenige Stammfunktion F von f, die die x-Achse bei x = 1 schneidet, d. h. dort den Funktionswert F(1) = 0 besitzt.

Lösung:
Wir bestimmen zunächst das unbestimmte Integral von f:
$\int (x^2 - 2x)\,dx = \frac{1}{3}x^3 - x^2 + C.$
Die Schar $F(x) = \frac{1}{3}x^3 - x^2 + C$ stellt also die Menge aller Stammfunktionen der gegebenen Funktion f dar.
Wir suchen diejenige Scharkurve, für die F(1) = 0 gilt. Dies führt auf $C = \frac{2}{3}$.
Also ist $F(x) = \frac{1}{3}x^3 - x^2 + \frac{2}{3}$ die gesuchte Stammfunktion.

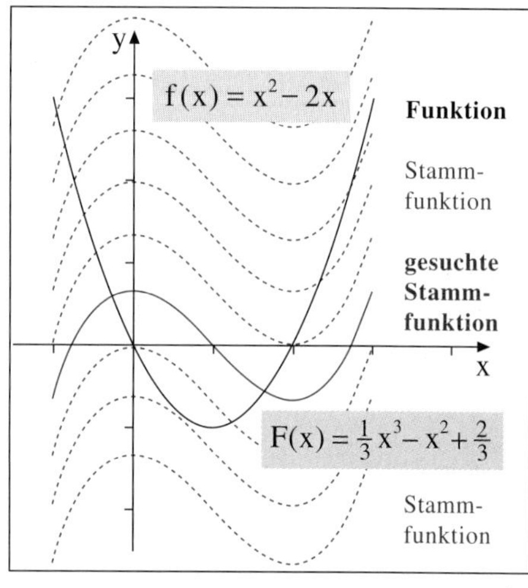

Aus der Menge der (rot gestrichelten) Stammfunktionen F von $f(x) = x^2 - 2x$ wird durch die Bedingung F(1) = 0 (***Anfangswert***) genau eine ausgesondert.

Auch die Flächeninhaltsfunktion A_0 zur unteren Grenze 0 einer Randfunktion f ist eine spezielle Stammfunktion F von f, für die zusätzlich $A_0(0) = 0$ gilt.

Übung 1

Berechnen Sie das unbestimmte Integral.

a) $\int 5x^4\,dx$ b) $\int (3x^2 - 8x + 2)\,dx$ c) $\int \frac{1}{x^5}\,dx,\ x > 0$

d) $\int (x^3 - \frac{1}{x^3})\,dx,\ x > 0$ e) $\int \frac{1}{\sqrt{x}}\,dx,\ x > 0$ f) $\int (mx^n + 2)\,dx \quad (m, n \in \mathbb{N})$

Übung 2

Gegeben ist die Funktion $f(x) = 6x^2 - \frac{5}{x^2},\ x > 0$. Auf welcher Stammfunktion F von f liegt der Punkt P(1 | 5)?

C. Rechenregeln für unbestimmte Integrale

Aus einigen Differentiationsregeln kann man durch sinngemäße Umkehrung Integrationsregeln gewinnen. Wir führen im Folgenden einigen Beispiele in einer Gegenüberstellung auf.

Potenzregel der Differentialrechnung $(x^n)' = n \cdot x^{n-1} \quad (n \in \mathbb{Z}, n \neq 0)$	**Potenzregel der Integralrechnung** $\int x^n\,dx = \frac{x^{n+1}}{n+1} + C \quad (n \in \mathbb{Z}, n \neq -1)$
Summenregel der Differentialrechnung Man kann eine Summe gliedweise differenzieren: $(f(x) + g(x))' = f'(x) + g'(x).$	**Summenregel der Integralrechnung** Man kann eine Summe gliedweise integrieren: $\int (f(x) + g(x))\,dx = \int f(x)\,dx + \int g(x)\,dx.$
Faktorregel der Differentialrechnung Ein konstanter Faktor bleibt beim Differenzieren erhalten: $(a \cdot f(x))' = a \cdot f'(x) \quad (a \in \mathbb{R}).$	**Faktorregel der Integralrechnung** Ein konstanter Faktor bleibt beim Integrieren erhalten: $\int a \cdot f(x)\,dx = a \cdot \int f(x)\,dx \quad (a \in \mathbb{R}).$

Wir erläutern und begründen nun die Umkehrbarkeit exemplarisch für zwei der Integrationsregeln. Es ist lediglich zu zeigen, dass die Ableitung des auf der rechten Seite der jeweiligen Formel stehenden Terms den Integranden des linksseitigen Integrals ergibt.

Begründung der Potenzregel der Integralrechnung:
Die Ableitung des rechtsseitigen Terms erfolgt mit der Potenzregel der Differentialrechnung. Als Ergebnis erhalten wir exakt den Integranden des linksseitigen Integrals.

$$\left(\frac{x^{n+1}}{n+1} + C\right)' = \frac{(n+1) \cdot x^n}{n+1} + 0 = x^n$$

Begründung der Summenregel der Integralrechnung:
Die rechte Seite der Formel kann in der Form $F(x) + C_1 + G(x) + C_2$ dargestellt werden, wobei F eine Stammfunktion von f und G eine Stammfunktion von g ist. Die Ableitung erfolgt nach der Summenregel der Differentialrechnung und ergibt auch hier den Integranden des linksseitigen Integrals: $(F(x) + C_1 + G(x) + C_2)' = F'(x) + 0 + G'(x) + 0 = f(x) + g(x)$

Beispiele zu den Regeln:

Potenzregel: $\int x^3\,dx = \frac{x^4}{4} + C$ Summenregel: $\int (x^2 + x + 5)\,dx = \frac{x^3}{3} + \frac{x^2}{2} + 5x + C$

Faktorregel: $\int 3x^4\,dx = 3\int x^4\,dx = 3\frac{x^5}{3} + C$

Wir führen nun eine weitere hilfreiche Differentiationsregel neu ein und zusätzlich auch die zugehörige Integrationsregel. Die Regeln besagen, wie man eine Funktion g differenziert bzw. integriert, die sich als Verkettung einer Funktion f mit einem linearen Term $ax + b$ darstellen lässt.

Lineare Kettenregel der Differentialrechnung	**Lineare Kettenregel der Integralrechnung**
Für $a, b \in \mathbb{R}$ gilt: Ist $g(x) = f(ax+b)$, so gilt: $g'(x) = a \cdot f'(ax+b)$	Für $a, b \in \mathbb{R}$ und $a \neq 0$ gilt: $\int f(ax+b)\,dx = \frac{1}{a} \cdot F(ax+b) + C$

Beispiel und Begründung zur linearen Kettenregel der Differentialrechnung:
Als *Beispiel* betrachten wir die Funktion $g(x) = (2x+1)^3$. g kann als Verkettung der Funktion $f(x) = x^3$ mit einem linearen Term $2x + 1$ betrachtet werden. Es gilt nämlich $g(x) = f(2x+1)$. Die Ableitung von f ist $f'(x) = 3x^2$. Für die Ableitung von g gilt daher nach der linearen Kettenregel: $g'(x) = 2 \cdot f'(2x+1) = 2 \cdot 3(2x+1)^2 = 6 \cdot (2x+1)^2$.
Den *Beweis* der linearen Kettenregel der Differentialrechnung lassen wir aus. Wir demonstrieren nur anhand des obigen Beispiels, dass die Regel korrekt funktioniert.
Hierzu differenzieren wir g auf eine zweite Art, indem wir die binomischen Formeln verwenden und g in der Form $g(x) = (2x+1)^3 = 8x^3 + 12x^2 + 6x + 1$ darstellen. Die Ableitung ist dann $g'(x) = 24x^2 + 24x + 6 = 6(4x^2 + 4x + 1) = 6(2x+1)^2$. Wir erhalten also das gleiche Resultat, was für die Richtigkeit der linearen Kettenregel der Differentialrechnung spricht.

Beispiel und Begründung zur linearen Kettenregel der Integralrechnung:
Als *Beispiel* betrachten wir wieder die Funktion $g(x) = (2x+1)^3$. Diese besitzt nach der linearen Kettenregel der Integralrechnung die Stammfunktion $G(x) = \frac{1}{2} \frac{(2x+1)^4}{4} = \frac{1}{8} \cdot (2x+1)^4$.
Den *Beweis* der linearen Kettenregel der Integralrechnung führen wir durch Ableiten der rechten Seite der Formel mithilfe der linearen Kettenregel der Differentialrechnung. Hier ergibt sich tatsächlich der Integrand des linksseitigen Integrals:
$$\left(\frac{1}{a} \cdot F(ax+b) + C\right)' = \frac{1}{a} \cdot (F(ax+b))' + 0 = \frac{1}{a} \cdot a \cdot F'(ax+b) = f(ax+b)$$

Beispiel: Gesucht ist das unbestimmte Integral der Funktion $f(x) = 4(3x+2)^3 - 2x^2 + 1$.

Lösung:
Wir spalten das gesuchte Integral nach der Summenregel in drei Einzelintegrale auf. Dann ziehen wir nach der Faktorregel konstante Faktoren des Integranden vor die Integrale.
Die verbleibenden Integrale errechnen wir mit der linearen Kettenregel und der Potenzregel. Das Resultat kann man durch Ableiten überprüfen.

Unbestimmte Integration:
$$\int (4 \cdot (3x+2)^3 - 2 \cdot x^2 + 1)\,dx$$
$$= \int 4 \cdot (3x+2)^3\,dx - \int 2 \cdot x^2\,dx + \int 1\,dx$$
$$= 4 \cdot \int (3x+2)^3\,dx - 2 \cdot \int x^2\,dx + \int 1\,dx$$
$$= 4 \cdot \frac{1}{3} \cdot \frac{1}{4}(3x+2)^4 - 2 \cdot \frac{1}{3}x^3 + x + C$$
$$= \frac{1}{3}(3x+2)^4 - \frac{2}{3}x^3 + x + C$$

Übungen

3. Berechnen Sie das unbestimmte Integral.

a) $\int x^6\,dx$ b) $\int x^{n+2}\,dx$ c) $\int 6x^2\,dx$ d) $\int n x^{2n-1}\,dx$

e) $\int (4x^2+2x)\,dx$ f) $\int (2x^3-4x+1)\,dx$ g) $\int (2ax^4+6x^2)\,dx$ h) $\int \left(\frac{1}{x^3}+2\right)dx$

i) $\int (x+3x^{-2})\,dx$ j) $\int \left(2x+\frac{1}{x}\right)\cdot x\,dx$ k) $\int \frac{x^4+1}{x^3}\,dx$ l) $\int \frac{2x^2-8}{x-2}\,dx$

4. Begründen Sie die folgenden Resultate und geben Sie an, welche der Regeln 1 bis 4 zur Bestimmung des Integrals benötigt werden.

a) $\int (x^3+x^2)\,dx = \frac{x^4}{4}+\frac{x^3}{3}+C$ b) $\int (2x+4x^4)\,dx = x^2+\frac{4}{5}x^5+C$

c) $\int \left(3x^5-\frac{1}{x^2}\right)dx = \frac{1}{2}x^6+\frac{1}{x}+C$ d) $\int (2x-5)^2\,dx = \frac{1}{6}(2x-5)^3+C$

1. Summenregel *2. Potenzregel* *3. lineare Kettenregel* *4. Faktorregel*

5. Ordnen Sie jeder Funktion f eine passende Stammfunktion F zu.

a) $f(x)=8x^3-3$ b) $f(x)=2x-4$ c) $f(x)=(3x+2)^2$

d) $f(x)=3(x^2-2x^3)$ e) $f(x)=2x-\frac{1}{x^2}$ f) $f(x)=\frac{x^2-9}{x+3}$

1. $F(x)=x^3-\frac{3}{2}x^4-2$ 2. $F(x)=\frac{1}{2}x^2-3x+C$ 3. $F(x)=2x^4-3x+2$

4. $F(x)=(x-2)^2$ 5. $F(x)=6x^2+4x+3x^3+C$ 6. $F(x)=x^2+\frac{1}{x}+C$

6. Die Abbildungen zeigen vier Funktionen und vier passende Stammfunktionen. Bilden Sie jeweils ein Paar und begründen Sie Ihre Wahl.

A 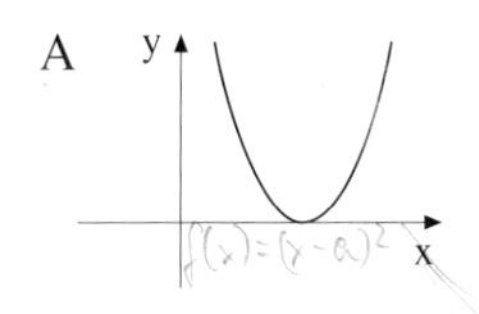

B 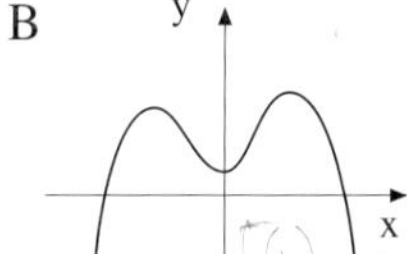

C 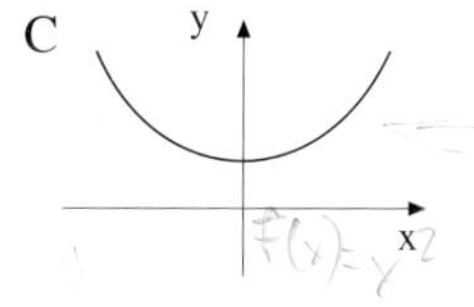

D 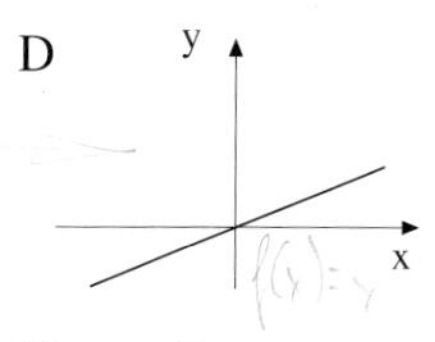

E

F 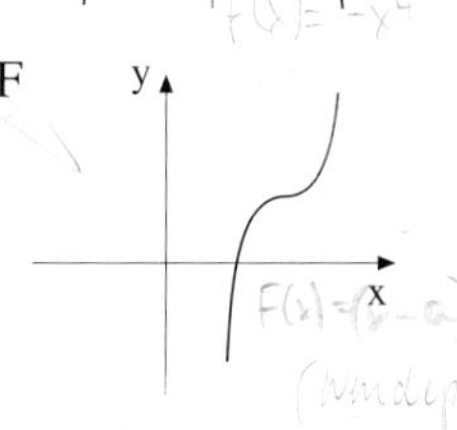

G H 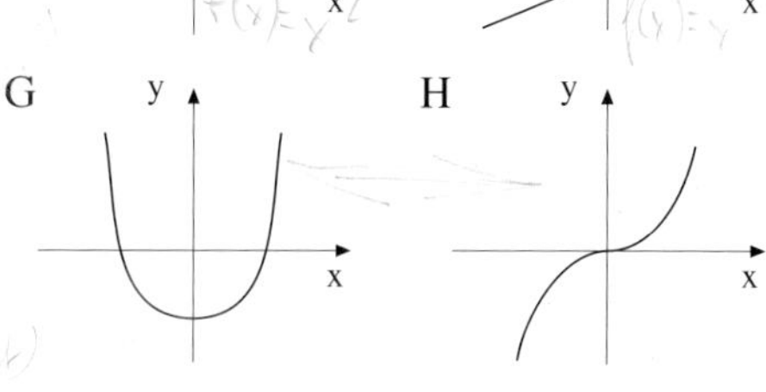

7. Gesucht ist die Stammfunktion von $f(x) = -\frac{8}{(2x-4)^2}$, welche durch den Punkt $P(0\,|\,-2)$ geht.

8. Zeigen Sie, dass die Funktion $f(x) = \begin{cases} 1, & x \geq 0 \\ -1, & x < 0 \end{cases}$ keine Stammfunktion besitzt.

2. Das bestimmte Integral

A. Zusammenhang zwischen Flächeninhalt und Stammfunktion

Wir wenden uns wieder unserem Hauptanliegen zu, der Bestimmung des Inhalts einer durch den Graphen einer Funktion begrenzten Fläche.
Im Folgenden werden wir herleiten, dass man den Flächeninhalt zwischen dem Graphen einer differenzierbaren* Funktion f und der x-Achse über einem Intervall [a ; b] sehr einfach bestimmen kann, wenn man irgendeine Stammfunktion F von f kennt.

Wir beginnen mit dem einfachsten Fall:

Fall 1: Fläche unter einer nicht negativen Funktion über dem Intervall [0 ; b]

Hierzu betrachten wir die Flächeninhaltsfunktion A_0 von f zur unteren Grenze 0. Weiter betrachten wir eine beliebige Stammfunktion F von f.

Nach Satz I.1 gilt $A_0(x)' = f(x)$.
Diese Bedingung besagt nichts anderes, als dass A_0 eine Stammfunktion von f ist. Davon gibt es unendlich viele, die sich allerdings nur um additive Konstanten unterscheiden. Auch unsere Stammfunktion F unterscheidet sich daher von A_0 nur um eine Konstante:

$$A_0(x) = F(x) + C.$$

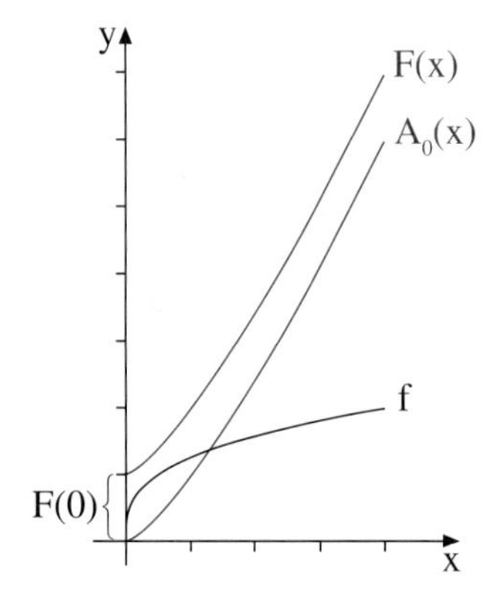

Nach Satz I.1 gilt $A_0(0) = 0$.
Nach obiger Beziehung gilt aber auch $A_0(0) = F(0) + C$, sodass wir insgesamt $C = -F(0)$ erhalten.
Für unsere Stammfunktion F gilt somit

$$A_0(x) = F(x) - F(0).$$

Die Fläche unter f über einem bei $x = 0$ beginnenden Intervall $[0 ; b]$ hat daher den Inhalt $A_0(b) = F(b) - F(0)$.
Sie lässt sich also nicht nur als Funktionswert von A_0, sondern auch als Differenz zweier Funktionswerte einer beliebigen Stammfunktion F bestimmen.

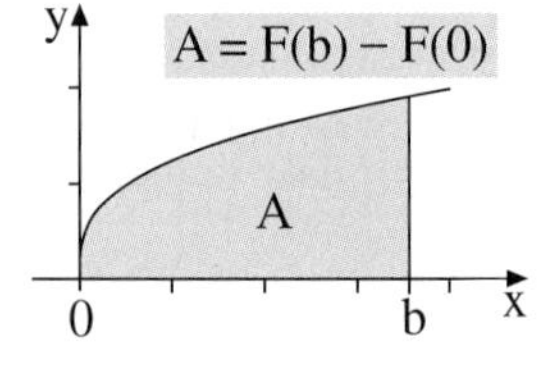

* Es reicht aus, die Stetigkeit von f vorauszusetzen. Allerdings sieht der Lehrplan die explizite Behandlung dieses Begriffs nicht vor, sodass wir durchgehend mit der stärkeren Differenzierbarkeit arbeiten.

Beispiel: Gegeben ist die Funktion $f(x) = \frac{1}{2}x^2 - \frac{1}{3}x + 1$. Gesucht ist der Inhalt A der rechts markierten Fläche. Errechnen Sie A mithilfe derjenigen Stammfunktion F, die durch P(0 | 1) geht und zum Vergleich auch mit der durch Q(1 | 3) gehenden Stammfunktion.

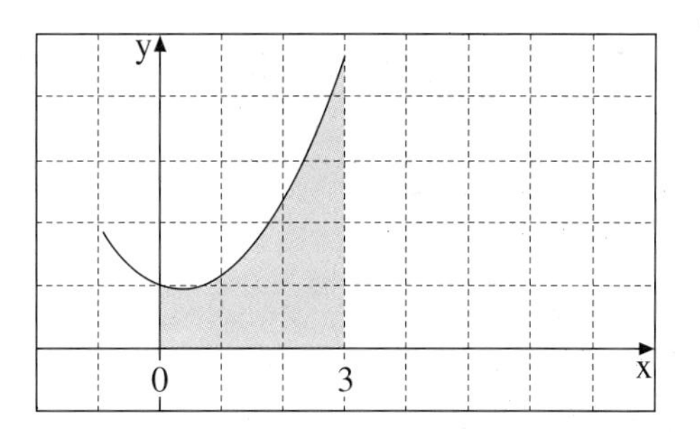

Lösung:
Wir ermitteln zunächst die Menge aller Stammfunktionen.

Durch die Vorgabe der Anfangspunkte P und Q erhalten wir die beiden speziellen Stammfunktionen
$F(x) = \frac{1}{6}x^3 - \frac{1}{6}x^2 + x + 1$
und
$F(x) = \frac{1}{6}x^3 - \frac{1}{6}x^2 + x + 2.$

In beiden Fällen erhalten wir mit der Rechnung $A = F(3) - F(0)$ für den Flächeninhalt das gleiche Resultat, nämlich $A = 6$.

1. Menge aller Stammfunktionen
$f(x) = \frac{1}{2}x^2 - \frac{1}{3}x + 1$
$F(x) = \frac{1}{6}x^3 - \frac{1}{6}x^2 + x + C$

2. Rechnung mit F durch P(0 / 1)
$F(0) = 1 \Rightarrow C = 1$
$F(x) = \frac{1}{6}x^3 - \frac{1}{6}x^2 + x + 1$
$A \quad = F(3) - F(0) = 7 - 1 = 6$

3. Rechnung mit F durch Q(1 / 3)
$F(1) = 3 \Rightarrow C = 2$
$F(x) = \frac{1}{6}x^3 - \frac{1}{6}x^2 + x + 2$
$A \quad = F(3) - F(0) = 8 - 2 = 6$

Fall 2: Fläche unter einer nicht negativen Funktion über dem Intervall [a ; b]

Wir betrachten nun die Fläche zwischen dem Graphen und der x-Achse über einem beliebigen, nicht bei $x = 0$ beginnenden Intervall $[a ; b]$, $a \leq b$.
Aus der folgenden Grafik lässt sich ableiten, wie man vorgehen kann.

Auch hier genügt es offenbar, irgendeine Stammfunktion F von f zu kennen.

Der Inhalt A ergibt sich anschaulich als Differenz $A_0(b) - A_0(a)$.
Dieser Ausdruck kann nach *Fall 1* berechnet werden. Resultat: $A = F(b) - F(a)$.

Der Flächeninhalt über $[a ; b]$ ist die Differenz der Werte einer Stammfunktion an den Flächengrenzen b und a.

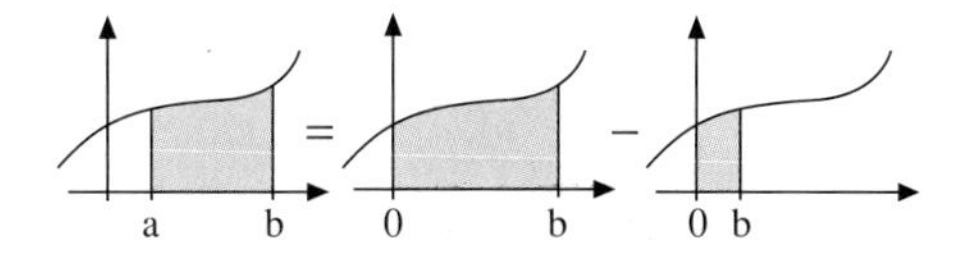

$A = \quad A_0(b) \quad - A_0(a)$

$A = (F(b) - F(0)) - (F(a) - F(0))$

$A = F(b) - F(a)$

Beispiel: Errechnen Sie den Inhalt der Fläche unter dem Graphen der Funktion $f(x) = 3x - \frac{1}{4}x^3$ über dem Intervall [1 ; 3].

Lösung:
Die Funktion ist in dem betrachteten Intervall [1 ; 3] nicht negativ.
$F(x) = \frac{3}{2}x^2 - \frac{1}{16}x^4$ ist eine Stammfunktion von f.
$A = F(3) - F(1) = \frac{135}{16} - \frac{23}{16} = \frac{112}{16} = 7$ ist der gesuchte Flächeninhalt.

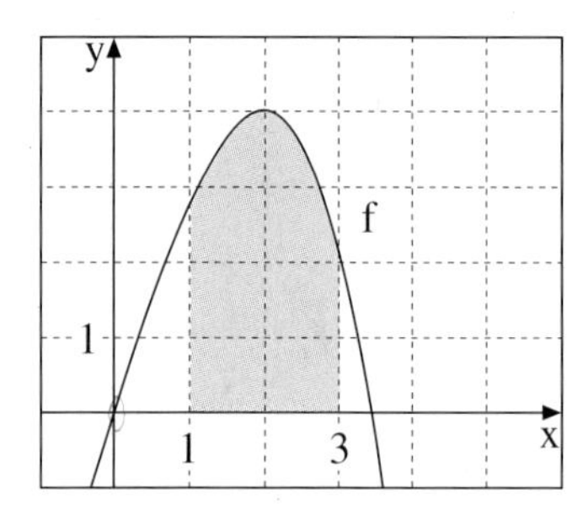

Bei der Herleitung der Formel $A = F(b) - F(a)$ wurde die Flächeninhaltsfunktion A_0 zur unteren Grenze 0 verwendet.
Daher stellt sich folgende Frage: Gilt der Zusammenhang auch für Funktionen, die beispielsweise für $x = 0$ gar nicht definiert sind und folglich überhaupt keine Flächeninhaltsfunktion A_0 zur unteren Grenze 0 besitzen? Wir untersuchen dies an einem Beispiel.

Beispiel: Gegeben ist $f(x) = \frac{1}{\sqrt{x}}$.
Berechnen Sie den Inhalt der Fläche unter f über dem Intervall [1 ; 2].

Lösung:
f ist nur für $x > 0$ definiert. Daher ist $F(x) = 2\sqrt{x}$ auch nur für $x > 0$ eine Stammfunktion von f. Folglich existiert auch keine Flächeninhaltsfunktion A_0 zur unteren Grenze 0.
Dennoch liefert die oben dargestellte Formel $A = F(b) - F(a)$ ein Resultat, und zwar $A = F(2) - F(1) = 2\sqrt{2} - 2\sqrt{1} \approx 0{,}83$.
Da die Formel auf einer Anwendung von A_0 beruht, ist es fraglich, ob das Ergebnis stimmt.
Doch es lässt sich durch einen Trick bestätigen: Wir verschieben f entlang der x-Achse um 1 nach links und erhalten die Funktion $g(x) = \frac{1}{\sqrt{x+1}}$, die auch bei $x = 0$ definiert ist, sodass $A = G(1) - G(0)$ gilt. Mit $G(x) = 2\sqrt{x+1}$ erhalten wir das Resultat $A \approx 0{,}83$.

$f(x) = \frac{1}{\sqrt{x}}$, $x > 0$
$F(x) = 2\sqrt{x}$, $x > 0$
$A = F(2) - F(1) \approx 0{,}83$???

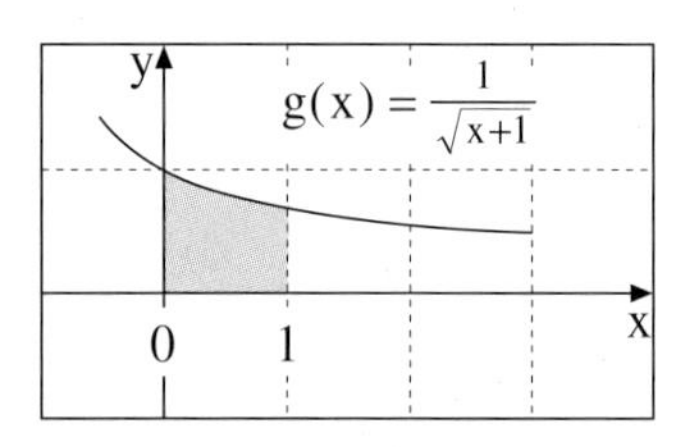

$g(x) = \frac{1}{\sqrt{x+1}}$, $x > -1$
$G(x) = 2\sqrt{x+1}$, $x > -1$
$A = G(1) - G(0) \approx 0{,}83$

Offenbar funktioniert der verwendete Trick immer dann, wenn A_0 nach Verschiebung des unteren Intervallendes a in den Ursprung existiert. Das ist dann der Fall, wenn die Funktion über dem Intervall [a ; b] differenzierbar ist. Daher erhalten wir als Endresultat den folgenden Satz:

Satz II.1 Hauptsatz der Differential- und Integralrechnung* (für nicht-negative Funktionen):
Die Funktion f sei über dem Intervall [a ; b] differenzierbar und nicht negativ. Dann besitzt f über [a ; b] eine Stammfunktion F. Für den Inhalt A der Fläche zwischen dem Graphen von f und der x-Achse über dem Intervall [a ; b] gilt die Formel:

$$A = F(b) - F(a)$$

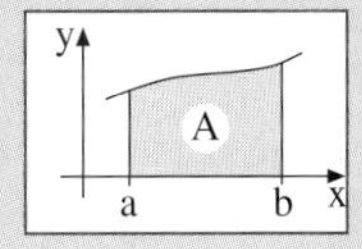

Übungen

1. Errechnen Sie den Inhalt der Fläche A auf folgende Weisen:
a) mit Hilfe der Flächeninhaltsfunktion A_0,
b) mit Hilfe einer Stammfunktion F, deren Graph durch P(0 | 1) geht,
c) mit Hilfe einer weiteren Stammfunktion, die von A_0 und F verschieden ist.

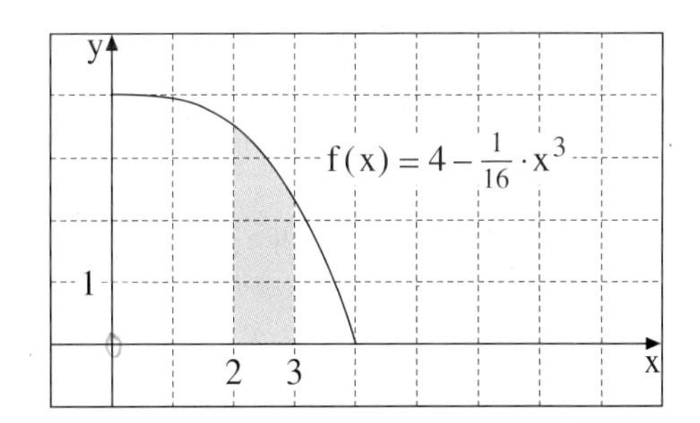

2. Gesucht ist der Inhalt der Fläche A unter ~~unter~~ dem Graphen von f über dem Intervall I.

a) Begründen Sie, weshalb f keine Flächeninhaltsfunktion zur unteren Grenze 0 besitzt.
b) Errechnen Sie den Inhalt von A nach Satz II.1. Begründen Sie, inwiefern die Voraussetzungen von Satz II.1 erfüllt sind.
c) Errechnen Sie den Inhalt von A nach geeigneter Verschiebung des Graphen von f (siehe Beispiel oben).

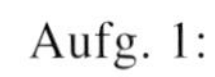

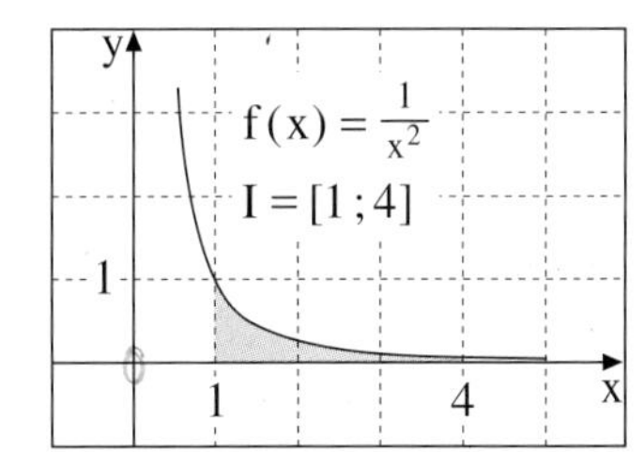

Aufg. 2:

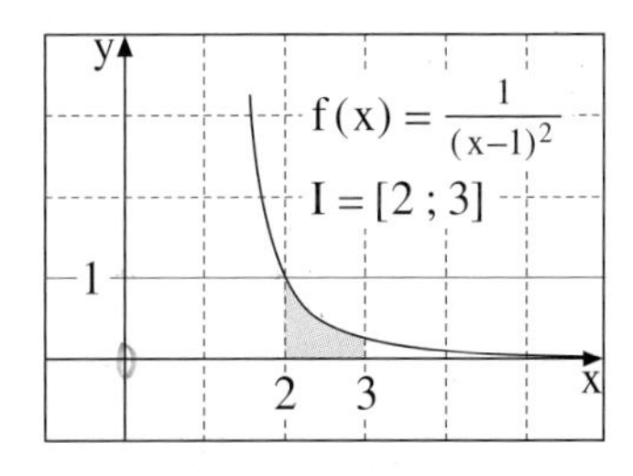

*Der Satz stellt den Zusammenhang zwischen Stammfunktion (Differentialrechnung: F' = f) und Flächeninhalten (Streifenmethode) her.

Fall 3: Fläche über einer nicht-positiven Funktion über dem Intervall [a ; b]

Bisher haben wir stets nur solche Flächen betrachtet, die oberhalb der x-Achse zwischen dem Funktionsgraphen und der x-Achse lagen.
Wir untersuchen nun den Fall, dass die Fläche unterhalb der x-Achse liegt.

Beispiel: Gegeben ist die Funktion $f(x) = -\frac{1}{4}x^2$. Errechnet werden soll der Inhalt A der Fläche zwischen dem Graphen und der x-Achse über dem Intervall [1 ; 2].

Lösung:
Es gibt eine einfache Möglichkeit:
Wir spiegeln den Graph von $f(x) = -\frac{1}{4}x^2$ an der x-Achse ins Positive. Die nicht negative Spiegelfunktion $g(x) = \frac{1}{4}x^2$ lässt sich nach Fall 2, S. 35 behandeln: Sie besitzt z. B. $G(x) = \frac{1}{12}x^3$ als Stammfunktion und für den Inhalt A gilt folglich
$A = G(2) - G(1) = \frac{8}{12} - \frac{1}{12} = \frac{7}{12}$.

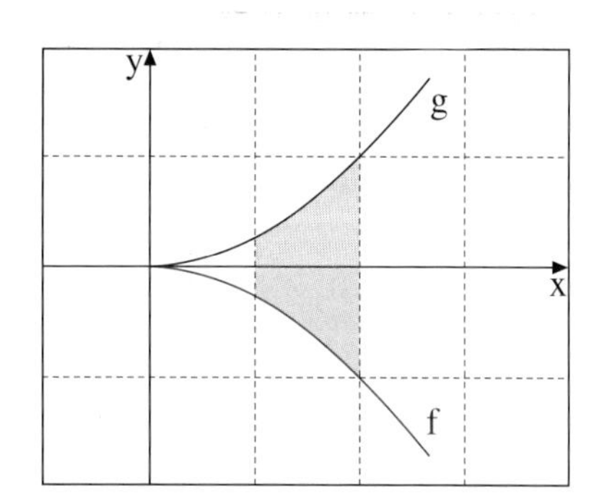

Was wäre geschehen, wenn wir ohne zu spiegeln direkt mit einer Stammfunktion von f gearbeitet hätten, also z. B. mit $F(x) = -\frac{1}{12}x^3$?
Das Ergebnis $A = F(2) - F(1) = -\frac{8}{12} - (-\frac{1}{12}) = -\frac{7}{12}$ wäre gar nicht so falsch gewesen, lediglich das Vorzeichen hätte nicht gestimmt.

Offenbar zeigt der Term F(b) – F(a) stets den Flächeninhalt A zwischen dem Graphen von f und der x-Achse an, allerdings mit einem Vorzeichen versehen: positiv für Flächen oberhalb der x-Achse, negativ für Flächen unterhalb der x-Achse.

Übung 3
Berechnen Sie den Inhalt der abgebildeten Fläche mit/ohne Spiegelung. Errechnen Sie zunächst die zugehörigen Intervallgrenzen a und b.

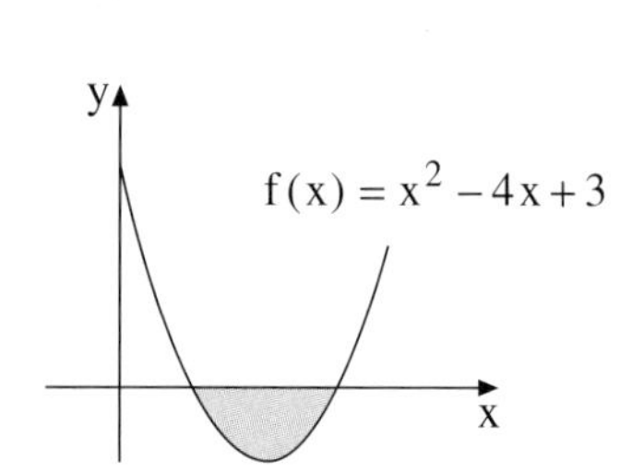

Übung 4
f sei über dem Intervall [a ; b] differenzierbar und nicht positiv. F sei eine Stammfunktion von f. Weisen Sie nach, dass für den Inhalt A der Fläche zwischen dem Graphen von f und der x-Achse über [a ; b] gilt: A = F(a) – F(b).

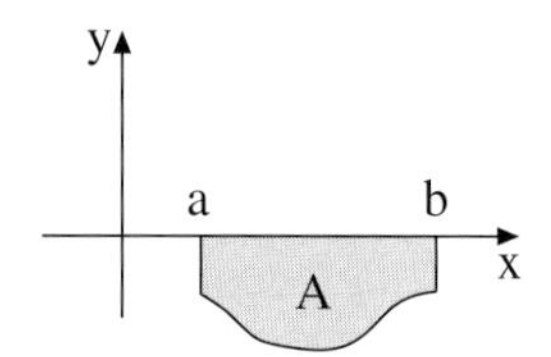

B. Das bestimmte Integral

Im vorigen Abschnitt wurde festgestellt, dass die Differenz F(b) – F(a) eine ganz besondere Bedeutung hat, wobei F eine Stammfunktion der differenzierbaren Funktion f sei. Sie gibt nämlich im Wesentlichen den Inhalt der Fläche zwischen dem Funktionsgraphen und der x-Achse über dem Intervall [a ; b] an, wenn man vom Vorzeichen absieht, das stets positiv ist für über der x-Achse liegende Flächen und negativ für unter der x-Achse liegende Flächen.
Wegen dieser großen Bedeutung erhält die Differenz F(b) – F(a) einen eigenen Namen und eine eigene Symbolik.

Definition II.2 (Das bestimmte Integral):
f sei eine auf dem Intervall [a ; b] differenzierbare Funktion und F eine Stammfunktion von f. Dann bezeichnet man die Differenz

$$\int_a^b f(x)\,dx = F(b) - F(a)$$

als das "bestimmte Integral von f nach dx (in den Grenzen) von a bis b".

Symbolik:

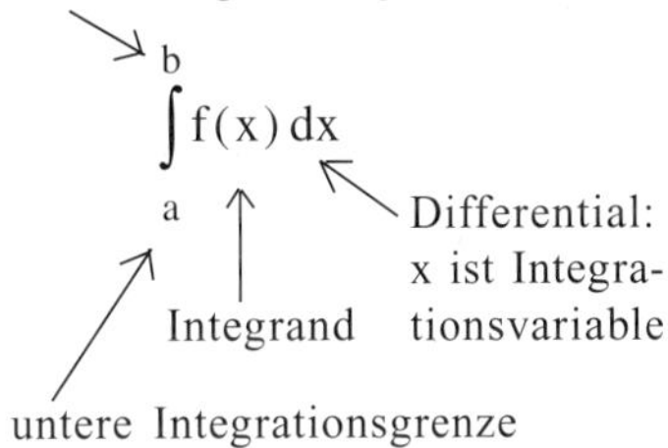

Die neue Schreibweise erinnert stark an das unbestimmte Integral $\int f(x)\,dx$. Es besteht auch ein Zusammenhang über den Hauptsatz der Differential- und Integralrechnung (Satz II.1, Seite 37). Aber aus mathematischer Sicht handelt es sich um völlig unterschiedliche Objekte. $\int f(x)\,dx$ ist eine Funktionenschar, nämlich die der Stammfunktionen von f, während $\int_a^b f(x)\,dx$ eine reelle Zahl ist, nämlich die Zahl F(b) – F(a).

1. Berechnung von bestimmten Integralen

Beispiel: Berechnen Sie das bestimmte Integral von $f(x) = 3x^2 - 4x + 1$ in den Grenzen von −1 bis 4.

Lösung:
Wir bestimmen eine Stammfunktion F von f und berechnen das bestimmte Integral nach der Definitionsformel

$$\int_a^b f(x)\,dx = F(b) - F(a).$$

Wir erhalten $\int_{-1}^{4} (3x^2 - 4x + 1)\,dx = 40.$

Funktion: $f(x) = 3x^2 - 4x + 1$
Stammfunktion: $F(x) = x^3 - 2x^2 + x \; (+C)$
Bestimmtes Integral:

$$\int_{-1}^{4} (3x^2 - 4x + 1)\,dx = F(4) - F(-1) = 36 - (-4) = 40$$

2. Die Bedeutung des Differentials dx

Die Tätigkeit der Berechnung bestimmter Integrale wird als ***Integration*** oder als ***Integrieren*** berzeichnet. Das Symbol ***dx*** heißt ***Differential***. Es zeigt lediglich an, dass x die ***Integrationsvariable*** ist. Es wird erst wichtig, wenn Funktionen mit mehreren Variablen oder Formparametern im Spiel sind.

Beispiel: Berechnen Sie die bestimmten Integrale

a) $\int_1^2 (x^2t+3)\,dx$ und b) $\int_1^2 (x^2t+3)\,dt$.

Lösung zu a:

Integrand: $f(x) = x^2t + 3$

Stammfunktion: $F(x) = \frac{1}{3}x^3t + 3x$

Bestimmtes Integral:

$$\int_1^2 (x^2t+3)\,dx = F(2) - F(1) = \frac{8}{3}t + 6 - \left(\frac{1}{3}t + 3\right) = \frac{7}{3}t + 3$$

zu b:

Integrand: $f(t) = x^2t + 3$

Stammfunktion: $F(t) = \frac{1}{2}x^2t^2 + 3t$

Bestimmtes Integral:

$$\int_1^2 (x^2t+3)\,dt = F(2) - F(1) = 2x^2 + 6 - \left(\frac{1}{2}x^2 + 3\right) = \frac{3}{2}x^2 + 3$$

3. Die verkürzte Schreibweise für F(b) – F(a)

Für F(b) – F(a) verwendet man die Abkürzung $[F(x)]_a^b$. Dadurch lässt sich Schreibarbeit sparen. Wir zeigen dies an einem Beispiel.

Beispiel: Berechnen Sie das bestimmte Integral $\int_1^3 (4x^3 - 2x + 1)\,dx$.

Lösung:

Normale Schreibweise:

$f(x) = 4x^3 - 2x + 1$

$F(x) = x^4 - x^2 + x\ (+\ C)$

$$\int_1^3 (4x^3 - 2x + 1)\,dx = F(3) - F(1) = 75 - 1 = 74$$

Verkürzte Schreibweise:

$$\int_1^3 (4x^3 - 2x + 1)\,dx = [x^4 - x^2 + x]_1^3 = 75 - 1 = 74$$

Übung 5

Berechnen Sie verkürzt und unverkürzt: a) $\int_1^2 (xy^2 + x + 2)\,dy$ b) $\int_1^a (3x^2 + 2x)\,dx$

4. Rechenregeln für bestimmte Integrale

Aus Definition II.2 lassen sich problemlos einige Regeln für das Rechnen mit bestimmten Integralen ableiten, deren Anwendung oft die Arbeit erleichtern kann. Wir zählen diese Regeln auf und beweisen zwei Regeln exemplarisch.

Satz II.2 (Rechenregeln für bestimmte Integrale):
f und g seien auf dem Intervall [a ; b] differenzierbare Funktionen. Dann gilt:

(1) $\int_a^a f(x)\,dx = 0$	Stimmen obere und untere Grenze überein, so ist das Integral 0.
(2) $\int_a^b f(x)\,dx + \int_b^c f(x)\,dx = \int_a^c f(x)\,dx$	Intervalladditivität
(3) $\int_a^b f(x)\,dx = -\int_b^a f(x)\,dx$	Vertauschung der Grenzen ändert das Vorzeichen.
(4) $\int_a^b k\cdot f(x)\,dx = k\cdot\int_a^b f(x)\,dx$	Faktorregel
(5) $\int_a^b (f(x)+g(x))\,dx = \int_a^b f(x)\,dx + \int_a^b g(x)\,dx$	Summenregel

Beweise:

(2): $\int_a^b f(x)\,dx + \int_b^c f(x)\,dx \overset{\text{Def. II.2}}{=} (F(b)-F(a))+(F(c)-F(b)) = F(c)-F(a) \overset{\text{Def. II.2}}{=} \int_a^c f(x)\,dx$

(4): $\int_a^b k\cdot f(x)\,dx = [k\cdot F(x)]_a^b = k\cdot F(b) - k\cdot F(a) = k\cdot(F(b)-F(a)) = k\cdot[F(x)]_a^b = k\cdot\int_a^b f(x)\,dx$

↑ da $k\cdot F(x)$ Stammfunktion von $k\cdot f(x)$ ↑ da $F(x)$ Stammfunktion von $f(x)$

Übung 6

Berechnen Sie möglichst einfach durch Anwendung der Rechenregeln.

a) $\int_{-2}^{3} (4x^2-3x+5)\,dx + \int_{-2}^{3} (3x-5)\,dx$ b) $\int_{-2}^{2} x^2\,dx + \int_{3}^{5} x^2\,dx + \int_{2}^{3} x^2\,dx$

Übung 7

Deuten Sie die Regel $\int_a^b f(x+d)\,dx = \int_{a+d}^{b+d} f(x)\,dx$ geometrisch.

Test: Stammfunktionen und Integrale

Bearbeitungszeit: ca. 45 Minuten

1. Bestimmen Sie die Stammfunktionen von f.

a) $f(x) = x^4$ b) $f(x) = \frac{3}{x^2}$ c) $f(x) = 2x^3 - x + 3$

d) $f(x) = 8ax^3$ e) $f(x) = n^2 x^{n-1},\ n \in \mathbb{N}$

2. Bestimmen Sie diejenige Stammfunktion von $f(x) = 3x^2 - 2x$, deren Graph durch den Punkt $P(2 \mid -1)$ verläuft.

3. Errechnen Sie das unbestimmte/ bestimmte Integral.

a) $\int (3 - x^2)\,dx$ b) $\int_2^4 (2x - x^2)\,dx$ c) $\int_1^2 (3x + 6x^3)\,dx$

4. Wie muss a gewählt werden, damit das Integral den festgelegten Wert annimmt?

a) $\int_1^2 (3ax^2 + 6x)\,dx = 2$ b) $\int_2^a (2x - 5)\,dx = 0$

5. Errrechnen Sie den Inhalt der abgebildeten Fläche.

a)

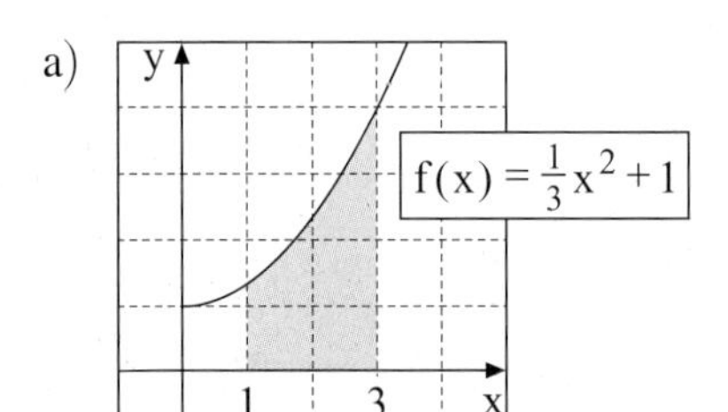

b)

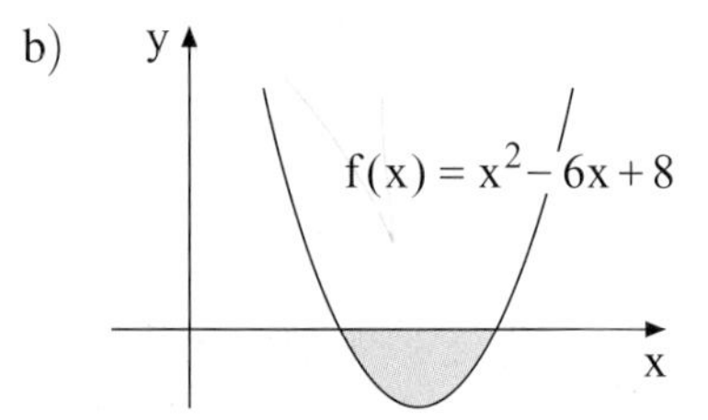

6. Für welchen Wert des Parameters $a > 0$ $(a \in \mathbb{R})$ hat die vom Graphen der Funktion $f(x) = -a \cdot (x^2 - 1)$ und der x-Achse eingeschlossene Fläche den Inhalt 2?

III. Anwendungen der Integralrechnung

1. Bestimmte Integrale und Flächeninhalte

Zwischen bestimmten Integralen und Flächeninhalten besteht ein enger Zusammenhang, den wir im Folgenden genauer betrachten werden. Wir stellen zunächst noch einmal zusammen, was wir aus dem vorigen Kapitel hierüber schon wissen.

Für eine differenzierbare, **nicht-negative Funktion f** stellt das bestimmte Integral von f in den Grenzen von a bis b den Inhalt der Fläche zwischen dem Graphen von f und der x-Achse über dem Intervall [a ; b] dar.

Beispiel: Flächeninhalt A zwischen dem Graphen von $f(x) = 2x^3$ und der x-Achse über dem Intervall [0 ; 1] :

$$\int_0^1 2x^3\,dx = \left[\tfrac{1}{2}x^4\right]_0^1 = \left(\tfrac{1}{2}\right) - (0) = \tfrac{1}{2}$$

$$\Rightarrow A = \tfrac{1}{2}$$

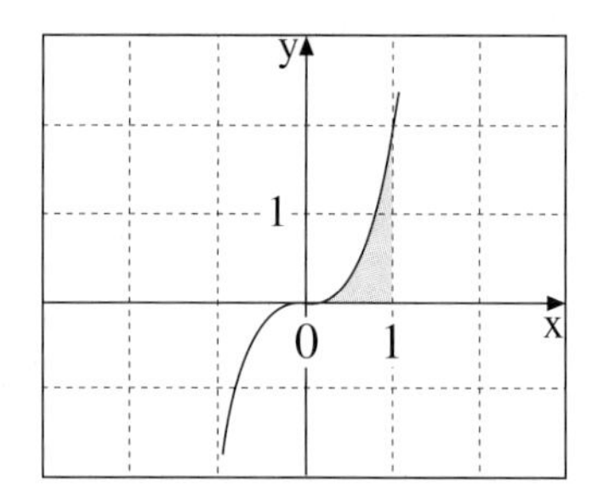

Für eine differenzierbare, **nicht-positive Funktion f** stellt das bestimmte Integral über f in den Grenzen von a bis b den mit einem negativen Vorzeichen versehenen Inhalt der Fläche zwischen dem Graphen von f und der x-Achse über dem Intervall [a ; b] dar.

Beispiel: Flächeninhalt A zwischen dem Graphen von $f(x) = 2x^3$ und der x-Achse über dem Intervall [-1 ;0] :

$$\int_{-1}^0 2x^3\,dx = \left[\tfrac{1}{2}x^4\right]_{-1}^0 = (0) - \left(\tfrac{1}{2}\right) = -\tfrac{1}{2}$$

$$\Rightarrow A = \tfrac{1}{2}$$

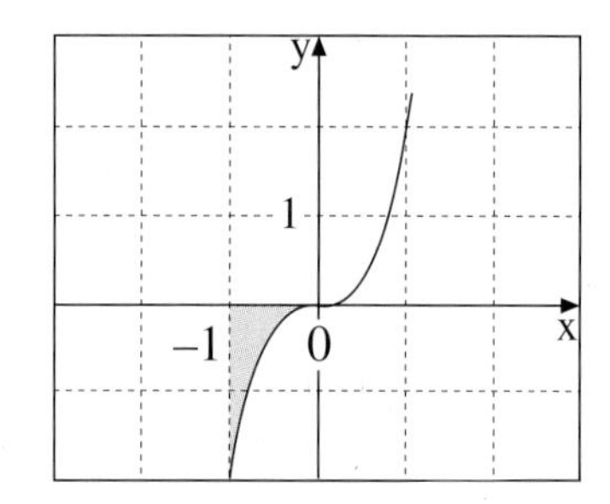

Interessant wird es nun aber, wenn wir eine Fläche A betrachten, die zum Teil oberhalb und zum Teil unterhalb der x-Achse liegt. Was ist die Bedeutung des über einem solchen Abschnitt gebildeten bestimmten Integrals ?

Beispiel: Flächeninhalt A zwischen dem Graphen von $f(x) = 2x^3$ und der x-Achse über dem Intervall [−1 ; 1] :

$$\int_{-1}^1 2x^3\,dx = \left[\tfrac{1}{2}x^4\right]_{-1}^1 = \left(\tfrac{1}{2}\right) - \left(\tfrac{1}{2}\right) = 0$$

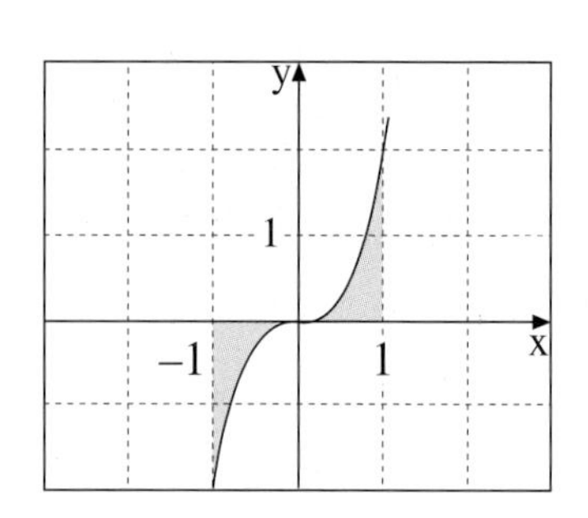

Nun stellt sich die Frage, wie dieses Ergebnis zu interpretieren ist.
Die Gesamtfläche A im Beispiel besteht aus einer unterhalb der x-Achse liegenden Teilfläche A_1 und einer oberhalb der x-Achse liegenden Teilfläche A_2, beide mit dem Inhalt 0,5. Das *bestimmte Integral* über das Gesamtintervall hat den Wert null. Dies ist anscheinend die ***Flächenbilanz***: Unterhalb der Achse liegende Flächenstücke gehen in das bestimmte Integral mit negativer Wertung ein, oberhalb der x-Achse liegende Stücke dagegen mit positiver Wertung. Es gilt die folgende allgemeine Aussage:

Liegt eine auf [a ; b] differenzierbare **Funktion mit wechselndem Vorzeichen** vor, so stellt das *bestimmte Integral* über f in den Grenzen von a bis b die *Flächenbilanz* dar, d. h., dass es die Differenz der Inhaltssumme der oberhalb der x-Achse liegenden Flächenteile und der Inhaltssumme der unterhalb der x-Achse liegenden Flächenteile ist.

Begründung:
Wir erläutern das Resultat anhand einer Funktion f, die auf [a ; b] genau einen Vorzeichenwechsel aufweist, etwa an der Stelle m.
Das bestimmte Integral von f von a bis b kann nun nach Satz II.2 (2) in die Summe des bestimmten Integrals von a bis m und des bestimmten Integrals von m bis b zerlegt werden. Das erste dieser Integrale ist gleich A_1, das zweite Integral ist gleich $-A_2$. Dabei sind A_1 und A_2 die positiven Inhalte der beiden eingezeichneten Flächenstücke.
Das bestimmte Integral von a bis b stellt daher die Flächendifferenz $A_1 - A_2$ dar.

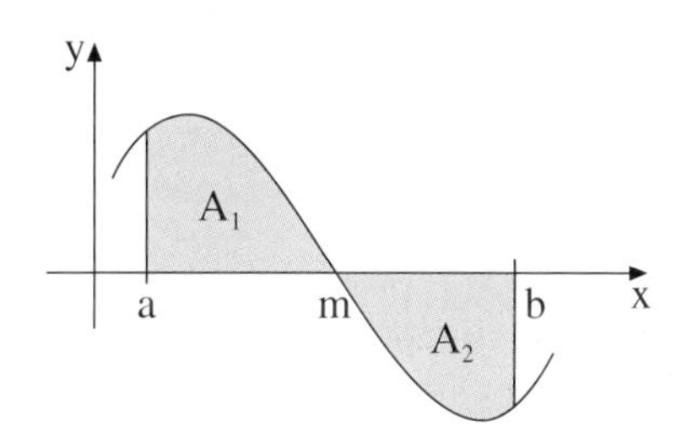

$$\int_a^b f(x)\,dx = \int_a^m f(x)dx + \int_m^b f(x)dx = A_1 - A_2$$

Beispiel: Gegeben sei $f(x) = x^2 - 2x$.
Zeichnen Sie den Graphen von f über dem Intervall I = [1 ; 3].
Berechnen Sie das bestimmte Integral von f von 1 bis 3 und interpretieren Sie das Resultat geometrisch.

Lösung:
Im Intervall [1 ; 3] liegen zwischen Graph und x-Achse zwei Teilflächen, A_1 oberhalb der Achse und A_2 unterhalb der Achse. Das bestimmte Integral von f von 1 bis 3 gibt lediglich die Flächenbilanz an, die $A_1 - A_2 = \frac{2}{3}$ beträgt.

Die Teile haben die Inhalte $A_1 = \frac{4}{3}$ und $A_2 = \frac{2}{3}$.

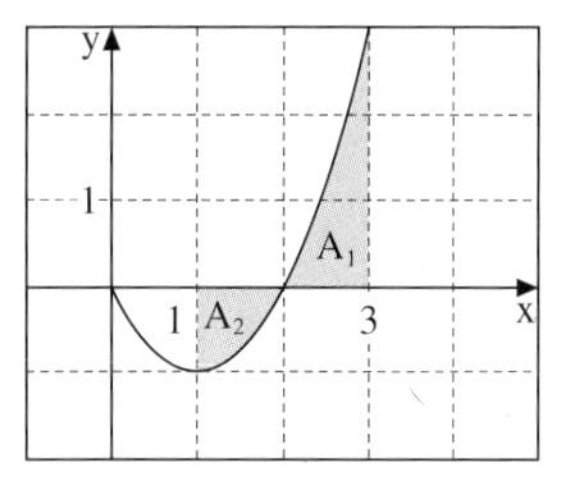

$$\int_1^3 (x^2-2x)\,dx = 0-\left(-\tfrac{2}{3}\right) = \tfrac{2}{3}$$

$$\int_1^2 (x^2-2x)\,dx = -\tfrac{2}{3} \quad \Rightarrow \quad A_2 = \tfrac{2}{3}$$

$$\int_2^3 (x^2-2x)\,dx = \tfrac{4}{3} \quad \Rightarrow \quad A_1 = \tfrac{4}{3}$$

2. Flächen unter Funktionsgraphen

A. Elementare Aufgaben

Im Folgenden geht es um die Berechnung des Inhaltes von Flächenstücken, die durch den Graphen einer Funktion begrenzt sind. Im letzten Abschnitt sahen wir, dass solche Flächeninhalte mit Hilfe bestimmter Integrale berechnet werden können. Bei Funktionen mit wechselndem Vorzeichen muss man zur Bestimmung des Inhalts der Fläche zwischen dem Graphen und der x-Achse das Intervall so aufteilen, dass in den Teilintervallen das Vorzeichen nicht wechselt.

Beispiel: Gegeben ist die quadratische Funktion $f(x) = -x^2 + 4x - 3$.
Gesucht ist der Inhalt A der Fläche zwischen dem Graphen von f und der x-Achse über dem Intervall [2 ; 3].
Skizzieren Sie den Graphen von f zunächst für $0 \leq x \leq 4$.

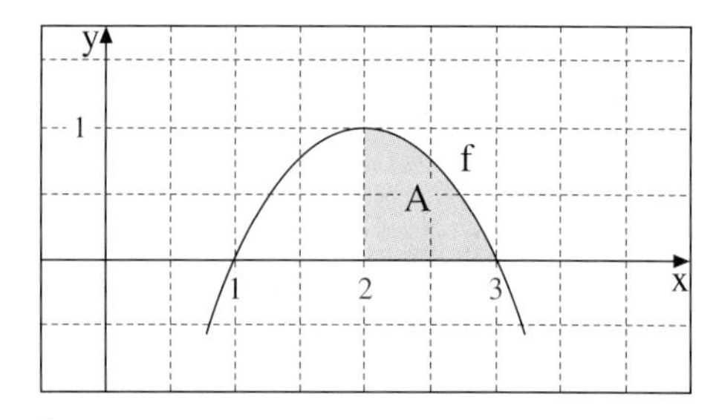

Lösung:
Die Skizze des Graphen von f zeigt, dass das Flächenstück A ganz oberhalb der x-Achse liegt. Also gibt das bestimmte Integral von f in den Grenzen von 2 bis 3 den Inhalt an.
Resultat: $A = \frac{2}{3}$

$$\int_2^3 (-x^2 + 4x - 3)\,dx$$

$$= \left[-\tfrac{1}{3}x^3 + 2x^2 - 3x\right]_2^3 = 0 - (-\tfrac{2}{3}) = \tfrac{2}{3}$$

$$\Rightarrow \quad A = \tfrac{2}{3}$$

Beispiel: Gesucht ist der Inhalt A der Fläche zwischen dem Graphen der Funktion $f(x) = x^3 - 1$ und den beiden Koordinatenachsen, die im 4. Quadranten liegt. Fertigen Sie zunächst eine Skizze an.

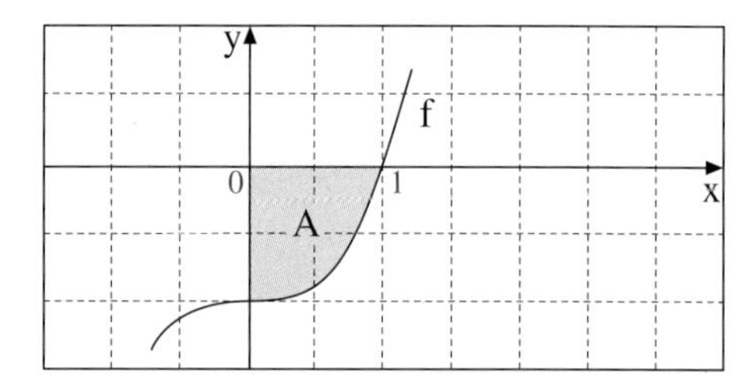

Lösung:
Die Funktion besitzt eine Nullstelle bei x = 1 und einen Schnittpunkt mit der y-Achse bei y = −1. Hierdurch wird die markierte Fläche begrenzt. Sie liegt ganz unterhalb der x-Achse. Das bestimmte Integral von 0 bis 1 gibt daher den Flächeninhalt an, nur mit negativem Vorzeichen versehen.
Resultat: $A = \frac{3}{4}$

$$\int_0^1 (x^3 - 1)\,dx$$

$$= \left[\tfrac{1}{4}x^4 - x\right]_0^1 = (-\tfrac{3}{4}) - 0 = -\tfrac{3}{4}$$

$$\Rightarrow \quad A = \tfrac{3}{4}$$

Wir kommen nun zu Flächen, die teilweise oberhalb und teilweise unterhalb der x-Achse liegen. In diesen Fällen muss man beim Integrieren die im Flächenbereich liegenden Nullstellen als Unterteilungsstellen verwenden, ansonsten würde man nur Flächenbilanzen erhalten.

Beispiel: Gegeben ist die Funktion $f(x) = \frac{1}{2}x^2 - \frac{5}{2}x + 2$. Gesucht ist der Gesamtinhalt der Fläche A zwischen dem Graphen von f und der x-Achse über dem Intervall [0 ; 3].

Lösung:
Wir errechnen zunächst die Nullstellen der Funktion, die bei x = 1 und x = 4 liegen, und skizzieren den Graphen. Wir erkennen, dass die Fläche über [0 ; 3] aus zwei Teilstücken A_1 über [0 ; 1] und A_2 über [1 ; 3] besteht.

Die zugehörigen bestimmten Integrale haben die Werte $\frac{11}{12}$ (oberhalb der x-Achse) und $-\frac{5}{3}$ (unterhalb der x-Achse).

Der Gesamtinhalt von A ist somit gleich der Summe der Beträge dieser Werte: $A = \frac{31}{12} \approx 2{,}58$.

Man darf nicht von 0 bis 3 "durchintegrieren", da man dann nur die Flächenbilanz $\frac{11}{12} - \frac{5}{3} = -\frac{3}{4}$ erhalten würde.

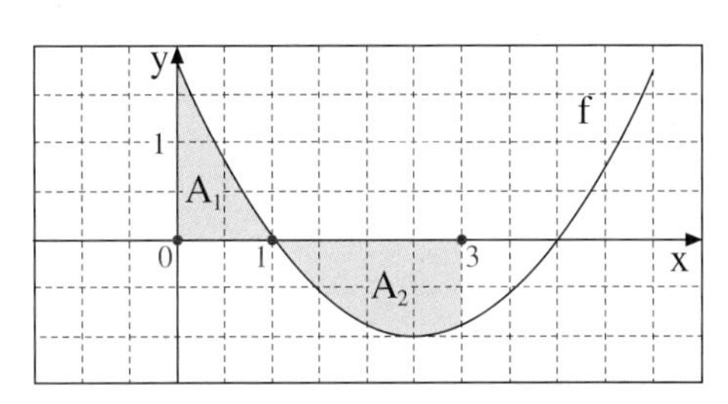

1. Nullstellen:

$$\frac{1}{2}x^2 - \frac{5}{2}x + 2 = 0$$
$$x^2 - 5x + 4 = 0$$
$$x = 2{,}5 \pm \sqrt{2{,}25} \quad \Rightarrow \quad x = 1,\ x = 4$$

2. Bestimmte Integrale:

$$\int_0^1 f(x)\,dx = \left[\frac{1}{6}x^3 - \frac{5}{4}x^2 + 2x\right]_0^1 = \frac{11}{12}$$

$$\int_1^3 f(x)\,dx = \left[\frac{1}{6}x^3 - \frac{5}{4}x^2 + 2x\right]_1^3 = (-\frac{3}{4}) - \frac{11}{12}$$
$$= -\frac{5}{3}$$

3. Flächeninhalt:

$$A = A_1 + A_2 = \frac{11}{12} + \frac{5}{3} = \frac{31}{12} \approx 2{,}58$$

Übung 1

Gesucht sind die Inhalte der im Folgenden beschriebenen oder markierten Flächenstücke.

a) $f(x) = x^2 - x + 1$

Fläche über dem Intervall [0 ; 2]

b) $f(x) = \frac{1}{x^2}$

Fläche über dem Intervall [1 ; 3]

c) $f(x) = x^3 - x$

von Kurve und x-Achse im 4. Quadranten eingeschlossene Fläche

d) $f(x) = x^3 - x$

Fläche zwischen Kurve und x-Achse über dem Intervall [0 ; 2]

e)

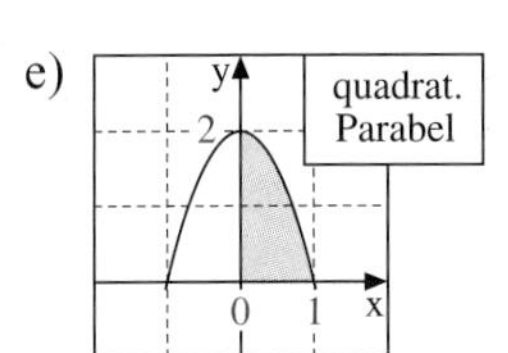

f)

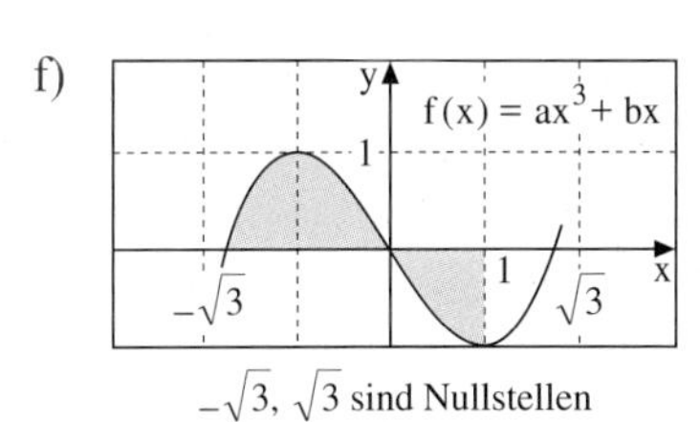

$-\sqrt{3}$, $\sqrt{3}$ sind Nullstellen

Die folgenden Beispiele betreffen Funktionen mit etwas komplizierteren Funktionstermen. Das Vorgehen bei Flächenbestimmungen ändert sich im Prinzip nicht, lediglich die nötige Bestimmung der Nullstellen der gegebenen Funktion ist aufwendiger.

Beispiel: Gegeben ist die Funktion $f(x) = \frac{1}{4}x^3 + \frac{1}{2}x^2 - 2x$. Gesucht ist der Gesamtinhalt der Fläche A, welche vom Graphen von f und der x-Achse umschlossen wird.

Lösung:
Wir bestimmen zunächst die Nullstellen von f durch Ausklammern von x und mit Hilfe der p-q-Formel. Diese liegen bei $x = 0$, $x = 2$ und $x = -4$.
Nun lässt sich der von unten links kommende und nach oben rechts gehende Graph von f gut skizzieren, evtl. benötigt man noch einige zusätzliche Funktionswerte.

Die Kurve und die x-Achse umschließen die rot markierte Fläche A.
Sie besteht aus den Teilflächen A_1 und A_2. A_1 liegt oberhalb der x-Achse und lässt sich als bestimmtes Integral über $[-4;0]$ darstellen. Ergebnis: $A_1 = \frac{32}{3}$.
Für A_2 liefert das zugehörige bestimmte Integral über $[0;2]$ den Inhalt $\frac{5}{3}$.

Insgesamt beträgt der Inhalt der Fläche A dann 12,33 FE.

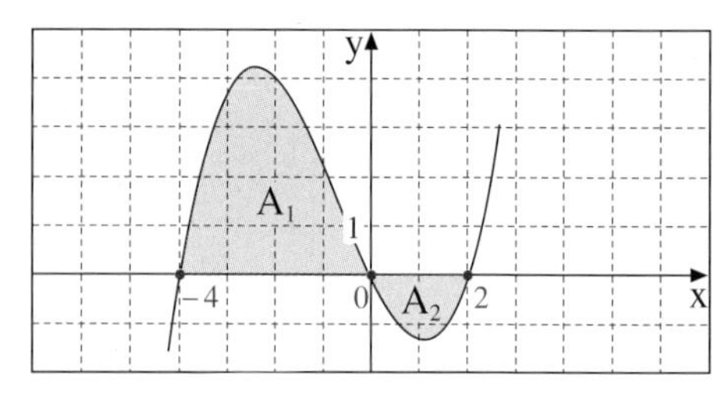

1. Nullstellen:

$$\frac{1}{4}x^3 + \frac{1}{2}x^2 - 2x = 0$$
$$x^3 + 2x^2 - 8x = 0$$
$$x(x^2 + 2x - 8) = 0$$
$$x = 0 \quad \text{oder} \quad x^2 + 2x - 8 = 0$$
$$x = -1 \pm \sqrt{1+8}$$
$$x = 2,\ x = -4$$

2. Bestimmte Integrale:

$$\int_{-4}^{0} f(x)\,dx = \left[\frac{1}{16}x^4 + \frac{1}{6}x^3 - x^2\right]_{-4}^{0} = \frac{32}{3}$$

$$\int_{0}^{2} f(x)\,dx = \left[\frac{1}{16}x^4 + \frac{1}{6}x^3 - x^2\right]_{0}^{2} = -\frac{5}{3}$$

3. Flächeninhalt:

$$A = A_1 + A_2 = \frac{32}{3} + \frac{5}{3} = \frac{37}{3} \approx 12{,}33$$

Übung 2

Gesucht ist der Inhalt der Fläche zwischen dem Graphen von f und der x-Achse über dem angegebenen Intervall I. Skizzieren Sie zwecks Überblick zunächst den Graphen.

a) $f(x) = \frac{1}{6}x^3 - \frac{1}{2}x$; $I = [-1;2]$

b) $f(x) = x^3 - 4x$; $I = [-3;2]$

c) $f(x) = x^3 - 3x^2 - x + 3$; $I = [0;3]$
Polynomdivision möglich

d) $f(x) = \frac{1}{2}x^4 - \frac{5}{2}x^2 + 2$; $I = [-2;2]$
Biquadratische Nullstellengleichung

B. Parameteraufgaben

Die folgenden Beispiele erfordern die Verwendung von Parametern, wodurch der Schwierigkeitsgrad etwas erhöht ist. Außerdem dienen die Aufgaben der Wiederholung von Elementen der Kurvenuntersuchung.

Beispiel: Parameterbestimmung
Die Parabelschar $f_a(x) = ax^2 + 1$ sei gegeben. Wie muss $a > 0$ gewählt werden, damit die Fläche zwischen dem Graphen von f_a und der x-Achse über dem Intervall $[0;1]$ den Inhalt 2 hat?

Lösung:
Wir berechnen das bestimmte Integral von f_a in den Grenzen von 0 bis 1. Den von a abhängigen Ergebnisterm setzen wir gleich 2. Auflösen der so entstandenen Bestimmungsgleichung liefert den gesuchten Parameterwert a = 3.

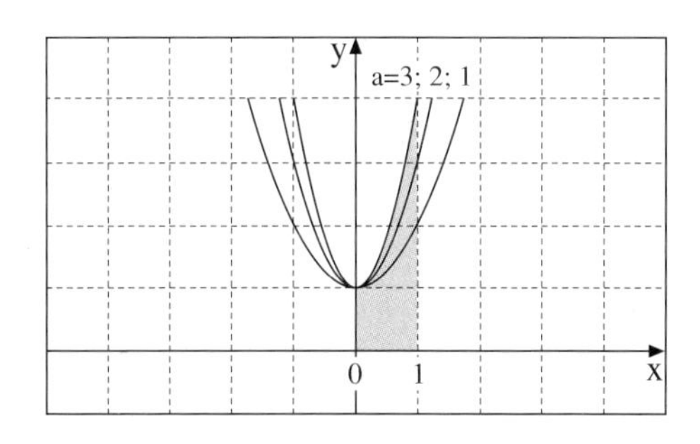

$$\int_0^1 (ax^2+1)\,dx = \left[\tfrac{a}{3}x^3 + x\right]_0^1 = \tfrac{a}{3} + 1 \overset{!}{=} 2$$

$$\Rightarrow\ a = 3$$

Beispiel: Flächenteilung
Gegeben ist die Parabel $f(x) = x^2$. Gesucht ist derjenige Wert des Parameters a, für den die senkrechte Gerade x = a die Fläche A unter f über dem Intervall $[0;2]$ halbiert.

Lösung:
Wir errechnen den Inhalt A unter f über $[0;2]$. Er beträgt $\frac{8}{3}$.
Der Inhalt A_1 unter f über dem Intervall $[0;a]$ beträgt $\frac{a^3}{3}$.
Der Ansatz $A_1 = \frac{1}{2}A$ liefert daraus den Parameterwert $a = \sqrt[3]{4}$. $x = \sqrt[3]{4}$ ist die Gleichung der gesuchten Geraden.

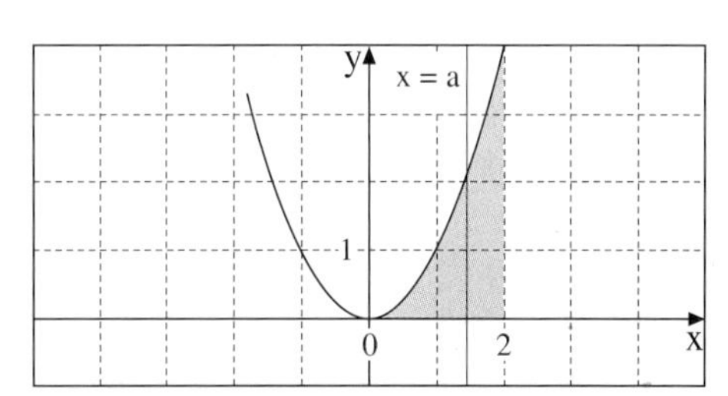

$$A = \int_0^2 x^2\,dx = \left[\frac{x^3}{3}\right]_0^2 = \frac{8}{3}$$

$$A_1 = \int_0^a x^2\,dx = \left[\frac{x^3}{3}\right]_0^a = \frac{a^3}{3}$$

$$A_1 = \tfrac{1}{2}A \ \Rightarrow\ \frac{a^3}{3} = \frac{4}{3} \ \Rightarrow\ a = \sqrt[3]{4} \approx 1{,}59$$

Übung 3
Gegeben ist $f_a(x) = x^3 - a^2x$, $a>0$. Wie muss a gewählt werden, damit die beiden von f_a und der x-Achse eingeschlossenen Flächen jeweils den Inhalt 4 haben?

Übung 4
Die Fläche unter $f(x) = x^2$ über $[0;2]$ soll durch die senkrechte Gerade x = a im Verhältnis 1:7 geteilt werden.
Wie muss a gewählt werden?

Beispiel: Rekonstruktion

Eine ganzrationale Funktion f dritten Grades hat die aufgeführten Eigenschaften.
Um welche Funktion handelt es sich?

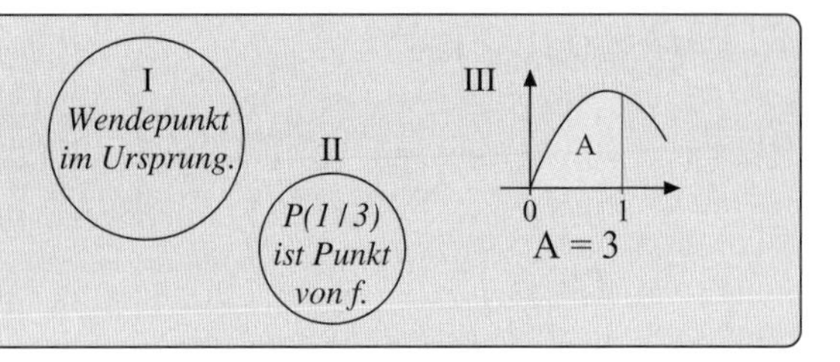

Lösung:
Ausgehend vom allgemeinen Ansatz für eine ganzrationale Funktion dritten Grades $f(x) = ax^3 + bx^2 + cx + d$ errechnen wir zunächst die benötigten Ableitungen f′ und f″.

Anschließend stellen wir die Bedingungen für f, f′ und f″ auf, die den geforderten Eigenschaften I bis III entsprechen.

Nachdem die Parameter $b = 0$ und $d = 0$ feststehen, ergibt sich ein Gleichungssystem mit den Variablen a und c, das wir mittels Additionsverfahrens lösen.

Das Resultat ist $f(x) = -6x^3 + 9x$.

Ansatz:

$f(x) = ax^3 + bx^2 + cx + d$
$f'(x) = 3ax^2 + 2bx + c$
$f''(x) = 6ax + 2b$

Bedingungen:

I: $f''(0) = 0 \Rightarrow b = 0$
$f(0) = 0 \Rightarrow d = 0$

Neuer Ansatz: $f(x) = ax^3 + cx$
II. $f(1) = 3 \Rightarrow a + c = 3$
III. $\int_0^1 f(x)\,dx = 3 \Rightarrow \frac{1}{4}a + \frac{1}{2}c = 3$
$\Rightarrow a = -6,\ c = 9$

Resultat: $f(x) = -6x^3 + 9x$

Übung 5

Eine quadratische Funktion mit einer Nullstelle bei $x = 1$, deren Hochpunkt auf der y-Achse liegt, schließt mit den Koordinatenachsen im 1. Quadranten eine Fläche mit dem Inhalt 1 ein. Um welche Funktion handelt es sich?

Übung 6

Eine quadratische Parabel schneidet die y-Achse bei -1 und nimmt ihr Minimum bei $x = 4$ an. Im 4. Quadranten liegt unterhalb der x-Achse über dem Intervall $[0\,;\,1]$ ein Flächenstück zwischen der Parabel und der x-Achse, dessen Inhalt 11 beträgt. Um welche Kurve handelt es sich?

Übung 7

Es handelt sich um eine nicht maßstäbliche Skizze des Graphen eines Polynoms dritten Grades. Bestimmen Sie dessen Funktionsgleichung.

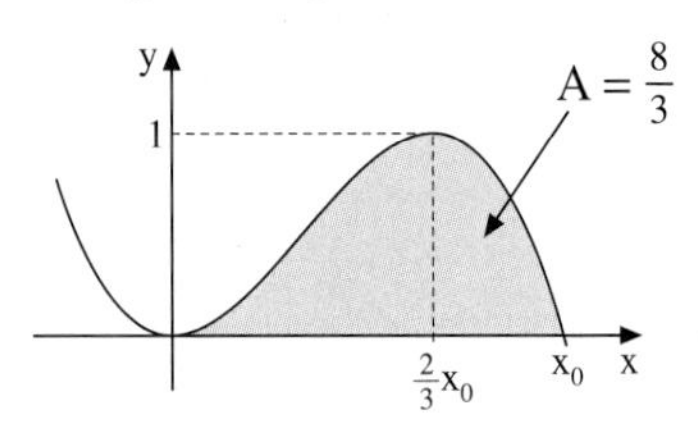

C. Anwendungen

Wir schließen diesen Abschnitt mit zwei typischen Anwendungsbeispielen ab.

Beispiel: *Luftvolumen einer Halle*
Eine Bahnhofshalle wird über zwei Ventilatoren belüftet, deren Leistung jeweils ca. 80 Kubikmeter pro Minute beträgt.
Welche Zeit wird für einen kompletten Luftaustausch benötigt?
Das Dach der Halle ist eine parabelförmige Holzkonstruktion.

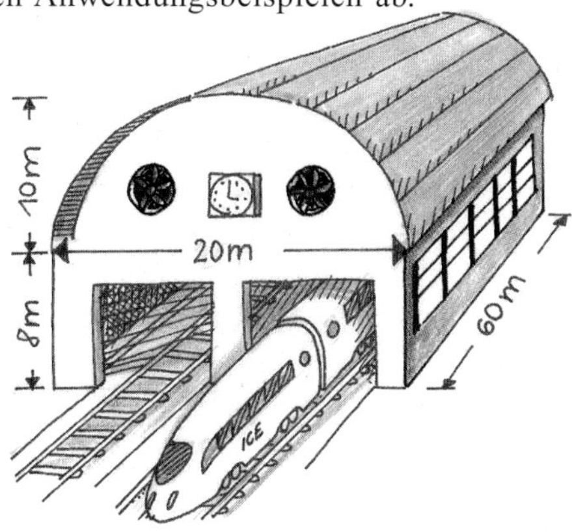

Lösung:
Wir errechnen zunächst die Parabelgleichung aus den gegebenen Bedingungen. In dem festgelegten Koordinatensystem lässt sich nach nebenstehender Rechnung das Dach der Halle durch die Gleichung $f(x) = -\frac{1}{10}x^2 + 10$ beschreiben.

Das Luftvolumen der Halle erhalten wir als Produkt aus dem Inhalt der Hallenquerschnittsfläche und der gegebenen Hallenlänge. Die Querschnittsfläche der Halle setzt sich aus zwei Teilflächen zusammen, einer Rechteckfläche und einer Parabelfläche.

Den Inhalt dieser Fläche zwischen der Parabel und der x-Achse errechnen wir nun durch Integration. Er beträgt $133,\overline{3}\ \mathrm{m}^2$. Die Vorderfront der Halle besitzt also einen Flächeninhalt von $293,\overline{3}\ \mathrm{m}^2$.

Multiplikation mit der Hallenlänge ergibt das Hallenvolumen von $17600\ \mathrm{m}^3$.

Zum Luftaustausch der gesamten Halle benötigen die beiden Ventilatoren dann eine Stunde und 50 Minuten.

Gleichung der Parabel:

$f(x) = ax^2 + c$

$f(0) = 10$

$f(10) = 0$

$\Rightarrow c = 10,\ a = -\frac{1}{10}$

$f(x) = -\frac{1}{10}x^2 + 10$

Fläche unter der Parabel:

$$A_1 = 2 \cdot \int_0^{10} f(x)\,dx = 2 \cdot \left[-\frac{1}{30}x^3 + 10x\right]_0^{10}$$

$$= 2 \cdot \left(-\frac{1000}{30} + 100\right) = 133,\overline{3}\ \mathrm{m}^2$$

Gesamtfläche:

$$A = \underset{20}{8\,\boxed{160\ \mathrm{m}^2}} + 133,\overline{3}\ \mathrm{m}^2 = 293,\overline{3}\ \mathrm{m}^2$$

Gesamtvolumen:

$$V = 293,\overline{3} \cdot 60 = 17600\ \mathrm{m}^3$$

Zeit für Luftaustausch:

$$t = \frac{V}{160} = \frac{17600\ \mathrm{m}^3}{160\ \mathrm{m}^3/\mathrm{min}} = 110\ \mathrm{min}$$

$$= 1\ \mathrm{h}\ 50\ \mathrm{min}$$

Beispiel: *Pflasterfläche*
Am Ufer führt ein Radweg entlang. Dieser soll auf 20 m Länge durch eine neue Trasse ersetzt werden, die einen Brunnen umgeht. Die Übergänge sollen fließend sein.
Welche mathematische Kurve wäre zur Linienführung geeignet?
Wie groß wäre dann die markierte neu zu pflasternde Fläche zwischen dem Ufer und der neuen Trasse?

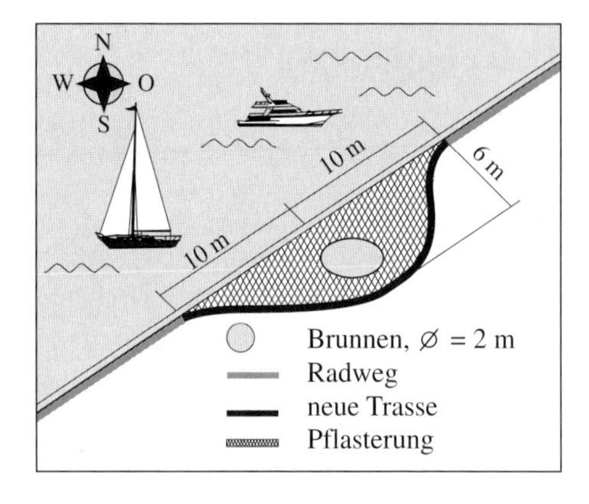

Lösung:
Es handelt sich um eine Konstruktionsaufgabe mit einer zusätzlichen Inhaltsbestimmung.
Zunächst führen wir ein passend liegendes Koordinatensystem ein und überlegen, welche Kurvenart die geforderten Eigenschaften haben könnte. Eine ganzrationale Funktion 4. Grades erscheint prinzipiell geeignet. Sie sollte symmetrisch zur y-Achse sein, woraus sich der Ansatz $f(x) = ax^4 + bx^2 + c$ mit geraden Exponenten ergibt. Ihr Tiefpunkt sollte $T(0|-6)$ sein und ihr rechter Hochpunkt wegen des fließenden Übergangs in die x-Achse bei $H(10|0)$ liegen. Der linke Hochpunkt liegt symmetrisch. Hieraus erhalten wir die Bedingungen I bis IV für f und f', die auf 3 Bestimmungsgleichungen für a, b und c führen. Die Auflösung des Gleichungssystems ergibt das Resultat $f(x) = -0{,}0006x^4 + 0{,}12x^2 - 6$.

Zur Inhaltsberechnung der Pflasterfläche verwenden wir das bestimmte Integral von f von 0 bis 10, das uns, abgesehen vom negativen Vorzeichen, den halben Flächeninhalt liefert. Nach Verdopplung erhalten wir die Pflasterfläche, wovon evtl. noch 3,14 m² für den Brunnen abgezogen werden müssen, sodass 60,86 m² verbleiben.

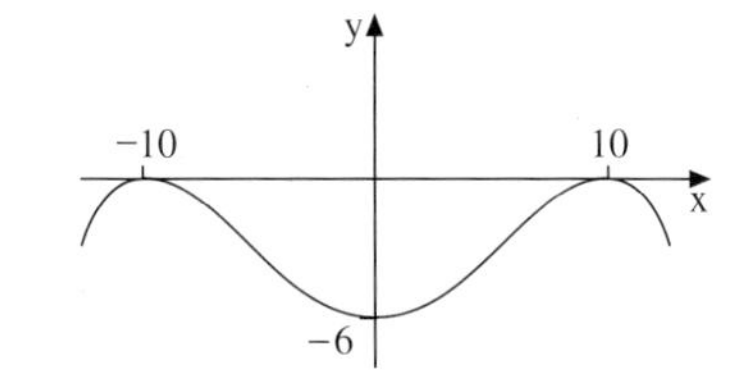

Ansatz für f:
$f(x) = ax^4 + bx^2 + c$
$f'(x) = 4ax^3 + 2bx$

Forderungen an f:
Tiefpunkt $T(0|-6)$
Hochpunkt $H(10|0)$
I: $f(0) = -6: \; c = -6$
II: $f'(0) = 0:$ durch Symmetrie erfüllt
III: $f(10) = 0: \; 10000a + 100b - 6 = 0$
IV: $f'(10) = 0: \; 4000a + 20b = 0$

Auflösung des Gleichungssystems:
$c = -6, \; a = -0{,}0006, \; b = 0{,}12$

$f(x) = -0{,}0006x^4 + 0{,}12x^2 - 6$

Flächeninhalt:

$$\int_0^{10} f(x)\,dx = \int_0^{10} (-0{,}0006x^4 + 0{,}12x^2 - 6)\,dx$$

$$= \left[-0{,}00012x^5 + 0{,}04x^3 - 6x\right]_0^{10} = -32$$

$\Rightarrow A = 2 \cdot 32 = 64 \text{ m}^2$

Übungen

8. Gesucht ist der Inhalt A der markierten Fläche.

a) 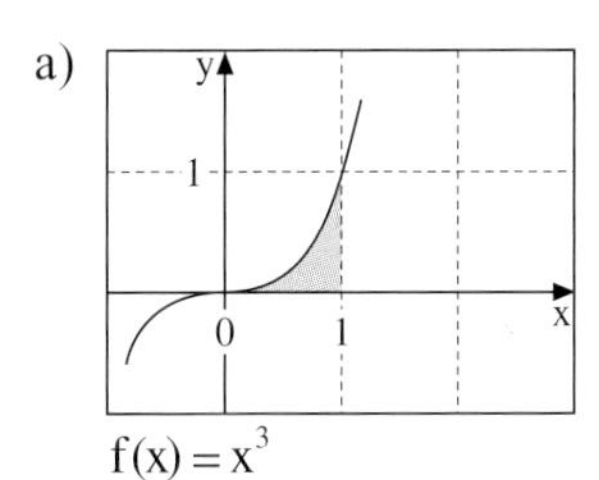
$f(x) = x^3$

b) 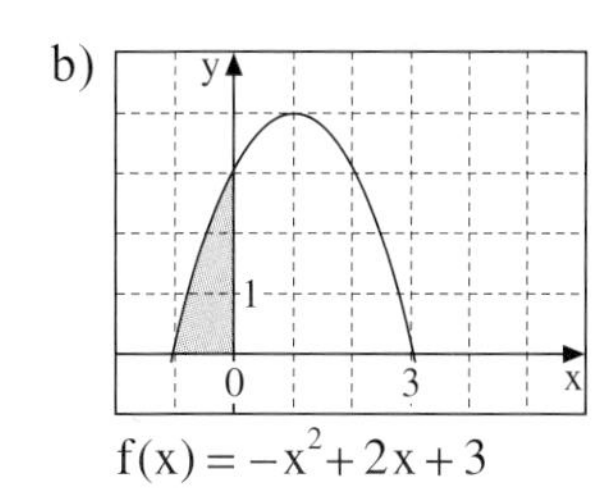
$f(x) = -x^2 + 2x + 3$

c) 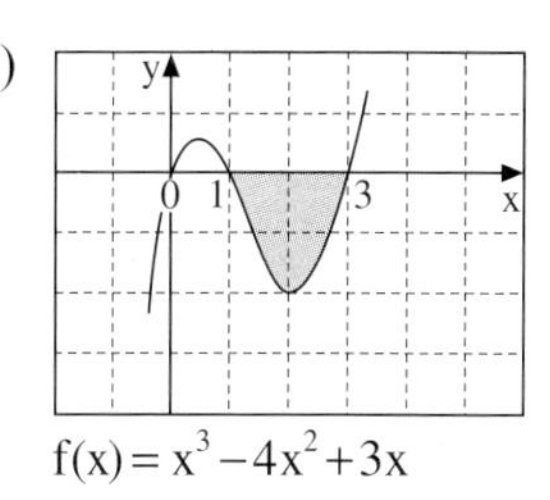
$f(x) = x^3 - 4x^2 + 3x$

9. Skizzieren Sie den Graphen von f. Berechnen Sie sodann den Inhalt der Fläche A, die über dem Intervall I zwischen dem Graphen von f und der x-Achse liegt.

a) $f(x) = -\frac{1}{3}x^2 + \frac{4}{3}x + \frac{5}{3}$, $I = [-1;6]$ b) $f(x) = 0{,}5x^2 - x - 1{,}5$, $I = [-2;3]$

c) $f(x) = 2x^3 - 8x$, $I = [-1;2]$ d) $f(x) = \frac{2}{x^2}$, $I = [1;5]$

e) $f(x) = x^4 - 1$, $I = [0{,}5;2]$ f) $f(x) = x^3 - 4x$, $I = [-1;2{,}5]$

g) $f(x) = x^3 + 3x^2 - 2$, $I = [-3;0]$ h) $f(x) = x^3 - 6x^2 + 9x - 4$, $I = [0;3]$

10. Wie muss p gewählt werden, damit die markierte Fläche den angegebenen Inhalt hat?

a) $f(x) = 3x^2 + p^2$
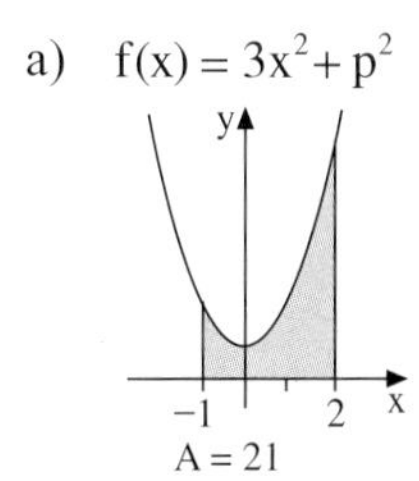
$A = 21$

b) $f(x) = x^3 + px,\ p > 0$
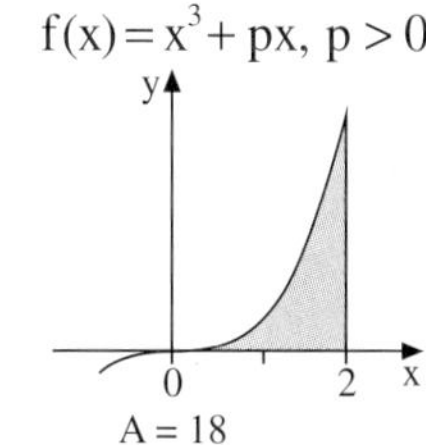
$A = 18$

c) $f(x) = px^3 - px^2,\ p > 0$
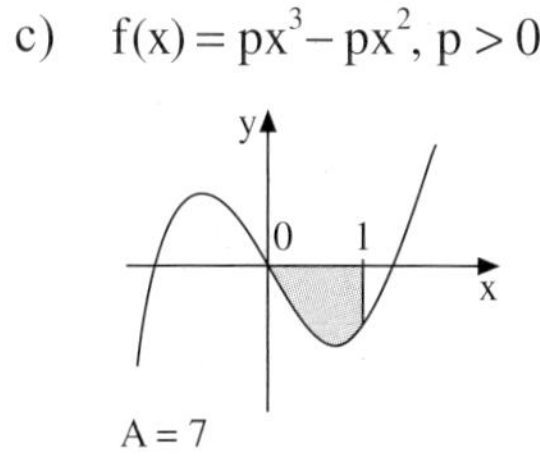
$A = 7$

11. Gesucht ist der Gesamtinhalt der Fläche zwischen dem Graphen von f und der x-Achse über dem Intervall I. Bestimmen Sie zunächst die Nullstellen von f, erforderlichenfalls durch Raten und Polynomdivision.

a) $f(x) = x^4 + x^2 - 2$, $I = [-2;3]$ b) $f(x) = x^3 + 2x^2 - 3x$, $I = [-2;2{,}5]$

c) $f(x) = (x+2)(x-1)^2$, $I = [-2;2]$ d) $f(x) = (x-1)(x+2)(x-3)$, $I = [-1;2]$

e) $f(x) = x^3 - 3x^2 - 3x + 9$, $I = [-1;3]$ f) $f(x) = x^3 + x^2 - 9x - 9$, $I = [-1;4]$

g) $f(x) = x^4 - 4x^3 - 3x^2$, $I = [-1;3]$ h) $f(x) = x^4 - 5x^3 + 8x^2 - 4x$, $I = [-1;3]$

12. Gegeben sei $f(x) = -x^2 - x + 2$. Die Tangente an den Graphen von f bei $x = 0$ schließt mit den beiden Koordinatenachsen eine dreieckige Fläche A ein. Der Graph von f teilt A in die zwei Stücke A_1 und A_2. Bestimmen Sie das Teilungsverhältnis $A_1 : A_2$.

13. Gesucht ist der Inhalt der Fläche A, die vom Graphen von f und den beiden Koordinatenachsen im angegebenen Quadranten eingeschlossen wird.

a) $f(x)=x^2-1$ 4. Quadrant b) $f(x)=-x^3+2x^2+x-2$ 3. Quadrant c) $f(x)=3(x-1)^2$ 1. Quadrant d) $f(x)=(x+1)^3$ 2. Quadrant

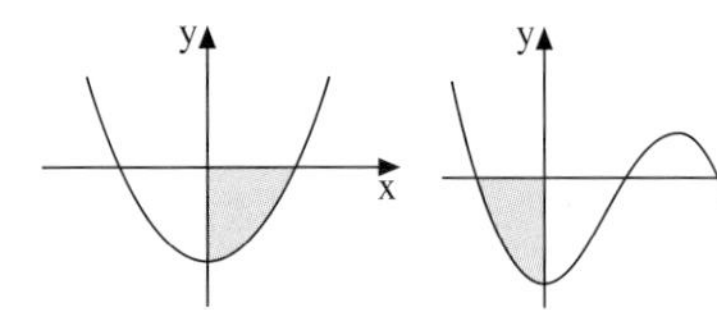

14. In welchem Verhältnis teilt der Graph von f das Quadrat mit den Eckpunkten A(0 | 0), B(2 | 0), C(2 | 2), D(0 | 2)?

a) $f(x)=\frac{1}{4}x^2$ b) $f(x)=\frac{1}{8}x^3$ c) $f(x)=\frac{2}{x^2}$ d) $f(x)=-x^2+3x$

15. Das Rechteck A(0 | 1), B(− 1 | 1), C(− 1 | − 1), D(0 | − 1) soll durch den Graphen der Funktion $f(x)=a(x^4-x^2)$, im Verhältnis 2:1 geteilt werden. Wie muss $a>0$ gewählt werden?

16. Der Graph einer quadratischen Funktion f geht durch die Punkte A(0 | 0) und B(4 | 0). Er schließt mit der x-Achse eine Fläche A mit dem Inhalt $\frac{8}{3}$ ein. Sein Extremum liegt im ersten Quadranten. Wie lautet die Funktionsgleichung von f?

17. f sei eine ganzrationale Funktion 3. Grades, deren Graph punktsymmetrisch zum Ursprung ist, durch den Punkt B(2 ; 0) geht und das Quadrat A(0 | 0), B(2 | 0), C(2 | − 2), D(0 | − 2) im Verhältnis 1:5 teilt. Bestimmen Sie die Funktionsgleichung von f.

18. Eine ganzrationale Funktion 3. Grades ist punktsymmetrisch zum Ursprung, hat ein Maximum bei $x=\sqrt{3}$ und schließt im ersten Quadranten mit der x-Achse eine Fläche mit dem Inhalt $\frac{9}{4}$ ein. Um welche Funktion handelt es sich?

19. Eine ganzrationale Funktion dritten Grades geht durch den Ursprung, hat bei $x=1$ ein Maximum und bei $x=2$ eine Wendestelle. Sie schließt mit der x-Achse über dem Intervall [0 ; 2] eine Fläche vom Inhalt 6 ein. Wie heißt die Funktionsgleichung?

20. Bestimmen Sie den Inhalt der Fläche A, welche über dem Intervall [0 ; 10] zwischen dem Graphen der Funktion $f(x)=\frac{1}{64}(ax-8)^2 (a>0)$ und der x-Achse liegt, in Abhängigkeit von a. Untersuchen Sie anschließend, für welchen Wert des Parameters a der Inhalt A dieser Fläche minimal wird.

21. Die parallelen Geraden $y=x$ und $y=x+2$ schneiden aus dem oberhalb der x-Achse liegenden Flächenstück A unter der Parabel $f(x)=-\frac{1}{3}x^2+\frac{10}{3}$ einen Streifen S aus. Dessen Inhalt ist gesucht.

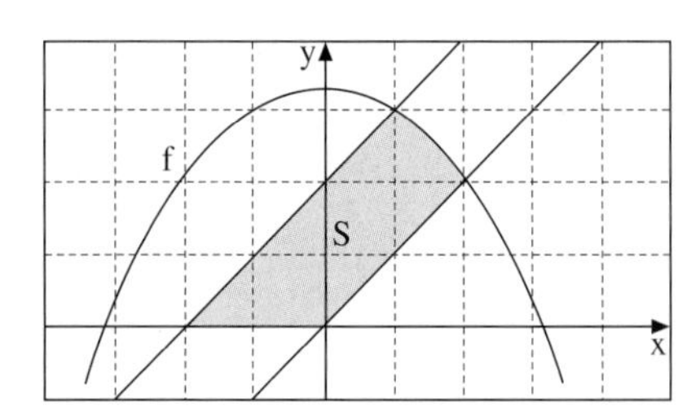

Test: Flächen unter Funktionsgraphen

Bearbeitungszeit: ca. 90 Minuten

1. Gesucht ist der Inhalt der Fläche zwischen dem Graphen von f und der x-Achse über dem Intervall I.

a) $f(x) = 2 - x^3$
$I = [0\,;\,1]$

b)

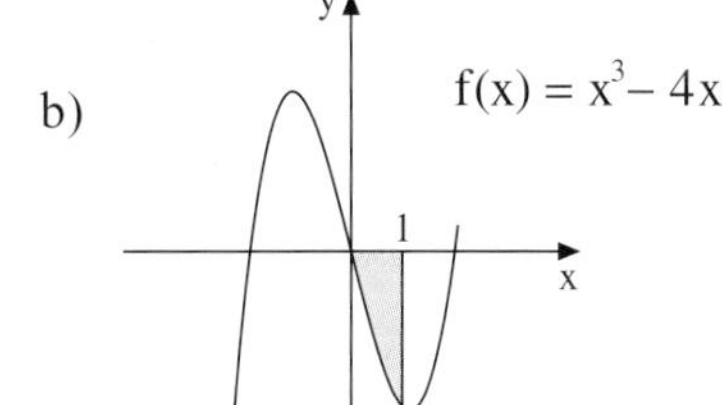

2. Gegeben ist $f(x) = x^2 - 5x + 4$ über dem Intervall $[0\,;\,2]$. Überprüfen Sie, ob die Fläche A zwischen der Kurve und der x-Achse überwiegend oberhalb oder überwiegend unterhalb der x-Achse liegt.

3. Bestimmen Sie den Inhalt A der markierten Fläche.

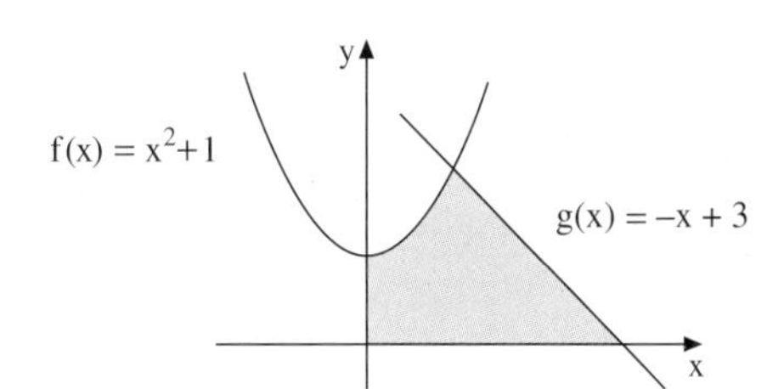

4. Die Graphen von $f(x) = \frac{1}{2}x^2$ und $g(x) = 4 - x$ sowie die y-Achse umschließen ein im 1. Quadranten liegendes Flächenstück. Berechnen Sie dessen Inhalt A.

5. Eine quadratische Funktion schneidet die y-Achse im Punkt $P(0\,|\,3)$ unter einem Winkel von 45°. Sie umschließt im 2. Quadranten zusammen mit den Koordinatenachsen und der senkrechten Geraden $x = -1$ eine Fläche mit dem Inhalt 2. Um welche Funktion handelt es sich?

3. Flächen zwischen Funktionsgraphen

A. Grundlagen

Wir befassen uns nun mit Flächen, die von zwei oder mehr Kurven berandet sind. Wir erläutern das Prinzip am einfachsten Fall zweier sich nicht schneidender Randkurven.
Es gibt im Wesentlichen zwei Methoden, die wir nun näher ausführen.

Methode 1: Zurückführung auf den Fall nur einer Randfunktion

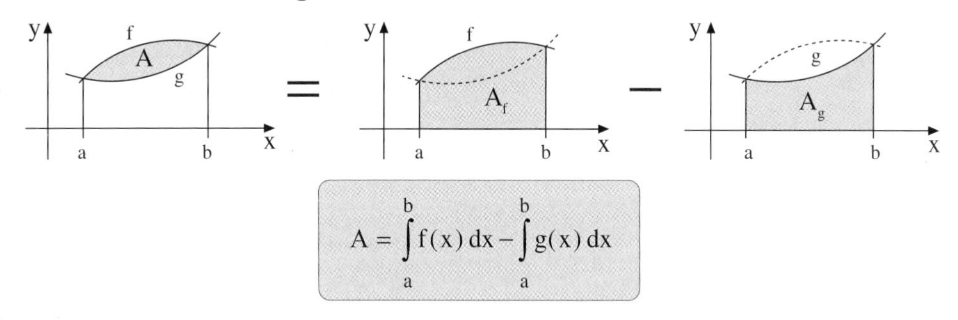

$$A = \int_a^b f(x)\,dx - \int_a^b g(x)\,dx$$

Inhalt der Fläche A **zwischen** f und g über dem Intervall [a ; b] = Inhalt der Fläche A_f **unter** f über dem Intervall [a ; b] − Inhalt der Fläche A_g **unter** g über dem Intervall [a ; b]

Beispiel: Gesucht ist der Inhalt der Fläche A zwischen den Graphen von $f(x) = \frac{1}{4}x^2 + 1$ und $g(x) = -\frac{1}{4}x^2 + x$ über dem Intervall [1 ; 2].

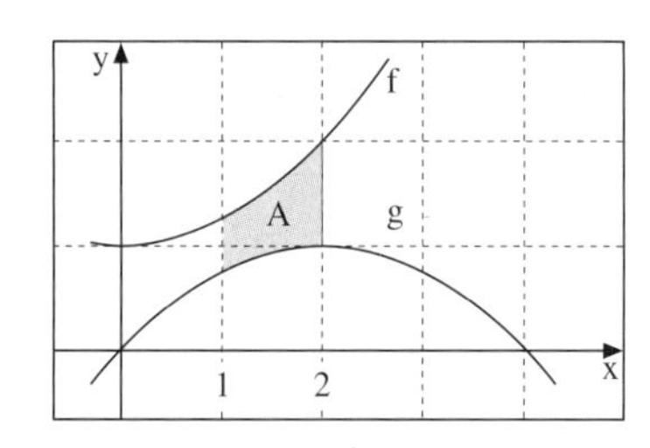

Lösung:

$$A_f = \int_1^2 f(x)\,dx = \int_1^2 (\tfrac{1}{4}x^2 + 1)\,dx = \left[\tfrac{1}{12}x^3 + x\right]_1^2 = \tfrac{32}{12} - \tfrac{13}{12} = \tfrac{19}{12}$$

$$A_g = \int_1^2 g(x)\,dx = \int_1^2 (-\tfrac{1}{4}x^2 + x)\,dx = \left[-\tfrac{1}{12}x^3 + \tfrac{1}{2}x^2\right]_1^2 = \tfrac{16}{12} - \tfrac{5}{12} = \tfrac{11}{12}$$

$$A = A_f - A_g = \tfrac{19}{12} - \tfrac{11}{12} = \tfrac{8}{12} = \tfrac{2}{3}$$

Übung 1

Berechnen Sie den Inhalt A der Fläche zwischen den Graphen der Funktionen $f(x) = x^2 + 2$ und $g(x) = x + 1$ über dem Intervall [−1 ; 2]. Fertigen Sie zunächst eine Skizze an.

Übung 2

Die Graphen der Funktionen $f(x) = 1 - x^2$ und $g(x) = x^2 - 2x + 1$ schneiden sich. Zwischen den Schnittpunkten umschließen sie die Fläche A vollständig. Bestimmen Sie deren Inhalt.

Methode 2: Verwendung der Differenzfunktion

Man denkt sich die Fläche zwischen f und g aus unendlich vielen senkrechten Strecken zusammengesetzt. Die Länge der Strecke an der Stelle x ist die Differenz der Funktionswerte von f(x) und g(x).
Senkt man alle Strecken auf die x-Achse ab, so entsteht dort eine neue Fläche mit dem gleichen Inhalt, deren obere Berandung die Differenzfunktion $h(x) = f(x) - g(x)$ ist. Der Inhalt dieser Fläche kann mit dem bestimmten Integral von h berechnet werden.

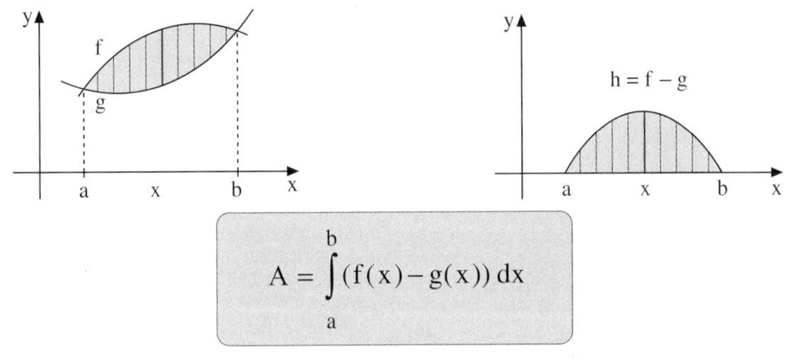

$$A = \int_a^b (f(x) - g(x))\,dx$$

Inhalt der Fläche A **zwischen f und g** über dem Intervall [a ; b] = Inhalt der Fläche **unter der Differenzfunktion h = f − g** über dem Intervall [a ; b]

Beispiel: Berechnen Sie nun den Inhalt A der Fläche zwischen den Graphen $f(x) = \frac{1}{4}x^2 + 1$ und $g(x) = -\frac{1}{4}x^2 + x$ über dem Intervall [1 ; 2] mit Hilfe der Differenzfunktion h = f − g.

Lösung:
Die Differenzfunktion von f und g ist $h(x) = \frac{1}{2}x^2 - x + 1$. Das bestimmte Integral der Funktion h von 1 bis 2 hat den Wert $\frac{2}{3}$.
Die Fläche unter h bzw. zwischen f und g über [1 ; 2] hat den Inhalt $\frac{2}{3}$.

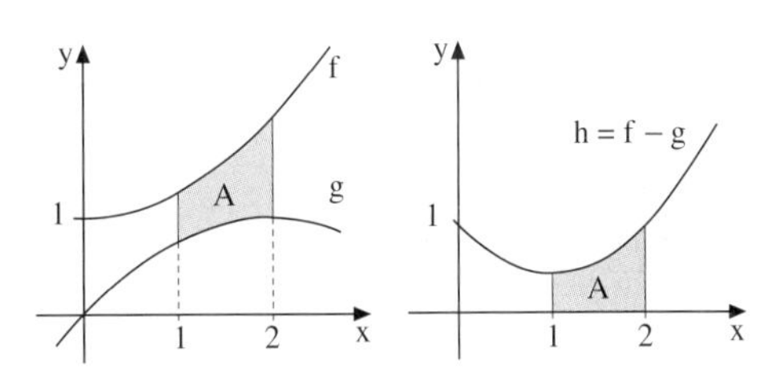

$$A = \int_1^2 h(x)\,dx = \int_1^2 \left(\tfrac{1}{2}x^2 - x + 1\right) dx$$

$$= \left[\tfrac{1}{6}x^3 - \tfrac{1}{2}x^2 + x\right]_1^2 = \tfrac{2}{3}$$

Übung 3
Gesucht ist der Inhalt A der Fläche zwischen den Graphen von $f(x) = 4 - x^2$ und $g(x) = \frac{1}{2}x + 4$ über dem Intervall [1 ; 2].

Übung 4
Die Graphen von $f(x) = -x^2 + 2x$ und $g(x) = x^3$ umschließen im 1. Quadranten eine Fläche vollständig.
Wie groß ist der Inhalt dieser Fläche ?

B. Standardaufgaben

Wir erhöhen nun den Schwierigkeitsgrad der Flächenbestimmungsaufgaben.

Beispiel: Gesucht ist der Inhalt der Fläche A, die von den Graphen der Funktionen $f(x) = -x^2 + \frac{3}{2}x + 4$ und $g(x) = \frac{1}{2}x^2 + 1$ eingeschlossen wird.

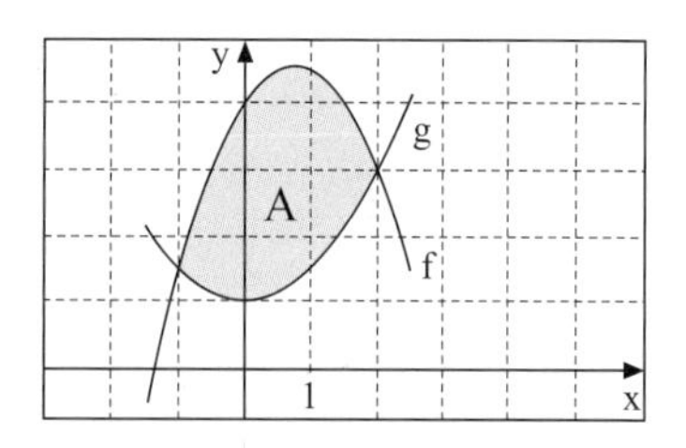

Lösung:
Zunächst fertigen wir eine Planungsskizze an. So können wir die Lage der betrachteten Fläche grob einschätzen.
Außerdem können wir sehen, dass f obere und g untere Randfunktion der Fläche ist.

Die genaue Lage der Flächenbegrenzungen a und b müssen wir allerdings errechnen. Es sind die Schnittstellen von f und g. Wir erhalten $a = -1$ und $b = 2$.

Nun errechnen wir die Differenzfunktion $h(x) = f(x) - g(x)$ wie rechts dargestellt.

Der gesuchte Flächeninhalt ergibt sich dann als Wert des bestimmten Integrals der Funktion h in den Grenzen von -1 bis 2.

Resultat: $A = \frac{27}{4} = 6{,}75$

1. Schnittstellen von f und g

$$f(x) = g(x)$$
$$-x^2 + \frac{3}{2}x + 4 = \frac{1}{2}x^2 + 1$$
$$-\frac{3}{2}x^2 + \frac{3}{2}x + 3 = 0$$
$$x^2 - x - 2 = 0 \Rightarrow x_1 = -1,\ x_2 = 2$$

2. Bestimmung der Differenzfunktion

$$h(x) = f(x) - g(x)$$
$$= \left(-x^2 + \frac{3}{2}x + 4\right) - \left(\frac{1}{2}x^2 + 1\right)$$
$$= -\frac{3}{2}x^2 + \frac{3}{2}x + 3$$

3. Flächeninhaltsbestimmung

$$A = \int_{-1}^{2} h(x)\,dx = \int_{-1}^{2} \left(-\frac{3}{2}x^2 + \frac{3}{2}x + 3\right) dx$$
$$= \left[-\frac{1}{2}x^3 + \frac{3}{4}x^2 + 3x\right]_{-1}^{2} = \frac{27}{4} = 6{,}75$$

Übung 5

Berechnen Sie den Inhalt der von den Graphen der Funktionen f und g begrenzten Fläche.

a) $f(x) = 2x,\ g(x) = x^2$ b) $f(x) = -x^2 + 8,\ g(x) = x^2$ c) $f(x) = \frac{1}{4}x^2,\ g(x) = (x-1)^2$

Übung 6

Bestimmen Sie $a > 0$ so, dass die von den Graphen der Funktionen f und g eingeschlossene Fläche den angegebenen Inhalt A hat.

a) $f(x) = -x^2 + 2a^2$
$g(x) = x^2$
$A = 72$

b) $f(x) = x^2$
$g(x) = ax$
$A = \frac{4}{3}$

c) $f(x) = x^2 + 1$
$g(x) = (a^2 + 1) \cdot x^2$
$A = \frac{4}{3}$

Alle bisher betrachteten Beispiele hatten eines gemeinsam: Die zu betrachtende Fläche A lag oberhalb der x-Achse. Wir untersuchen nun, wie man vorgeht, wenn die Fläche A zwischen den Kurven von der x-Achse in zwei Teilflächen zerschnitten wird, von denen eine oberhalb und die andere unterhalb der x-Achse liegt.

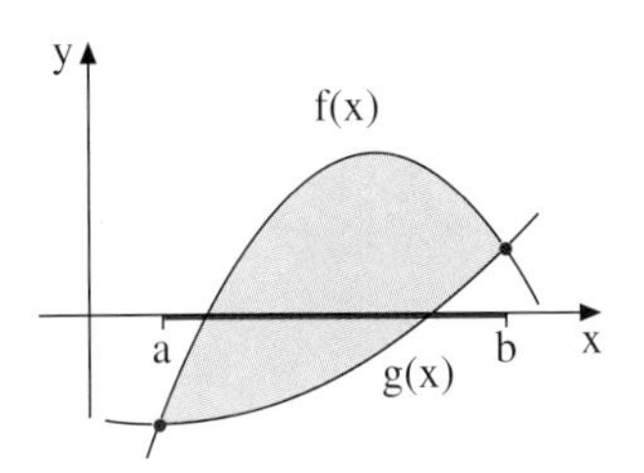

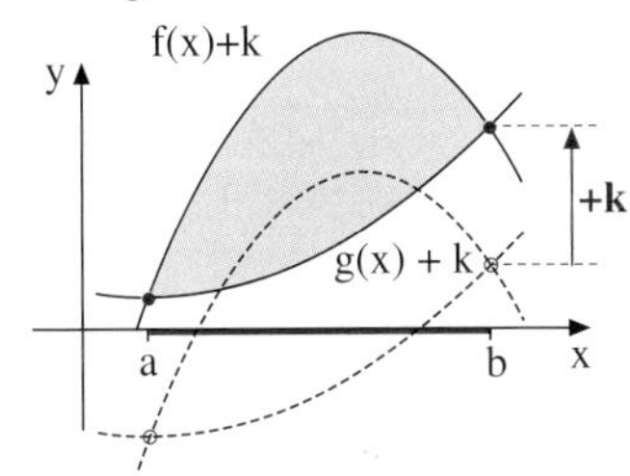

Man kann die Graphen von f und g wie abgebildet so weit nach oben verschieben, dass die Fläche A ganz oberhalb der x-Achse liegt. Nun lässt sich der Inhalt von A nach der Differenzfunktionsmethode berechnen:

$$A = \int_a^b ((f(x)+k)-(g(x)+k))\,dx = \int_a^b (f(x)-g(x))\,dx\,.$$

Im Integranden fällt dann die Verschiebungsgröße k wieder heraus. Die Verschiebung muss also praktisch gar nicht ausgeführt werden.
Fazit: Der Inhalt der Fläche zwischen zwei Kurven f und g lässt sich – unabhängig von der Lage der Fläche – stets durch Integration der Differenzfunktion f – g bestimmen. Es muss jedoch gesichert sein, dass im Integrationsintervall kein Vorzeichenwechsel von h auftritt.

Beispiel: Gesucht ist der Flächeninhalt A zwischen $f(x) = x + 1$ und $g(x) = x^2 + 2x - 1$.

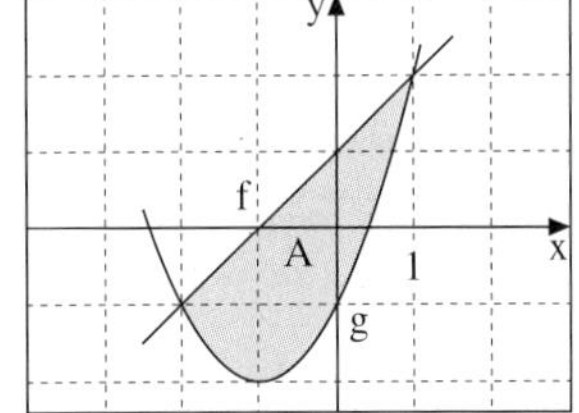

Lösung:
Die Kurven schneiden sich an den Stellen $a = -2$ und $b = 1$. Daher gilt:

$$A = \int_{-2}^{1} (f(x)-g(x))\,dx = \int_{-2}^{1} (-x^2-x+2)\,dx = \left[-\tfrac{1}{3}x^3-\tfrac{1}{2}x^2+2x\right]_{-2}^{1} = \tfrac{9}{2} = 4{,}5$$

Übung 7
Gesucht ist der Inhalt A der Fläche, die von den Graphen von $f(x) = -x^3 + 1$ und $g(x) = 6x^2 - 7x + 1$ im ersten und vierten Quadranten umschlossen wird.

Übung 8
Gesucht ist der Inhalt A der rechts abgebildeten Fläche.

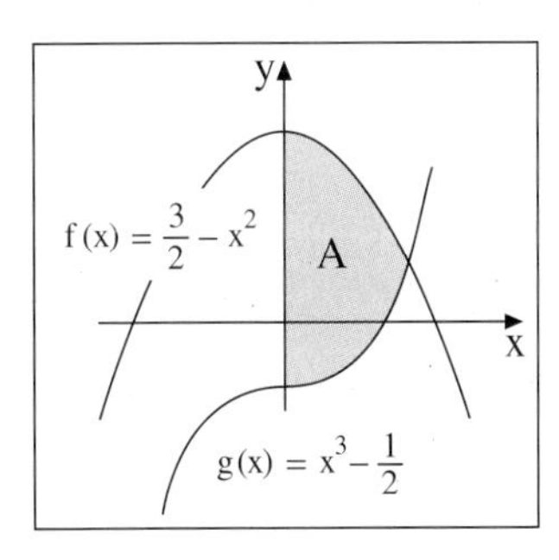

Wir betrachten nun den Fall, dass die von zwei Kurven f und g eingeschlossene Fläche A in zwei oder mehr Teilflächen zerfällt. Dieser Fall tritt z. B. dann ein, wenn f und g mehr als zwei Schnittpunkte besitzen. Das Lösungsprinzip ist denkbar einfach: Man berechnet die Inhalte der Teilflächen einzeln, z. B. mittels Differenzfunktion.

Beispiel: Berechnen Sie den Inhalt der Fläche, die von den Graphen von $f(x)=\frac{1}{3}x^3-\frac{4}{3}x$ und $g(x)=\frac{1}{3}x^2+\frac{2}{3}x$ eingeschlossen wird.

Lösung:
Wir skizzieren zunächst die Graphen von f und g. Diese haben drei Schnittpunkte, wodurch die Fläche in zwei Teilflächen A_1 und A_2 zerfällt, die von Schnittpunkt zu Schnittpunkt reichen.

Die Berechnung der Schnittstellen ergibt $x_1=0$, $x_2=-2$ und $x_3=3$.

Des Weiteren errechnen wir die Differenzfunktion $h(x)=f(x)-g(x)$.
Gleichwertig wäre $h(x)=g(x)-f(x)$.

Anschließend berechnen wir die bestimmten Integrale der Differenzfunktion von der ersten Schnittstelle -2 bis zur zweiten Schnittstelle 0 sowie von der zweiten Schnittstelle 0 bis zur dritten Schnittstelle 3.

Diese haben die Werte $\frac{16}{9}$ bzw. $-\frac{21}{4}$, woraus sich $A_1=\frac{16}{9}$ und $A_2=\frac{21}{4}$ ergeben. Addition ergibt den Inhalt A.

Resultat: $A=\frac{253}{36}\approx 7{,}03$.

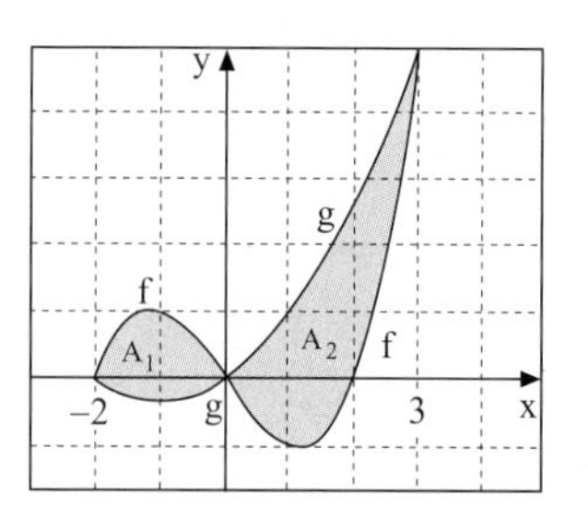

1. Schnittstellen von f und g

$$f(x)=g(x)$$
$$\frac{1}{3}x^3-\frac{4}{3}x=\frac{1}{3}x^2+\frac{2}{3}x$$
$$\frac{1}{3}x^3-\frac{1}{3}x^2-2x=0$$
$$x\cdot(x^2-x-6)=0$$
$$\Rightarrow x_1=0,\ x_2=-2,\ x_3=3$$

2. Differenzfunktion

$$h(x)=f(x)-g(x)=\frac{1}{3}x^3-\frac{1}{3}x^2-2x$$

3. Flächeninhaltsberechnung

$$\int_{-2}^{0}h(x)\,dx=\left[\frac{1}{12}x^4-\frac{1}{9}x^3-x^2\right]_{-2}^{0}=\frac{16}{9}$$
$$\int_{0}^{3}h(x)\,dx=\left[\frac{1}{12}x^4-\frac{1}{9}x^3-x^2\right]_{0}^{3}=-\frac{21}{4}$$
$$A_1=\frac{16}{9},\ A_2=\frac{21}{4}$$
$$A=A_1+A_2=\frac{16}{9}+\frac{21}{4}=\frac{253}{36}\approx 7{,}03$$

Übung 9

Berechnen Sie den Inhalt der Fläche zwischen den Kurven f und g über dem Intervall I.

a) $f(x)=x^3+x^2$
$g(x)=x^2+x$
$I=[-2\,;1]$

b) $f(x)=\frac{1}{2}x^4-\frac{1}{2}x^2$
$g(x)=x^3-x$
$I=[-1\,;2]$

Übung 10

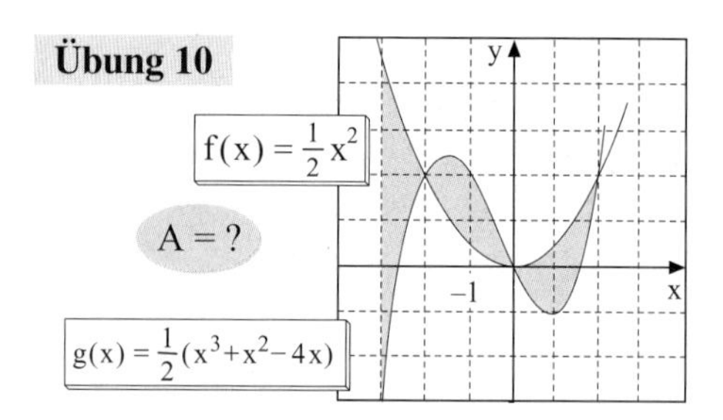

C. EXKURS: Anwendungs- und Vertiefungsaufgaben

Beispiel: Das Dach einer 20 m breiten und 60 m langen Tennishalle soll einen Parabelbogen spannen. Welchen Zuwachs erhält das Luftvolumen der Halle, wenn anstelle der ursprünglich geplanten Bauhöhe von 8 m eine Höhe von 10 m gewählt wird?

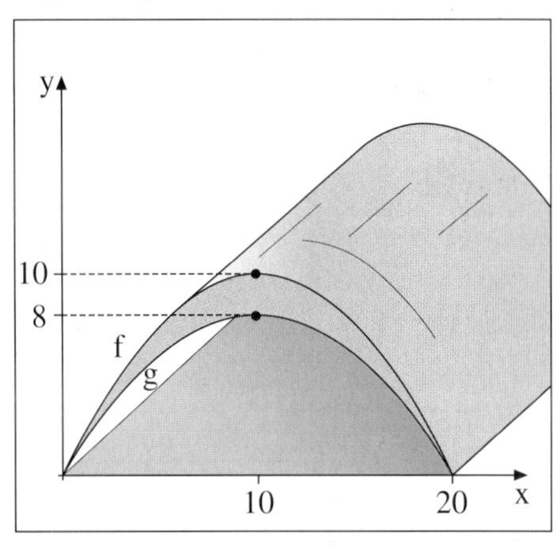

Lösung:
Die Skizze lässt uns erkennen, dass es genügt, die Fläche A zwischen dem aktuellen Dachprofil f und dem ursprünglich geplanten, niedrigeren Dachprofil g zu berechnen. Der Luftzuwachs ergibt sich durch Multiplikation von A mit der gegebenen Länge der Halle.

Zunächst benötigen wir die Funktionsgleichungen der Profilkurven f und g. Diese erhalten wir nach Festlegung eines Koordinatensystems z. B. durch Einsetzen der gegebenen Maße in die Scheitelpunktsform der Parabelgleichung. Man kann auch mit Hilfe eines Ansatzes der Form $f(x) = ax^2 + bx + c$ arbeiten.

Anschließend bestimmen wir A, indem wir die Differenzfunktion $f - g$ von $a = 0$ bis $b = 20$ integrieren. Wir erhalten so den Flächeninhalt von $A = \frac{80}{3}\,m^2$.
Hieraus ergibt sich ein Volumenzuwachs von $1600\ m^3$ Luft.

Ansatz: $f(x) = ax^2 + bx + c$

$$\left.\begin{array}{l} f(0) = 0 \\ f(10) = 10 \\ f(20) = 0 \end{array}\right\} \Rightarrow \begin{array}{r} c = 0 \\ 100a + 10b + c = 10 \\ 400a + 20b + c = 0 \end{array}$$

$$\Rightarrow a = -\frac{1}{10}, \quad b = 2, \quad c = 0$$

Also gilt: $f(x) = -\frac{1}{10}x^2 + 2x$

Analog: $g(x) = -\frac{2}{25}x^2 + \frac{8}{5}x$

$$A = \int_0^{20} (f(x) - g(x))dx = \int_0^{20} \left(-\frac{1}{50}x^2 + \frac{2}{5}x\right)dx$$

$$= \left[-\frac{1}{150}x^3 + \frac{1}{5}x^2\right]_0^{20} = \frac{80}{3}$$

$$V = \frac{80}{3}\,m^2 \cdot 60\ m = 1600\ m^3$$

Übung 11
Aus 16 mm dickem Plexiglas wird eine Bikonvexlinse ausgeschnitten. Ihre beiden Brechungsflächen sollen parabelförmiges Profil sowie die in der Zeichnung angegebenen Maße besitzen. Wie groß ist der Materialverbrauch (in cm^3)?

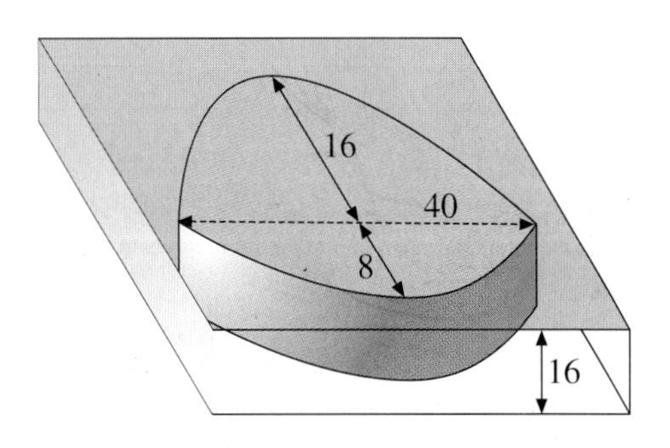

Auch Flächen, die nicht nach allen Seiten durch Randkurven begrenzt sind, sondern sich bis ins Unendliche erstrecken, können unter Umständen einen endlichen Flächeninhalt haben.

Beispiel: Bestimmen Sie den Inhalt der Fläche A, die sich - begrenzt vom Graphen der Funktion zu $f(x) = x^2$, vom Graphen der Funktion zu $g(x)=\frac{1}{x^2}$ und von der x-Achse - längs der positiven x-Achse ins Unendliche erstreckt.

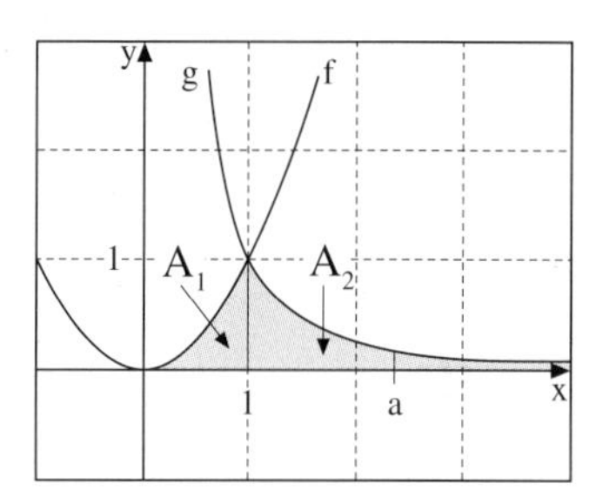

Lösung:

1. Der Inhalt der Fläche A_1:

A_1 ist die Fläche unter dem Graphen von $f(x) = x^2$ über dem Intervall [0 ; 1].
Sie hat, wie wir wissen, den Inhalt $\frac{1}{3}$.

$$A_1 = \int_0^1 x^2 dx = \left[\tfrac{1}{3}x^3\right]_0^1 = \tfrac{1}{3}$$

2. Der Inhalt der Fläche A_2:

A_2 sei die Fläche unter dem Graphen von $g(x)=\frac{1}{x^2}$ über dem Intervall [1 ; a], a > 1.
Da g(x) als eine Stammfunktion die Funktion $G(x) = -\frac{1}{x}$ hat, erhalten wir durch Integration $A_2 = 1-\frac{1}{a}$.

$$A_2 = \int_1^a \frac{1}{x^2}\,dx = \left[-\tfrac{1}{x}\right]_1^a = 1-\tfrac{1}{a}$$

3. Der Inhalt von A_2 für $a \to \infty$:

Lassen wir nun die obere Grenze der Fläche A_2, also den Parameter a, weiter nach rechts wandern, so dehnt sich die Fläche A_2 immer weiter aus.
Allerdings wächst ihr Inhalt nicht über alle Grenzen, sondern er nähert sich immer mehr der Zahl 1: $\lim\limits_{a\to\infty} A_2 = 1$.

$$\lim_{a\to\infty} A_2 = \lim_{a\to\infty} \int_1^a \frac{1}{x^2}\,dx = \lim_{a\to\infty}\left(1-\frac{1}{a}\right) = 1$$

4. Der Inhalt von A:

Der Inhalt von A ist die Summe der Inhalte von A_1 und A_2. Überraschendes Resultat: $A = \frac{4}{3} < \infty$!

$$A = A_1 + \lim_{a\to\infty} A_2 = \tfrac{1}{3}+1 = \tfrac{4}{3}$$

Übung 12

Berechnen Sie den Inhalt der Fläche A, die rechts von x = 2 zwischen den Graphen von $f(x)=\frac{1}{x^3}$ und $g(x)=\frac{1}{x^2}$ liegt.

Das folgende Beispiel zeigt die prinzipielle Vorgehensweise bei der Berechnung des Inhaltes von Flächen, die von mehr als zwei Kurven berandet werden.

Beispiel: Bestimmen Sie den Inhalt derjenigen Fläche A, die von den Graphen der Funktionen f, g und h auf die dargestellte Weise eingeschlossen wird. Dabei gelte

$f(x) = \frac{1}{4}x^2 + 2$, $g(x) = \frac{1}{2}x^2 - 4x + 9$ und $h(x) = -\frac{3}{2}x + 12$.

Lösung:
Anhand einer graphischen Darstellung erkennen wir: Die Fläche A wird durch eine Parallele zur y-Achse so in zwei Teilflächen A_1 und A_2 zerlegt, dass A_1 eine Fläche zwischen f und g und A_2 eine Fläche zwischen h und g bildet. Diese jeweils nur von zwei Graphen begrenzten Teilflächen berechnen wir wie gewohnt.

Als Erstes bestimmen wir die Integrationsgrenzen als Schnittstellen von f, g und h. Hierzu sind drei quadratische Gleichungen zu lösen. Beispielsweise führt der Ansatz f(x) = g(x) auf die quadratische Gleichung $\frac{1}{4}x^2 + 2 = \frac{1}{2}x^2 - 4x + 9$ mit den Lösungen x = 2 und x = 14.

Die Graphen zu f und g schneiden sich also bei x = 2 und x = 14.

Analog finden wir die Schnittstellen von f und h bei x = −10 und x = 4.
Die Graphen g und h schneiden sich bei x = −1 und x = 6.
Die Abbildung zeigt, dass von diesen Schnittstellen nur a = 2, b = 4 und c = 6 als Integrationsgrenzen in Frage kommen.

Nun berechnen wir A_1 und A_2 und summieren auf. Resultat: A = 11.

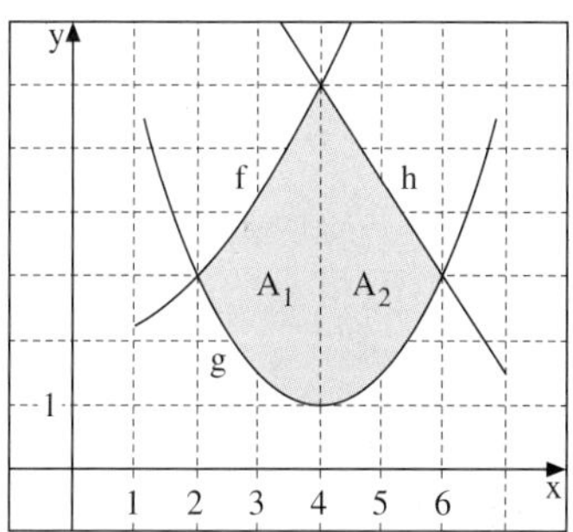

$$A_1 = \int_2^4 (f(x) - g(x))\,dx$$

$$= \int_2^4 \left(-\frac{1}{4}x^2 + 4x - 7\right) dx$$

$$= \left[-\frac{1}{12}x^3 + 2x^2 - 7x\right]_2^4 = \frac{16}{3}$$

$$A_2 = \int_4^6 (h(x) - g(x))\,dx$$

$$= \int_4^6 \left(-\frac{1}{2}x^2 + \frac{5}{2}x + 3\right) dx$$

$$= \left[-\frac{1}{6}x^3 + \frac{5}{4}x^2 + 3x\right]_4^6 = \frac{17}{3}$$

$$A = A_1 + A_2 = \frac{16}{3} + \frac{17}{3} = \frac{33}{3} = 11$$

Übung 13

Bestimmen Sie den Inhalt der Fläche zwischen den Graphen von f, g und h (Skizzen!).

a) $f(x) = x^2 - 4x + 5$
$g(x) = -x + 5$
$h(x) = -x^2 + 4x - 1$

b) $f(x) = x^2 - 2x + 3$
$g(x) = -x^2 + 4x - 1$
$h(x) = x^2 - 4x + 5$

c) $f(x) = -\frac{1}{4}x^2 + x + 3$
$g(x) = -x^2 + 4x$
$h(x) = -\frac{3}{4}x + 3$

Übungen

14. Die Graphen von f und g besitzen zwei Schnittpunkte. Berechnen Sie den Inhalt A der von den Graphen der Funktionen f und g eingeschlossenen Fläche.

a) $f(x) = 0{,}5x^2 - 2$
$g(x) = -0{,}5x + 1$

b) $f(x) = -x^2 + 4x$
$g(x) = -0{,}5x^2 - 2x$

c) $f(x) = x^3 + 4x^2$
$g(x) = 2x^2$

d) $f(x) = \frac{1}{4}(x^3 + 5x^2)$
$g(x) = \frac{3}{4}x^2$

15. Gesucht sind die Inhalte der abgebildeten Flächen.

a) 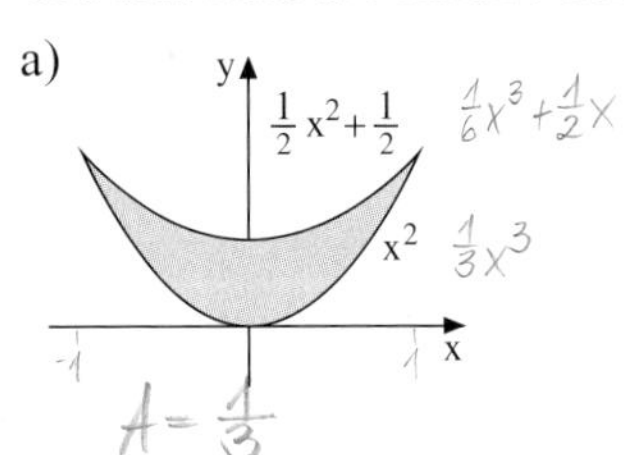

b) 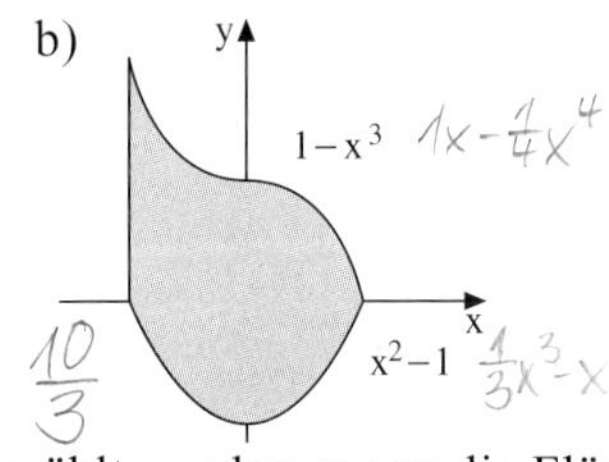

c) 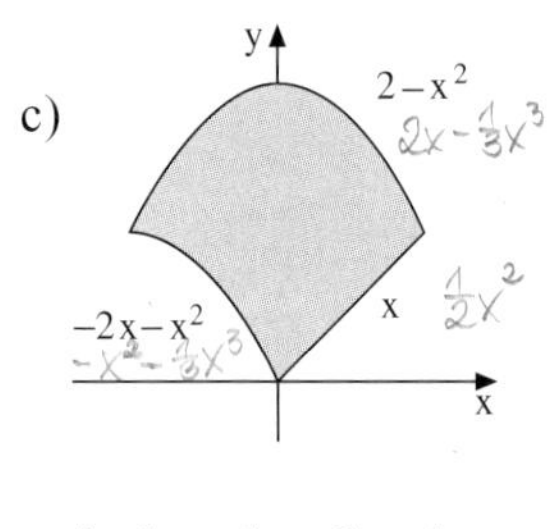

16. Wie muss der Parameter a > 0 gewählt werden, wenn die Fläche zwischen den Graphen von f und g den Inhalt A besitzen soll ?

a) $f(x) = ax^2,\ g(x) = x$
$A = \frac{2}{3}$

b) $f(x) = x^2,\ g(x) = -ax + 2a^2$
$A = 4{,}5$

c) $f(x) = x^2 - 2x + 2,\ g(x) = ax + 2$
$A = 36$

d) $f(x) = x^3,\ g(x) = a^2x$
$A = 12$, A liegt im 1. Quadranten

17. Gesucht ist der Inhalt A der markierten Fläche.

a) 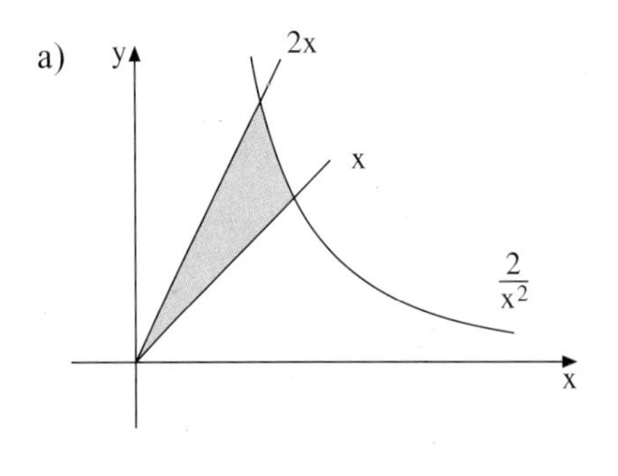

b) 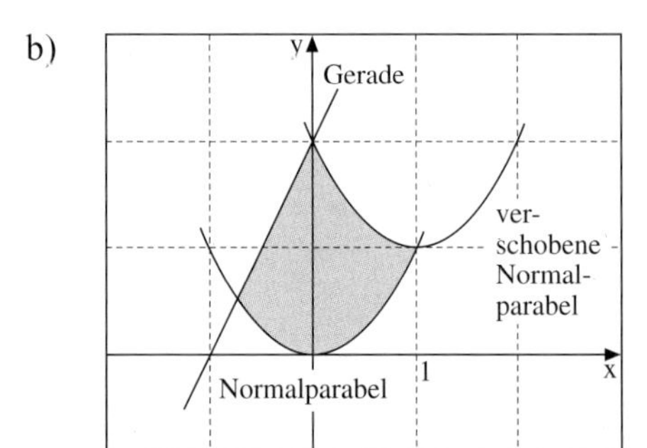

18. Wie muss $a > 0$ gewählt werden, damit die rote Fläche den Inhalt $\frac{1}{8}$ hat?

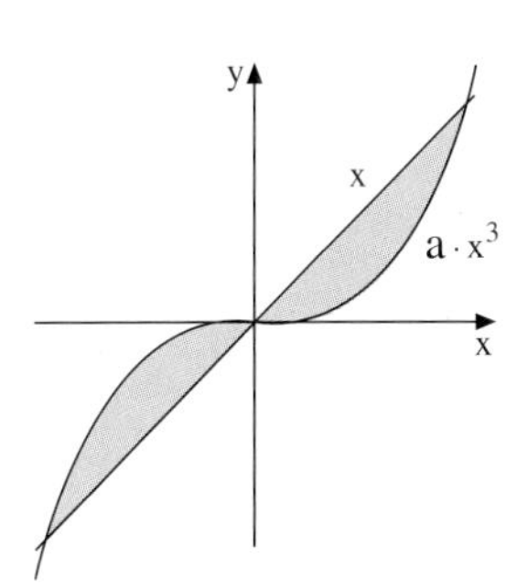

19. Wie muss $a > 0$ gewählt werden, wenn die beiden markierten Flächen gleich groß sein sollen?

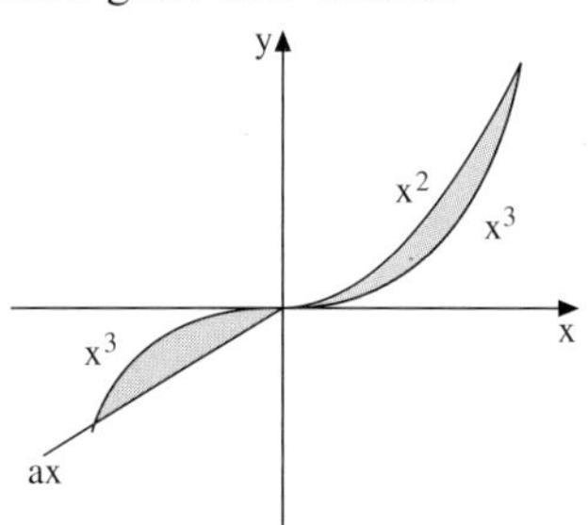

20. Die eingezeichnete Gerade h teilt die Fläche zwischen f und g in zwei Teilflächen.
In welchem Verhältnis stehen die Inhalte der beiden Teilstücke?
Die Funktionsgleichungen lauten:

$f(x) = -\frac{1}{3}x^2 + \frac{8}{3}x - \frac{4}{3}$

$g(x) = (x-2)^2$

$h(x) = -\frac{4}{3}x + \frac{16}{3}$

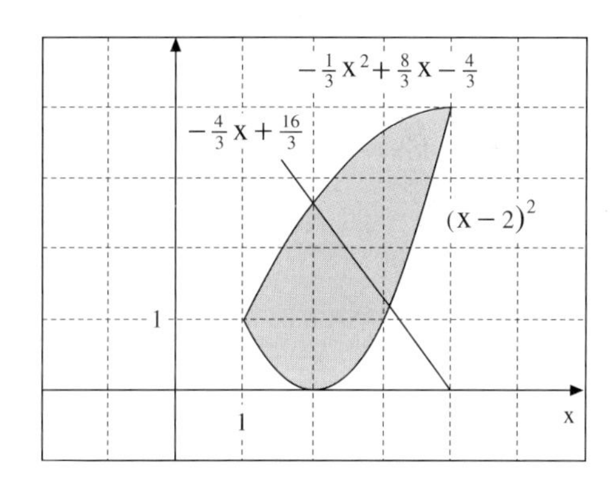

21. Der Graph von $f(x) = x^3 - 2x$ schließt mit der Kurvennormale im Wendepunkt zwei Flächenstücke ein. Welchen Inhalt haben diese Flächenstücke?
(Hinweis: Die Normale im Punkt P steht senkrecht auf der Tangente im Punkt P.)

22. Die Graphen von f und g haben 3 oder mehr Schnittpunkte. Bestimmen Sie den Inhalt der von den Graphen von f und g insgesamt eingeschlossenen Fläche.

a) $f(x) = \frac{1}{4}(x^3 - 2x^2 - x)$
$g(x) = \frac{1}{4}(-x^2 + 5x)$

b) $f(x) = x^3 - 4x$
$g(x) = 3x^2$

c) $f(x) = -x^4 + 5x^2$
$g(x) = x^2$

d) $f(x) = x^3 + x^2$
$g(x) = 4x + 4$

e) $f(x) = x^3 - 4x^2$
$g(x) = x - 4$

f) $f(x) = \frac{1}{3}x^4 - \frac{10}{3}x^2 + 3$
$g(x) = -\frac{3}{2}x^2 + \frac{2}{3}$

23. In welchem Verhältnis teilt der Graph von h die von den Funktionen f und g eingeschlossene Fläche (Skizze anfertigen!)?

a) $f(x) = -x^2 + 4$
$g(x) = x^2 - 4$
$h(x) = x + 2$

b) $f(x) = x^2$
$g(x) = \frac{1}{4}x^2 + 3$
$h(x) = -x + 2$

c) $f(x) = x^2$
$g(x) = x + 2$
$h(x) = x^2 - 2x + 2$

24. Eine ganzrationale Funktion 3. Grades ist punktsymmetrisch zum Ursprung, hat ein Maximum bei $x = \sqrt{3}$ und schließt im ersten Quadranten mit der x-Achse eine Fläche mit dem Inhalt $\frac{9}{4}$ ein. Um welche Funktion handelt es sich?

25. Eine ganzrationale Funktion dritten Grades geht durch den Ursprung, hat bei $x = 1$ ein Maximum und bei $x = 2$ eine Wendestelle. Sie schließt mit der x-Achse über dem Intervall $[0;2]$ eine Fläche vom Inhalt 6 ein. Wie heißt die Funktionsgleichung?

26. Gesucht ist die quadratische Funktion g, deren Graph die gleichen Nullstellen wie $f(x) = -x^2 - 4x$ hat und mit der x-Achse eine Fläche einschließt, die halb so groß ist wie die vom Graphen und der x-Achse eingeschlossene Fläche.

27. Berechnen Sie den Inhalt der abgebildeten Flächen.

a)

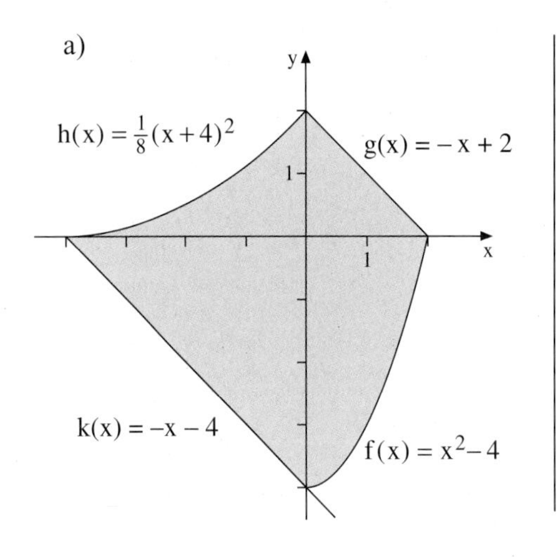

b)

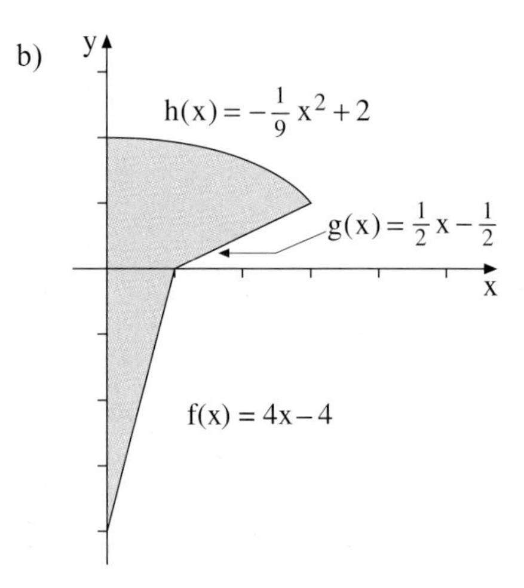

28. *Flächenmonster*

Gesucht sind die Inhalte der Flächen A_1 bis A_{11}.

Gegeben sind die Gleichungen der beteiligten Randkurven f, g, h, i, j und k.

$f(x) = \frac{1}{4}x^2$ $\quad$ $i(x) = \frac{5}{6}x + 4$

$g(x) = (x-3)^2$ $\quad$ $j(x) = 4$

$h(x) = \sqrt{\frac{1}{2}x}$ $\quad$ $k(x) = 2$

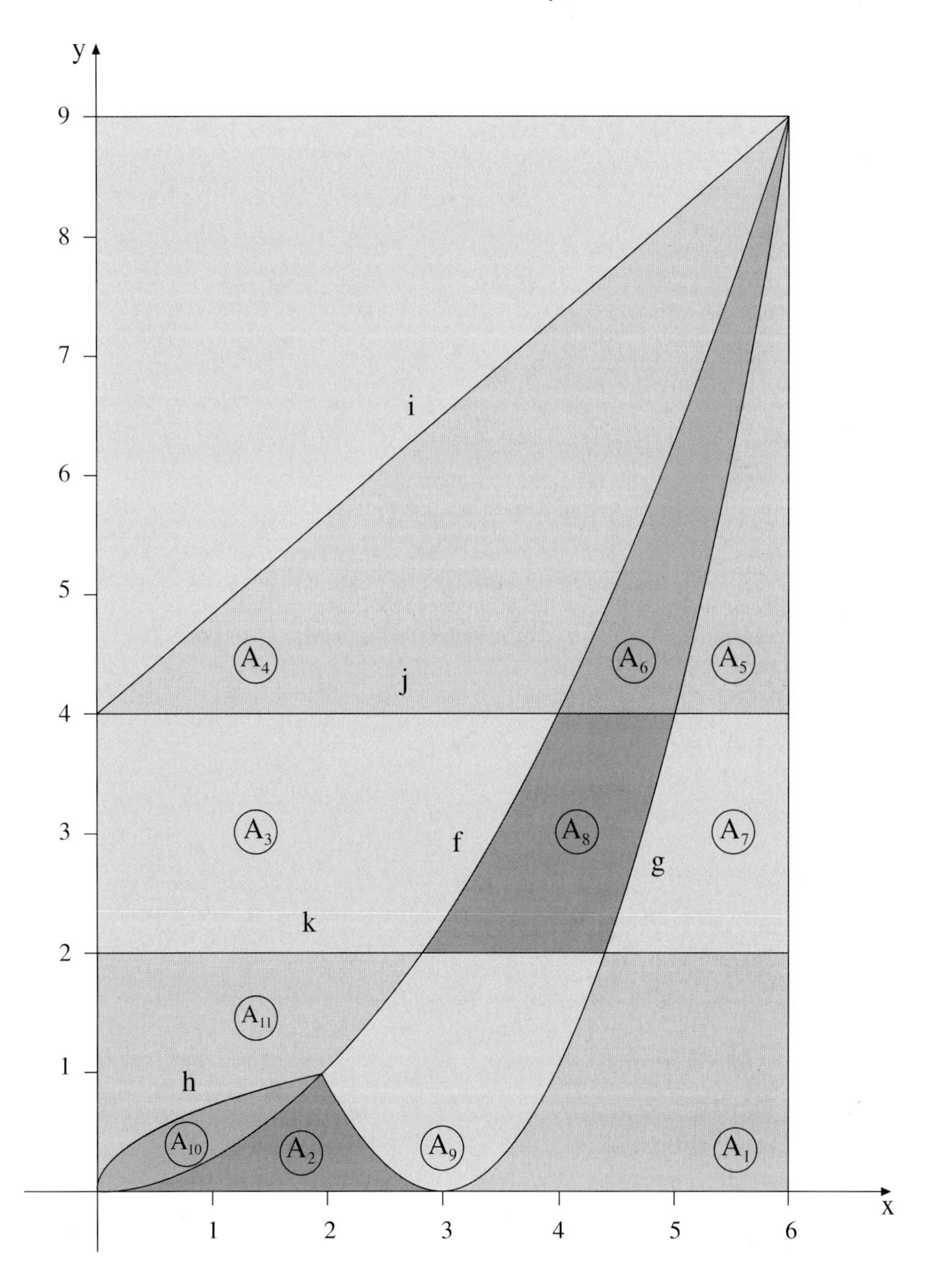

Test: Flächen unter und zwischen Funktionsgraphen

Bearbeitungszeit: ca. 90 Minuten

1. Bestimmen Sie zunächst die Gleichung der quadratischen Parabel und anschließend den Inhalt A der markierten Fläche.

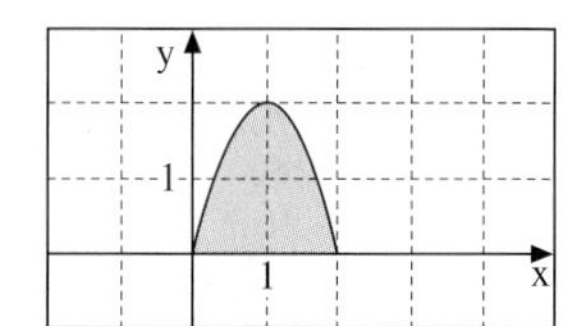

2. Die Parabel $f(x) = -\frac{1}{2}x^2 + \frac{9}{2}$ sowie die Gerade $g(x) = \frac{5}{4}x$ sind gegeben. Wie groß ist der Inhalt der markierten Fläche ?

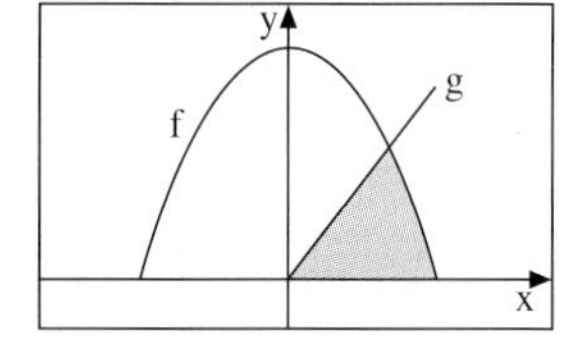

3. Gegeben ist die Parabel $f(x) = x^2 - x - 2$ für $-2 \leq x \leq 3$.
Skizzieren Sie den Graphen von f und berechnen Sie sodann den Inhalt der Fläche, die im 4. Quadranten vom Graphen von f und den beiden Koordinatenachsen umschlossen wird.

4. Gegeben sind die beiden Funktionen $f(x) = -x^2 + 6x - 5$ und $g(x) = -\frac{1}{3}x^2 + \frac{4}{3}x + \frac{5}{3}$ für $-1 \leq x \leq 5$.

a) Führen Sie eine Kurvendiskussion durch (Nullstellen, Extrema, Graphen skizzieren in einem gemeinsamen Koordinatensystem).
b) Welchen Inhalt besitzt die Fläche, die von den Graphen von f und g im 1. Quadranten umschlossen wird?

5. Abgebildet ist der Graph einer quadratischen Parabel.
Wie muss die Zahl u>0 gewählt werden, wenn der Inhalt der markierten Fläche 36 betragen soll?

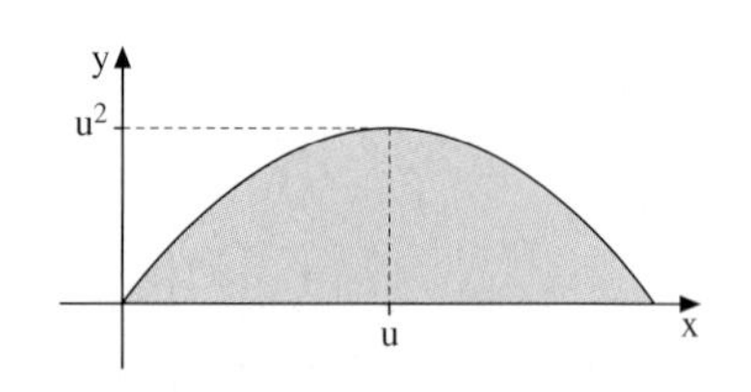

IV. Volumina und Arbeit

1. *Exkurs:* Das Volumen von Rotationskörpern

Mit Hilfe der Integralrechnung können auch Rauminhalte bestimmt werden. Besonders einfach ist die Bestimmung des Volumens von Körpern, die rotationssymmetrisch sind. Ein solcher Körper entsteht durch Rotation eines Funktionsgraphen um die x-Achse über einem Intervall [a ; b].

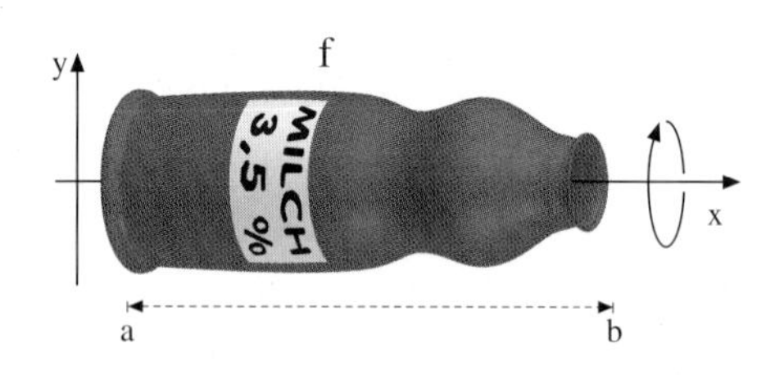

Analog zur archimedischen Einschachtelung von Flächen durch Rechteckstreifen (S. 12) können wir bei Rotationsvolumen eine Einschachtelung durch Zylinderscheiben vornehmen. Die folgende Gegenüberstellung verdeutlicht dies.

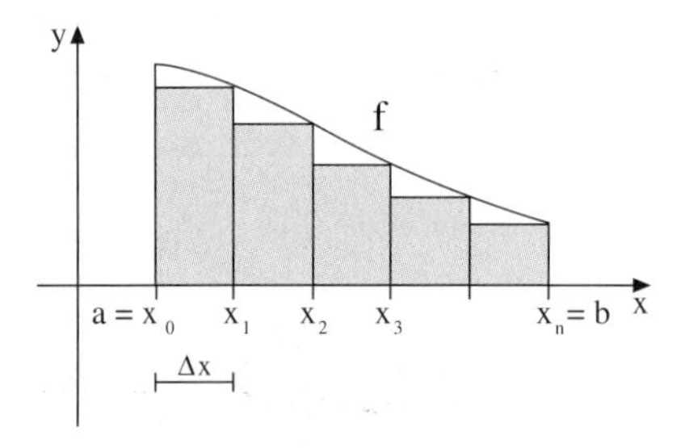

Die ***Fläche*** A unter dem Graph von f über dem Intervall [a ; b] wird nach Archimedes durch eine ***Treppenfläche*** aus n rechteckigen Streifen approximiert .

Der Inhalt dieser Treppenfläche ist eine Produktsumme der Gestalt

$$\sum f(x_i) \cdot \Delta x \ ,$$

denn das Rechteck Nr. i besitzt den Inhalt $f(x_i) \cdot \Delta x$.

Lässt man die Anzahl n der Reckteckstreifen gegen unendlich und ihre Breiten Δx gegen null streben, so strebt die Produktsumme gegen das bestimmte Integral von f(x) in den Grenzen von a bis b.

Daher gilt für den Flächeninhalt A :

$$A = \int_a^b f(x) dx.$$

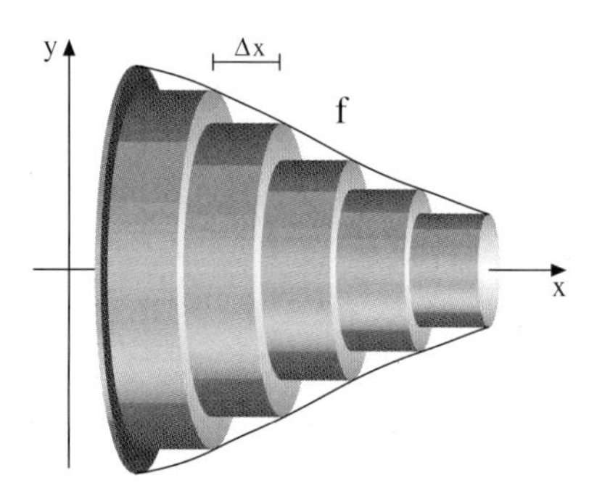

Das ***Volumen*** V des durch Rotation des Graphen von f um die x-Achse über dem Intervall [a ; b] entstehenden Körpers wird durch einen ***Treppenkörper*** aus n zylindrischen Scheiben approximiert.

Das Volumen dieses Treppenkörpers ist eine Produktsumme der Gestalt

$$\sum \pi \cdot f^2(x_i) \cdot \Delta x \ ,$$

denn die Scheibe Nr. i besitzt das Volumen $\pi \cdot f^2(x_i) \cdot \Delta x$.

Lässt man die Anzahl n der Scheiben gegen unendlich und ihre Höhe Δx gegen null streben, so strebt die Produktsumme gegen das bestimmte Integral von $\pi \cdot f^2(x)$ in den Grenzen von a bis b.

Daher gilt für das Rotationsvolumen V:

$$V = \pi \cdot \int_a^b (f(x))^2 \, dx \, .$$

Wir erhalten daher als Ergebnis die folgende Formel zur Berechnung des Volumens von Rotationskörpern. Auf den exakten Beweis verzichten wir hier. Er ähnelt sehr stark dem Beweis von Satz I.1, Seite 19.

Die Rotationsformel

f sei eine über dem Intervall [a ; b] differenzierbare und nichtnegative Funktion. Rotiert der Graph von f über dem Intervall [a ; b] um die x-Achse, so entsteht ein Rotationskörper mit dem Volumen

$$V = \pi \cdot \int_a^b (f(x))^2 \, dx.$$

Mit dieser Formel kann man für konkrete Randfunktionen f Rotationsvolumina ebenso leicht wie ansonsten Flächeninhalte berechnen. Man kann darüber hinaus die uns schon bekannten Volumenformeln für Zylinder, Kegel und Kugel theoretisch herleiten. Wir rechnen im Folgenden einige Beispiele hierzu.

Beispiel: Berechnen Sie das Volumen V desjenigen Körpers, der durch Rotation des Graphen von $f(x) = \frac{1}{2}x^2$ über dem Intervall I = [0 ; 1] um die x-Achse entsteht.

Lösung:
Es entsteht ein Rotationskörper, der die Gestalt eines Spitzhutes hat.

Sein Volumen beträgt nach nebenstehend aufgeführter Rechnung $V = \frac{\pi}{20} \approx 0{,}16$ Volumeneinheiten (VE).

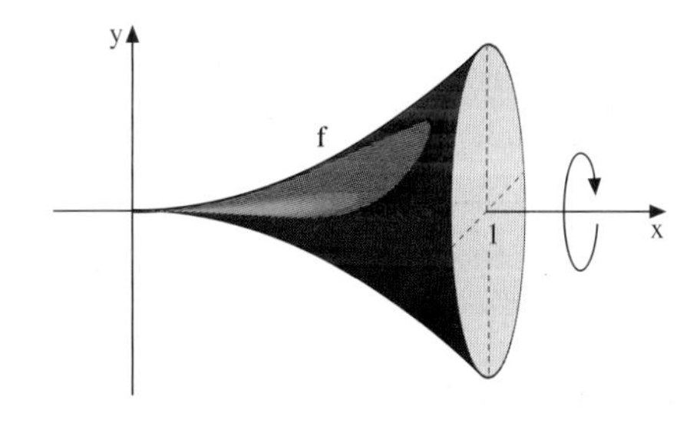

$$V = \pi \cdot \int_a^b f^2(x)dx = \pi \cdot \int_0^1 (\tfrac{1}{2}x^2)^2 dx$$
$$= \pi \cdot \int_0^1 \tfrac{1}{4}x^4 dx = \pi \cdot \left[\tfrac{1}{20}x^5\right]_0^1$$
$$= \tfrac{\pi}{20} \approx 0{,}16 \text{ VE}$$

Übung 1
Ein Behälter zur Herstellung von Eis hat ein parabelförmiges Profil mit den angegebenen Maßen. Stellen Sie zunächst die Gleichung der Profilkurve auf. Verwenden Sie den Ansatz $f(x) = a \cdot \sqrt{x}$. Errechnen Sie sodann das Fassungsvermögen des Behälters.

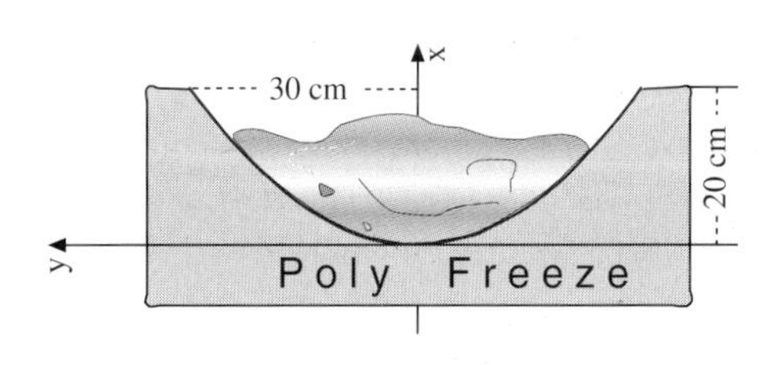

Beispiel: Ein Parabolscheinwerfer hat das Randkurvenprofil $f(x) = \frac{3}{2}\sqrt{x}$. Der Scheinwerfer ist 9 cm lang. Wie groß ist sein Luftvolumen?

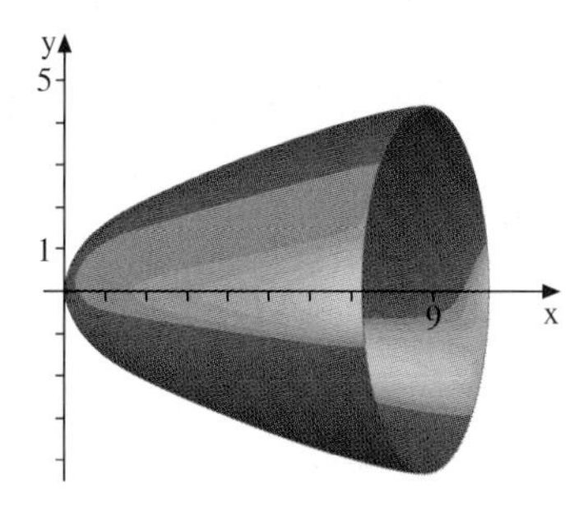

Lösung:
Das Rotationsvolumen berechnet sich folgendermaßen:

$$V = \pi \cdot \int_a^b f^2(x)\,dx = \pi \cdot \int_0^9 (\tfrac{3}{2}\sqrt{x})^2\,dx = \pi \cdot \int_0^9 \tfrac{9}{4}x\,dx = \pi \cdot \left[\tfrac{9}{8}x^2\right]_0^9 = \pi \cdot \tfrac{729}{8} \approx 286\text{ cm}^3.$$

Auch allgemeingültige Volumenformeln lassen sich mit der Rotationsmethode einfach gewinnen, wie das folgende Beispiel des Kreiskegels zeigt.

Beispiel: Die Formel für das Volumen eines geraden Kreiskegels mit dem Radius r und der Höhe h soll durch Anwenden der Volumenformel für Rotationskörper hergeleitet werden.

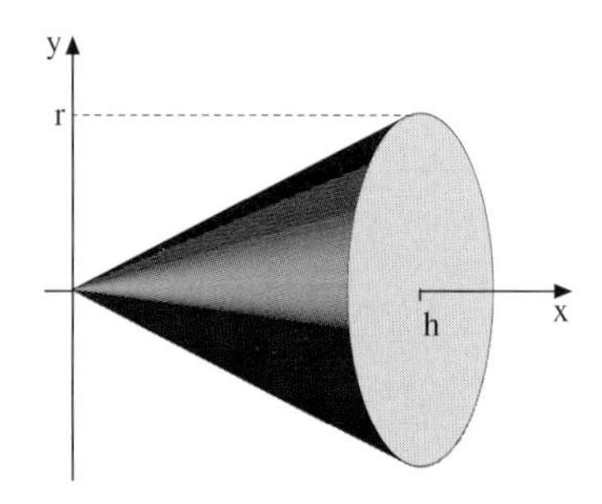

Lösung:
Wir legen einen Querschnitt des Kegels wie abgebildet in ein Koordinatensystem. Die Randkurve f ist dann eine Ursprungsgerade zu $f(x) = m \cdot x$, wobei für deren Steigung gilt: $m = \frac{r}{h}$.
Also gilt: $f(x) = \frac{r}{h} \cdot x$.

Als zugehöriges Rotationsvolumen ergibt sich laut nebenstehender Rechnung die klassische Formel für das Kegelvolumen: $V = \frac{\pi}{3}r^2h$.

$$V = \pi \cdot \int_a^b f^2(x)\,dx = \pi \cdot \int_0^h (\tfrac{r}{h}x)^2\,dx$$

$$= \pi \cdot \int_0^h \tfrac{r^2}{h^2}x^2\,dx = \pi \cdot \left[\tfrac{r^2}{h^2} \cdot \tfrac{1}{3}x^3\right]_0^h$$

$$= \pi \cdot \tfrac{r^2}{h^2} \cdot \tfrac{1}{3}h^3 = \tfrac{\pi}{3}r^2h$$

Übung 2
Gesucht ist das Volumen des Körpers, welcher durch Rotation der Randkurve $f(x) = x^2 + 1$ über dem Intervall [1 ; 2] entsteht.

Übung 3
Leiten Sie die klassische Formel für das Volumen des geraden Kreiszylinders mit dem Radius r und der Höhe h her.

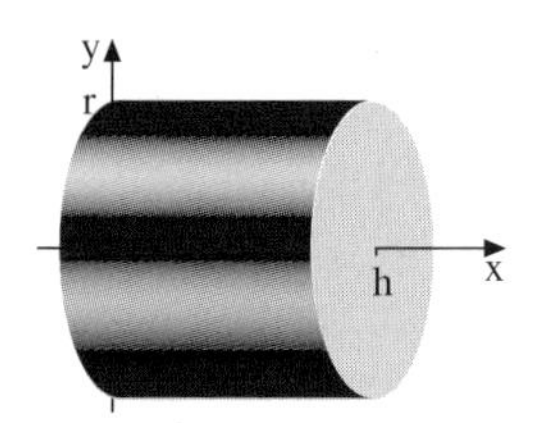

Beispiel: Welches Volumen hat das rechts dargestellte Glas? Die Randkurve ist eine quadratische Parabel vom Typ $f(x) = ax^2$.

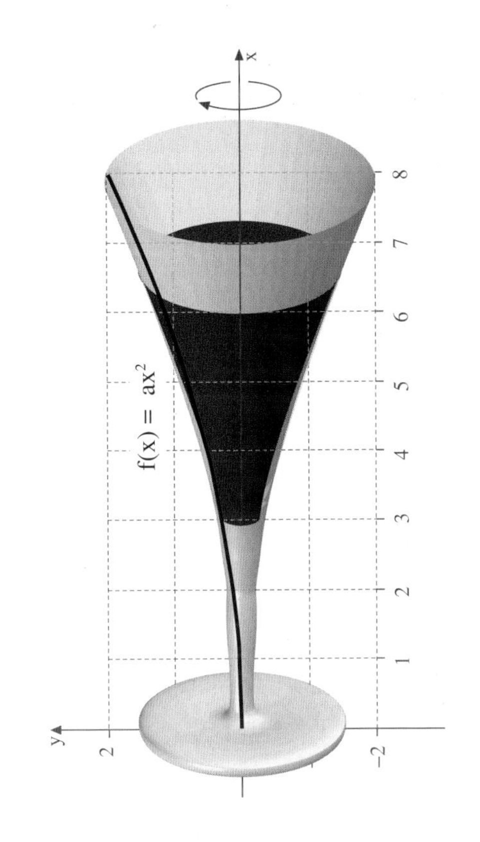

1. Bestimmung der Parabelgleichung

Aus der Zeichnung kann man ablesen, dass der Punkt $P(8 \mid 2)$ auf der Parabel liegt.
Daher gilt $f(8) = 2$, d. h. $64 \cdot a = 2$.
Hieraus folgt $a = \frac{1}{32}$.

Die Gleichung der Parabel lautet also $f(x) = \frac{1}{32}x^2$.

2. Berechnung des Rotationsvolumens

Das Flüssigkeitsvolumen reicht von $x = 3$ bis maximal $x = 8$.
Daher ergibt sich der Inhalt des Glases nach der Rotationsformel.

$$V = \pi \cdot \int_3^8 \left(\tfrac{1}{32}x^2\right)^2 dx = \pi \cdot \int_3^8 \tfrac{1}{1024}x^4\,dx$$

$$= \pi \cdot \left[\tfrac{1}{5120}x^5\right]_3^8 \approx 19{,}96\ \text{cm}^3$$

Beispiel: Leiten Sie die Formel für das Volumen einer Kugel mit dem Radius r her.

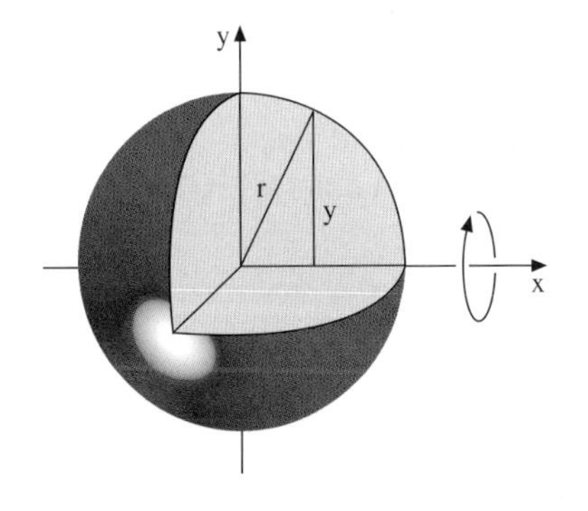

Lösung:
Die Kugel lässt sich durch Rotation eines Halbkreises mit dem Radius r um die x-Achse über dem Intervall $[-r; r]$ gewinnen. Der Halbkreis hat die Funktionsgleichung $f(x) = \sqrt{r^2 - x^2}$.
Daher erhalten wir:

$$V = \pi \cdot \int_{-r}^{r} \left(\sqrt{r^2 - x^2}\right)^2 dx = \pi \cdot \int_{-r}^{r} (r^2 - x^2)\,dx = \pi \cdot \left[r^2 x - \tfrac{1}{3}x^3\right]_{-r}^{r}$$

$$= \pi \cdot \left(\tfrac{2}{3}r^3 - \left(-\tfrac{2}{3}r^3\right)\right) = \tfrac{4}{3}\pi r^3.$$

Übungen

4. Bestimmen Sie das Volumen des Körpers, der durch Rotation des Funktionsgraphen von f um die x-Achse über dem Intervall I entsteht. Fertigen Sie eine Skizze an.

a) $f(x) = \sqrt{x}$, $I = [1 ; 4]$ b) $f(x) = x^4 - x^2$, $I = [-1; 1]$

c) $f(x) = 0{,}5x + 2$, $I = [-2 ; 1]$ d) $f(x) = -(x-2)^2 + 4$, $I = [0 ; 4]$

e) $f(x) = \sqrt{1-x^2}$, $I = [-1 ; 1]$ f) $f(x) = x(x-1)^2$, $I = [0 ; 2]$

5. Bestimmen Sie das Volumen des Körpers, der entsteht, wenn der Graph von f zwischen den angegebenen Grenzen um die y-Achse rotiert.

a) $f(x) = 3x - 2$, $y = 1$ bis $y = 4$ b) $f(x) = x^2 - 1$, $y = 0$ bis $y = 3$

c) $f(x) = x^2 + 1$, $y = 1$ bis $y = 2$ d) $f(x) = \frac{1}{x}$, $y = \frac{1}{2}$ bis $y = 2$

6. Gesucht ist das Volumen des abgebildeten Footballs, der durch Rotation einer Parabel um die x-Achse entsteht. Bestimmen Sie zunächst die Gleichung der Randparabel f.

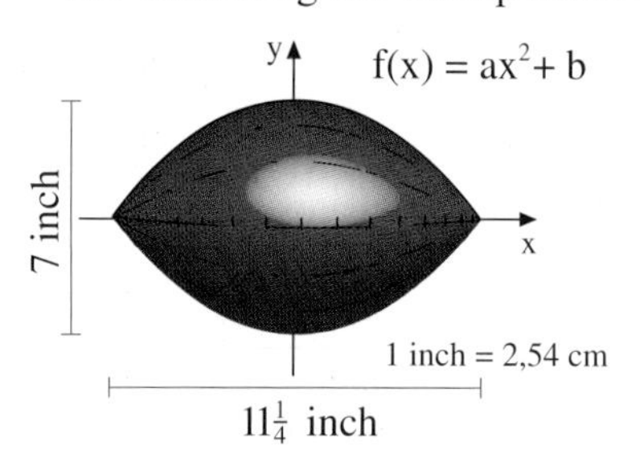

7. Kugelkappe
Bestimmen Sie das Volumen der Kugelkappe in Abhängigkeit vom Radius r der Kugel und der Höhe h der Kugelkappe.

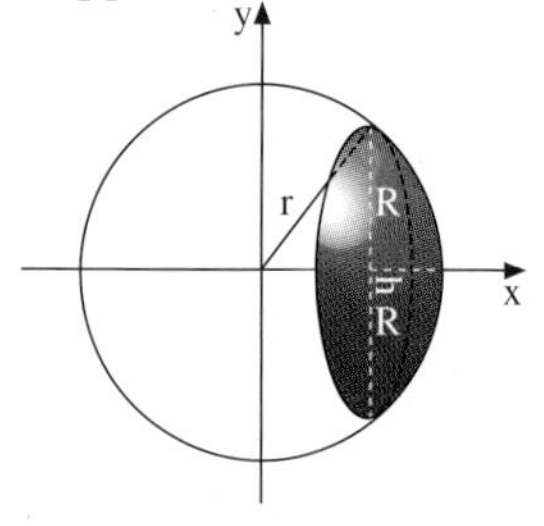

8. Kegelstumpf
Die Formel für das Volumen des Kegelstumpfs mit den Radien R und r und der Höhe h soll hergeleitet werden.

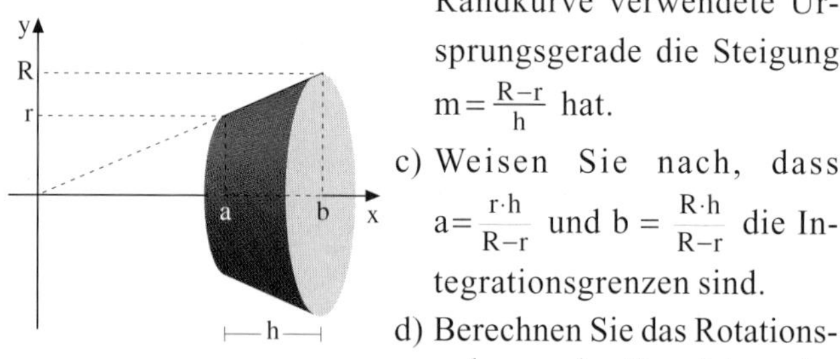

a) Das Kegelvolumen lässt sich als Rotationsvolumen darstellen. Begründen Sie dies anhand der Skizze.

b) Zeigen Sie, dass die als Randkurve verwendete Ursprungsgerade die Steigung $m = \frac{R-r}{h}$ hat.

c) Weisen Sie nach, dass $a = \frac{r \cdot h}{R-r}$ und $b = \frac{R \cdot h}{R-r}$ die Integrationsgrenzen sind.

d) Berechnen Sie das Rotationsvolumen des Kegelstumpfs.

9. Eine Kugel mit dem Radius R = 4 wird durch eine ringartige Schale eingefasst, deren Volumen gesucht ist.

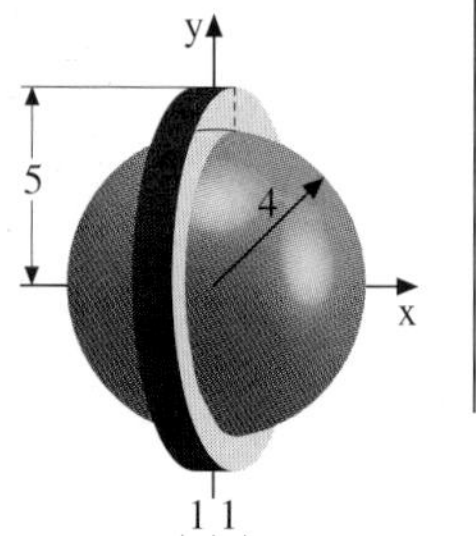

10. $f(x) = x^2 + 1$ rotiert über $[-1;1]$ um die x-Achse. Ist die Maßzahl des Rotationsvolumens größer als 5?

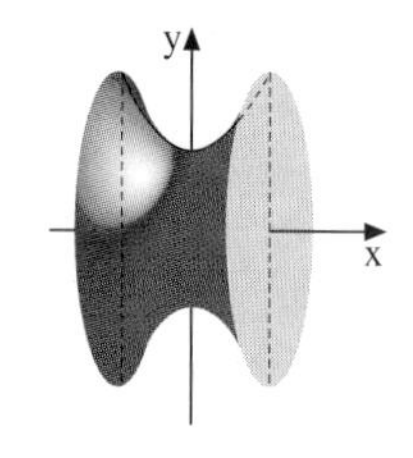

11. Der Haupttreibstofftank des Space-Shuttle hat die Form eines Zylinders mit zwei Aufsätzen. Der untere Aufsatz ist näherungsweise halbkugelförmig, der obere Aufsatz hat parabolische Form. Die Maße sind gerundet in der Skizze enthalten.

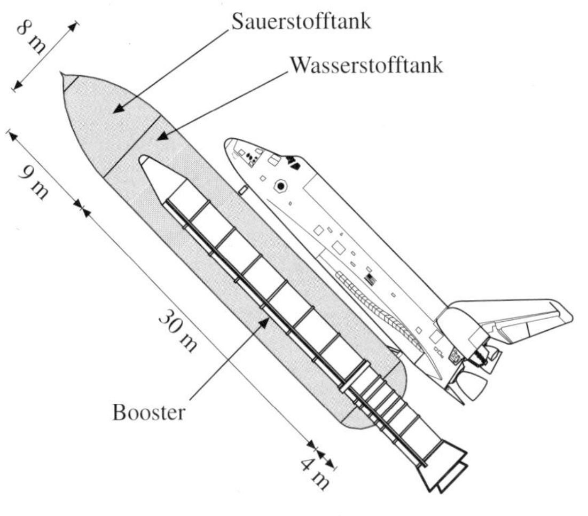

a) Bestimmen Sie zunächst die Gleichung des parabolischen Teils. Verwenden Sie den Ansatz $f(x) = a\sqrt{x}$.

b) Errechnen Sie das Volumen des parabolischen Teils mit der Rotationsformel. Wie groß ist das Gesamtvolumen des Tanks?

12. Ein Glas mit Flüssigkeit rotiert. Dabei nimmt die Flüssigkeitsoberfläche unter dem Einfluss von Schwerkraft und Fliehkraft ein parabelförmiges Profil an.

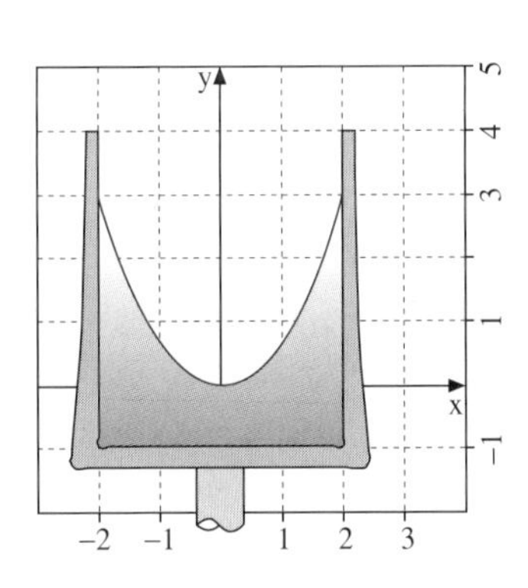

a) Bestimmen Sie die Parabelgleichung.
b) Berechnen Sie das Flüssigkeitsvolumen.
c) Wie hoch steht die Flüssigkeit im Glas, wenn dieses nicht rotiert ?

13. Das abgebildete Fass hat ein parabelförmig gebogenes Daubenprofil.

a) Der Mathematiker und Astronom Johannes Kepler (1571 - 1630) gab die dargestellte Formel für das Volumen eines solchen Fasses an. Führen Sie den Nachweis.

b) Leiten Sie aus der Fassformel die Formel für das Zylindervolumen ab.

$$V = \frac{h}{15} \cdot \pi \cdot (8R^2 + 4Rr + 3r^2)$$

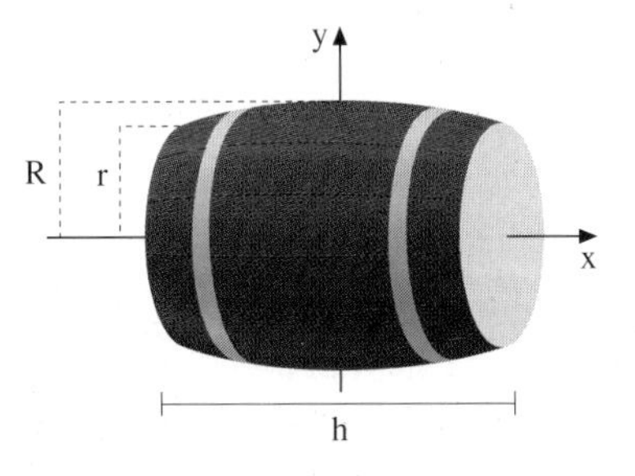

2. *Exkurs:* Volumina weiterer Körper

Auch der Volumeninhalt von Körpern, die nicht rotationssymmetrisch sind, kann mit Hilfe der Integralrechnung bestimmt werden.

Wir stellen uns den Körper orthogonal zur x-Achse in dünne Scheiben der Dicke Δx zerschnitten vor.
Die Grundfläche der an der Stelle x liegenden Scheibe ist praktisch die Querschnittsfläche Q(x) des Körpers bei x.
Diese Scheibe hat also näherungsweise das Volumen $V_x = Q(x) \cdot \Delta x$.
Summieren wir alle Scheibenvolumina, so erhalten wir eine Produktsumme:

$$\sum Q(x) \cdot \Delta x$$

Lassen wir nun die Anzahl n der Scheiben gegen unendlich und ihre Dicke Δx gegen Null streben, so strebt die Produktsumme gegen das bestimmte Integral von Q(x) in den Grenzen von a bis b.
Wir erhalten daher für das Volumen des Körpers die nebenstehend aufgeführte ***Querschnittsformel***.

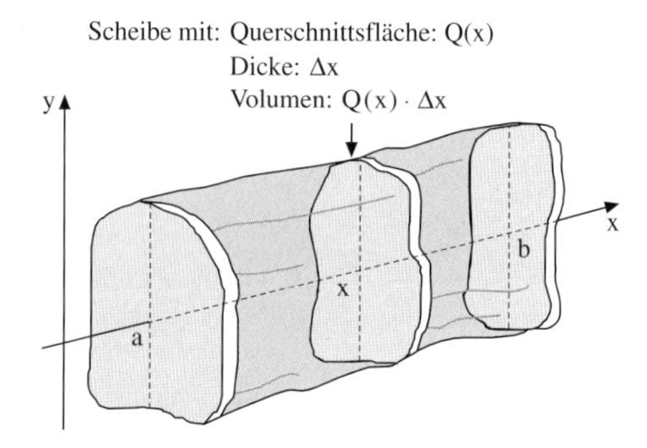

Die Querschnittsformel
V sei der Inhalt des über dem Intervall [a ; b] liegenden Volumenanteils eines Körpers. V kann durch Integration der Querschnittsflächenfunktion Q(x) des Körpers bestimmt werden.

$$V = \int_a^b Q(x)\,dx$$

Diese Querschnittsscheibenmethode wurde bereits von dem italienischen Mathematiker und Astronom ***Francesco Bonaventura Cavalieri*** (1598–1647) angewandt.
Prinzip des Cavalieri: Wenn zwei Körper in gleicher Höhe stets gleiche Querschnittsflächeninhalte besitzen, so sind ihre Rauminhalte gleich.

Beispiel: Leiten Sie die Volumenformel für eine quadratische Pyramide mit der Grundlinienlänge a und der Höhe h her.

1. Querschnittsfunktion der Pyramide
Wir betrachten den Querschnitt Q(x) der Pyramide an der Stelle x.
Es handelt sich um ein Quadrat, dessen Seitenlänge wir mit a_x bezeichnen.
Für a_x gilt nach dem Strahlensatz die Formel $a_x = \frac{a}{h}(h - x)$.

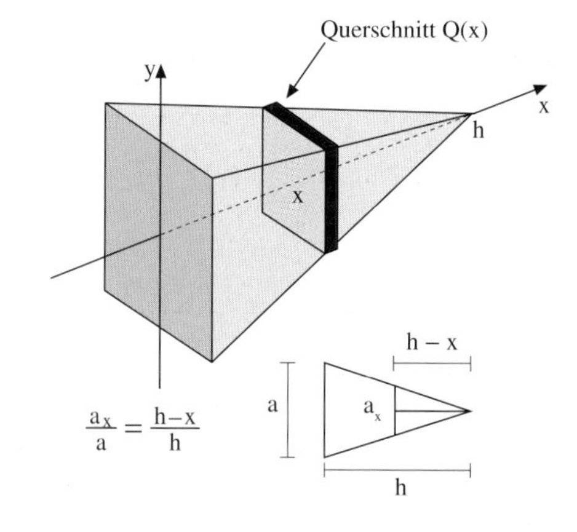

Die Querschnittsfläche hat daher den Inhalt $Q(x) = \frac{a^2}{h^2}(h-x)^2$.

Das Volumen der Pyramide erhalten wir durch Integration dieser Querschnittsfunktion in den Grenzen von 0 bis h.

Als Resultat ergibt sich $V = \frac{1}{3}a^2 \cdot h$, das heißt die schon aus der Mittelstufe bekannte Formel.

$$V = \int_a^b Q(x)\,dx = \int_0^h \frac{a^2}{h^2}(h-x)^2\,dx$$

$$= \int_0^h \frac{a^2}{h^2}(h^2 - 2hx + x^2)\,dx$$

$$= \left[\frac{a^2}{h^2}\left(h^2x - hx^2 + \frac{1}{3}x^3\right)\right]_0^h$$

$$= \frac{a^2}{h^2}\frac{1}{3}h^3 = \frac{1}{3}a^2h$$

Übungen

14. Gesucht ist das Volumen des abgebildeten Zeltes der Höhe h, dessen rechteckige Grundfläche die Seitenlängen a und b besitzen.

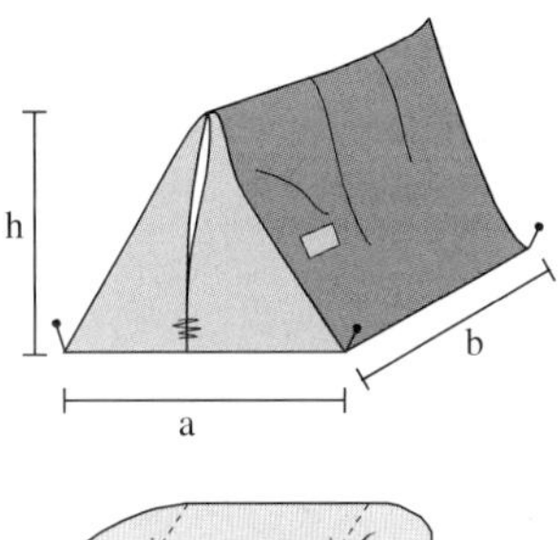

15. Ein Filter hat oben die Form eines Rechtecks ($a = 10$, $b = 10$) mit zwei angesetzten Halbkreisen ($r = 3$).
Nach unten verjüngt sich der Filter wie abgebildet derart, dass die untere Auslassöffnung ein Kreis ist.
Bestimmen Sie den Rauminhalt des Filters.

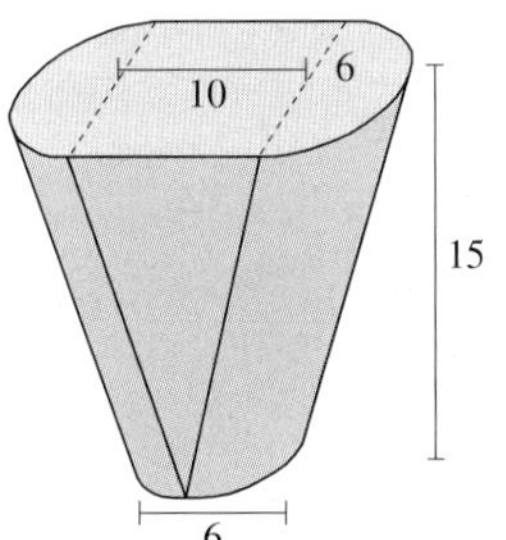

16. Leiten Sie die Formel für das Volumen eines regelmäßigen Tetraeders mit der Kantenlänge a her.
Errechnen Sie zunächst die Höhe des Tetraeders.

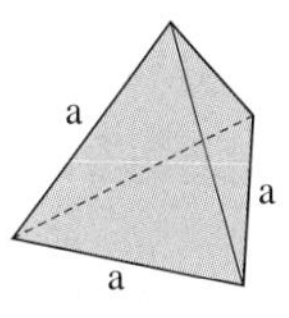

Zwei zweistellige natürliche Zahlen wurden multipliziert.
Alle Ziffern des Produkts sind Fünfen.
Wie heißen die beiden Zahlen?
Zeigen Sie, dass es nur eine Lösung gibt.

3. *Exkurs:* Physikalische Arbeit und Energie

A. Die Arbeit bei konstanter Kraft

Aus dem Physikunterricht kennen wir die folgende Formel:

Arbeit = Kraft · Weg.

Wird z. B. ein Wagen mit der konstanten Zugkraft von $F = 900$ N (Newton) eine $s = 4$ m (Meter) lange Rampe hochgezogen, so beträgt die verrichtete Arbeit $W = F \cdot s = 900\,\text{N} \cdot 4\,\text{m} = 3600\,\text{Nm} = 3600\,\text{J}$ (Joule).

$$W = 900\,\text{N} \cdot 4\,\text{m} = 3600\,\text{Nm} = 3600\,\text{J} = 3{,}6\,\text{kJ}$$

Betrachtet man hierbei die Kraft F als (konstante) Funktion des Weges s, so kann die Arbeit $F \cdot s$ als Inhalt einer Rechteckfläche unter der Kraftkurve interpretiert werden.

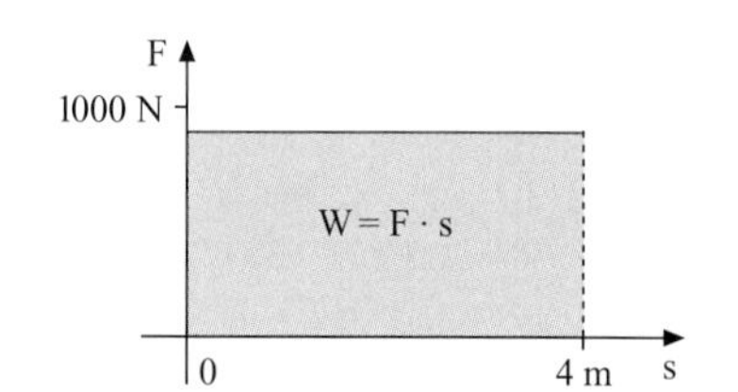

Beispiel: Ein Sportler hebt beim Hanteltraining eine 50 kg schwere Hantel 300-mal 2 m hoch.

a) Welche physikalische Arbeit hat er bei diesem Training verrichtet?

b) Wie lange könnte mit dieser Energie eine 60-W-Glühlampe betrieben werden?

Lösung zu a:
Auf der Erdoberfläche erfährt ein Körper von 1 kg Masse eine Gewichtskraft von 9,81 N. Man sagt auch, der Ortsfaktor beträgt 9,81 N/kg. Eine Masse von 50 kg besitzt daher eine Gewichtskraft von 490,5 N. Da der Hubweg $s = 2$ m beträgt, ergibt sich eine Hubarbeit von 981 J. Bei 300facher Wiederholung ergeben sich so 294300 J = 294,3 kJ (Kilojoule).

Lösung zu b:
Eine 60-W-Glühlampe benötigt zum Betrieb pro Sekunde 60 J Energie.
294300 J reichen also 4905 s = 81,75 min.

1. Hubarbeit für einen Hebevorgang

$$F = 50\,\text{kg} \cdot 9{,}81\,\text{N/kg} = 490{,}5\,\text{N}$$
$$W = F \cdot s = 490{,}5\,\text{N} \cdot 2\,\text{m} = 981\,\text{J}$$

2. Gesamte Hubarbeit

$$W_{\text{gesamt}} = 300 \cdot 981\,\text{J} = 294\,300\,\text{J}$$

3. Vergleich mit der Glühlampe

$$\text{Leistung} = \frac{\text{Arbeit}}{\text{Zeit}}$$

$$\text{Zeit} = \frac{\text{Arbeit}}{\text{Leistung}} = \frac{294\,300\,\text{J}}{60\,\text{W}} = 4905\,\text{s} = 81{,}75\,\text{Minuten}$$

B. Die Arbeit bei veränderlicher Kraft

Oft bleibt die Kraft längs des Weges **nicht konstant,** sondern sie verändert sich sprunghaft oder kontinuierlich.
Fährt beispielsweise ein *Aufzug vom Erdgeschoss in die 5. Etage* eines Hauses, so kann sich die Personenlast bei jedem Halt dadurch ändern, dass Personen ein- oder aussteigen. Zwischen den Stockwerken ist die Last dagegen konstant.
Die Kraftkurve ist hier eine sich sprunghaft ändernde **Treppenkurve** (siehe Abb.).

Die Arbeit für die Fahrt von einem Stockwerk ins nächste ist durch den Inhalt der zugehörigen Streifenfläche gegeben, also durch das Produkt $F_i \cdot \Delta s$. Die Gesamtarbeit ist die Summe aller Streifeninhalte, also der Inhalt der Fläche unter der Treppenkurve.

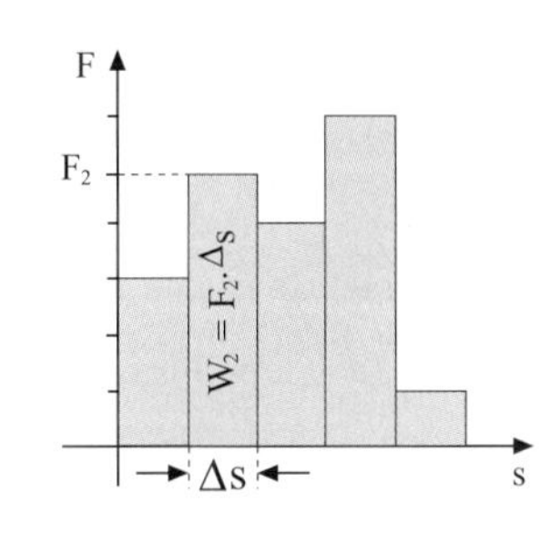

Wir kommen nun zum physikalisch wichtigsten Fall: Es liegt eine Kraftkurve vor, die nicht einmal stückweise konstant ist, sondern sich kontinuierlich verändern kann.
In diesem Fall kann man die Kraftkurve in der Regel durch eine Treppenkurve approximieren, die stückweise konstante Kräfte garantiert. Die verrichtete Arbeit ist dann wieder die Summe von Streifeninhalten. Verfeinert man die Treppenkurve, indem man die Streifenanzahl vergrößert und die Streifenbreite entsprechend verkleinert, so erkennt man, dass die Gesamtfläche aller Streifen sich der Fläche unter der Kraftkurve immer besser angleicht.

Die Gesamtarbeit kann daher als Fläche unter der Kraftkurve interpretiert und mittels Integral dargestellt werden:

$$W = \int_a^b F(s)\, ds$$

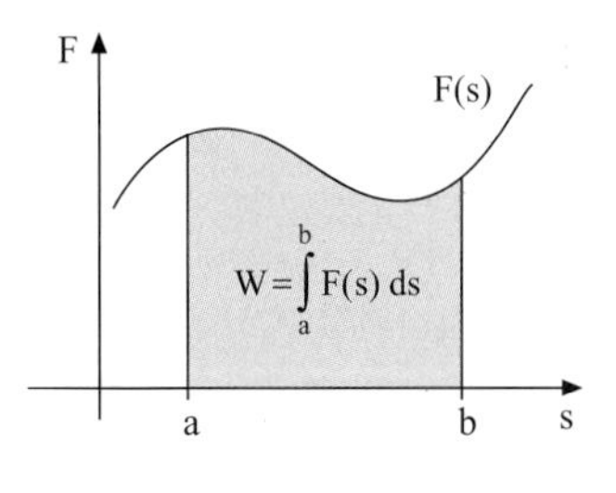

Beispiel: Die Raumfähre Columbia hat eine Startmasse von 2000 Tonnen. Welche Hubarbeit muss theoretisch* aufgebracht werden, um die Columbia in eine 240 km hohe Umlaufbahn zu heben?

Lösung:
Die Anziehungskraft F der Erde wird durch die folgende Gravitationsformel beschrieben:

$F(s) = R^2 \cdot G \cdot \frac{1}{s^2}$

R = Erdradius ≈ $6{,}37 \cdot 10^6$ m
G = Gewichtskraft des Körpers am Boden
s = Abstand des Körpers vom Erdmittelpunkt

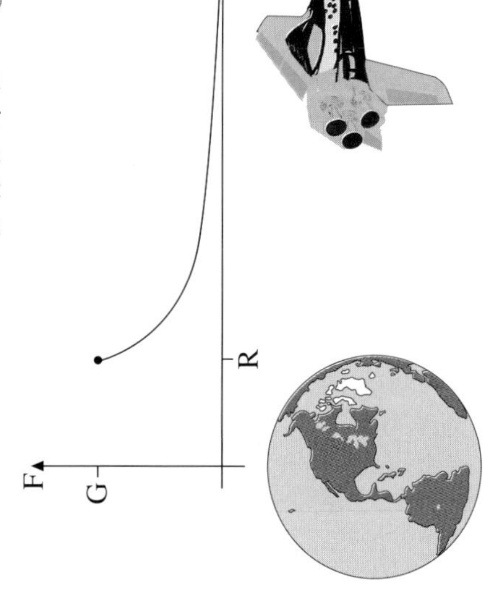

Die Gewichtskraft des Körpers nimmt also mit dem Quadrat der Entfernung vom Erdmittelpunkt ab. Für die Arbeit W, die zum Transport der ***Columbia*** von der Erdoberfläche ($a = 6{,}37 \cdot 10^6$ m) in den Orbit ($b = 6{,}61 \cdot 10^6$ m) aufgebracht werden muss, gilt nach unseren obigen Überlegungen:

$$W = \int_a^b F(s)\,ds = \int_a^b R^2 G \cdot \frac{1}{s^2}\,ds = R^2 G \int_a^b \frac{1}{s^2}\,ds$$

$$= R^2 G \cdot \left[-\frac{1}{s}\right]_a^b = R^2 G \cdot \left(\frac{1}{a} - \frac{1}{b}\right).$$

Setzen wir $R = 6{,}37 \cdot 10^6$ m, $a = 6{,}37 \cdot 10^6$ m, $b = 6{,}61 \cdot 10^6$ m und für die Gewichtskraft am Boden $G = 2 \cdot 10^6\ \text{kg} \cdot 9{,}81\,\frac{\text{N}}{\text{kg}} = 1{,}962 \cdot 10^7$ N ein, so erhalten wir die Arbeit $W \approx 4{,}54 \cdot 10^{12}$ J, womit eine 60 W-Glühlampe 2400 Jahre auskäme.

Übung 17

Ein 850 kg schwerer Satellit wird von einer Rakete in eine Höhe von 240 km getragen und dort freigegeben. Welche Arbeit erfordert dieser Prozess? Der Satellit soll anschließend aus dieser Höhe in eine geostationäre Bahn gebracht werden, die in ca. 36000 km Höhe liegt. Welche weitere Arbeit muss hierfür aufgebracht werden? Welche Endgeschwindigkeit müsste die Rakete bei Freigabe des Satelliten erreicht haben, wenn dieser ohne weiteren Auftrieb die geostationäre Umlaufbahn erreichen soll?

* Es wird von der Luftreibung sowie dem Wirkungsgrad der Motoren abgesehen. Das Gewicht des Treibstoffs (Flüssigwasserstoff) und der Feststoffbooster (insg. ca. 700 Tonnen) ist enthalten.

C. Die Spannarbeit bei Federn

Beispiel: Federn erfüllen das Hooke'sche Gesetz. Dehnt oder staucht man eine Feder, so ist die hierfür benötigte Kraft F proportional zur Länge x der Dehnstrecke, d. h. es gilt $F(x) = D \cdot x$. Der Proportionalitätsfaktor D wird als Federkonstante bezeichnet, da er die Härte der Feder angibt. Beispielsweise besagt $D = 3\,\frac{N}{m}$, dass eine Kraft von 3 N aufgebracht werden muss, wenn die Feder um 1 m gedehnt wird.

Eisenbahnwaggons besitzen als Stoßsicherung beim Rangieren so genannte Puffer. Diese enthalten eine Druckfeder und einen Stoßdämpfer. Die Ingenieure, die solche Puffer entwickeln, müssen beispielsweise Fragen klären wie die Folgende:
Ein 20 Tonnen schwerer Waggon prallt mit $2\,\frac{m}{s}$ auf einen stehenden Waggon. Wie stark muss die Druckfeder im Puffer ausgelegt werden, wenn die Puffer sich bei diesem Aufprall höchstens um 20 cm verkürzen dürfen?

Lösung:
Beim Aufprall wird der Puffer um die Strecke s zusammengedrückt. Die Druckfeder im Puffer wird dabei mit der Kraft $F(s) = D \cdot s$ gespannt.
Hierbei wird die Spannarbeit W(s) verrichtet, die mit Hilfe der Integralrechnung berechnet werden kann.
Resultat: $W(s) = \frac{1}{2} \cdot D s^2$

Da s maximal 20 cm = 0,2 m betragen soll, entfällt auf jeden Puffer die Spannarbeit $W(0{,}2) = 0{,}02 \cdot D$.

Andererseits besitzt der aufprallende Waggon nach der bekannten Formel $W = \frac{m}{2} v^2$ eine kinetische Energie von 40 000 Joule.

Hiervon muss jeder der vier beteiligten Puffer 10 000 Joule aufnehmen.
Insgesamt muss daher gelten:
$0{,}02 \cdot D = 10\,000$.
Die Federkonstante D muss also $5 \cdot 10^5\,\frac{N}{m}$ betragen.

Eine solche Druckfeder ist so hart, dass sie z. B. durch das Gewicht eines 1000-kg-Autos nur um 2 cm eingedrückt würde.

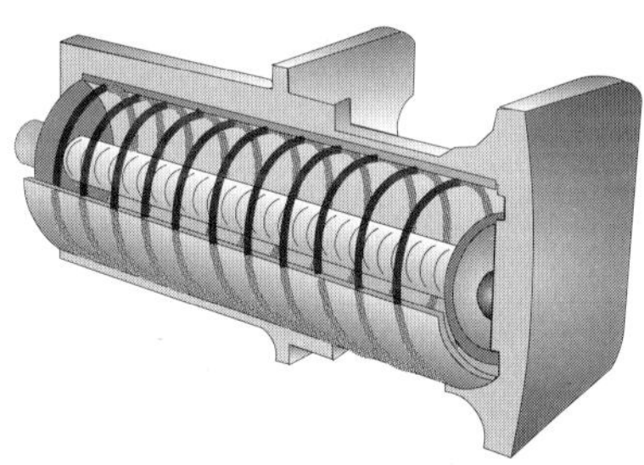

1. Spannarbeit an einer Feder, allgemeine Rechnung

$$W(s) = \int_0^s F(x)\,dx = \int_0^s D \cdot x\,dx = \left[\tfrac{1}{2} D \cdot x^2\right]_0^s = \tfrac{1}{2} D s^2$$

$$W(s) = \tfrac{1}{2} \cdot D s^2$$

2. Spannarbeit an einer Feder, Spannstrecke s = 0,2 m

$$W(0{,}2) = \tfrac{1}{2} D \cdot 0{,}2^2 = 0{,}02 \cdot D$$

3. Kinetische Energie des Waggons

$$W = \tfrac{m}{2} v^2 = \tfrac{20\,000}{2} \cdot 2^2 \text{ Joule} = 40\,000 \text{ Joule}$$

4. Federkonstante der Pufferfedern

$$0{,}02 \cdot D = 10\,000$$

$$D = 500\,000\,\tfrac{N}{m} = 5 \cdot 10^5\,\tfrac{N}{m}$$

D. Die Hubarbeit beim Pyramidenbau

Beim Bau der Pyramiden wurden große Materialmassen schichtweise in die jeweilige Einbauhöhe gehoben. Die hierbei physikalisch mindestens aufgewandte Hubarbeit soll im Folgenden mit Hilfe der Integralrechnung abgeschätzt werden.

Die **Cheopspyramide** bei Gizeh wurde vor fast 5000 Jahren als Grabstätte für den Pharao Cheops erbaut. Die Bauzeit betrug 20 Jahre. Zehntausende von Arbeitern waren gleichzeitig beim Bau des Monuments eingesetzt. Die Hauptarbeit wurde während der jährlichen Überschwemmung der Felder durch den Nil geleistet. Die Grundfläche der Pyramide maß 230 Meter im Quadrat. Die Höhe betrug 146 Meter. In 210 Gesteinsschichten wurden über 2 Millionen Kalksandsteinblöcke mit Seitenlängen von 0,5 bis 1,5 m verbaut. Wie diese technische Meisterleistung im Einzelnen vollbracht werden konnte, ist bis heute unbekannt. Die Abbildung zeigt die Cheopspyramide mit der Sphinx.

Wir betrachten, wie schon bei der Volumenberechnung für die quadratische Pyramide, eine Querschnittsscheibe durch die Pyramide. Diese liege in der Höhe x parallel zur Grundfläche. Ihre Seitenlänge sei a_x, und ihre Dicke sei Δx.

Für a_x gilt nach dem Strahlensatz die Formel $a_x = \frac{a}{h}(h - x)$.
Wir errechnen zunächst das Volumen V_x dieser Scheibe.
Durch Multiplikation des Volumens mit der Dichte ρ des Materials und dem Ortsfaktor g erhalten wir dann die Gewichtskraft F_x der Scheibe.
Der Ortsfaktor g gibt an, welche Gewichtskraft eine Masse von 1 kg auf der planetarischen Oberfläche besitzt.
Auf der Erde hat g den Wert $g = 9{,}81\ \frac{N}{kg}$.

Nach einer weiteren Multiplikation mit der Hubhöhe x der Scheibe, vom Boden bis in ihre Liegehöhe x gerechnet, erhalten wir die Hubarbeit für den Einbau der Querschnittsscheibe.

1. Die Seitenlänge der Scheibe

$$\frac{a_x}{h - x} = \frac{a}{h}$$

$$a_x = \frac{a}{h} \cdot (h - x)$$

2. Das Volumen der Scheibe

$$V_x = a_x^2 \cdot \Delta x = \frac{a^2}{h^2} \cdot (h - x)^2 \cdot \Delta x$$

3. Die Gewichtskraft der Scheibe

$$F_x = V_x \cdot \rho \cdot g$$

$$F_x = \frac{a^2}{h^2} \cdot \rho \cdot g \cdot (h - x)^2 \cdot \Delta x$$

4. Die Hubarbeit für die Scheibe

$$W_x = F_x \cdot x$$

$$W_x = \frac{a^2}{h^2} \cdot \rho \cdot g \cdot (h - x)^2 \cdot \Delta x \cdot x$$

$$W_x = \frac{a^2}{h^2} \cdot \rho \cdot g \cdot (x^3 - 2hx^2 + h^2x) \cdot \Delta x$$

Summieren wir nun die Arbeit für den Einbau aller Querschnittsscheiben der Pyramide, so erhalten wir näherungsweise die Hubarbeit für den Bau der gesamten Pyramide.
Es handelt sich hierbei um eine Produktsumme der Gestalt $\sum t(x) \cdot \Delta x$.
Lassen wir nun die Anzahl der Scheiben gegen unendlich streben, wobei die Scheibendicke Δx gegen null strebt, so geht die Produktsumme in das bestimmte Integral $\int_0^h t(x) \cdot dx$ über, das die gesuchte Hubarbeit W exakt angibt.
Die konkrete Berechnung ergibt hierfür den folgenden Wert:

$$W = \frac{1}{12} a^2 h^2 \cdot \rho \cdot g$$

5. Die Hubarbeit für die Pyramide

$$W \approx \sum W_x$$
$$= \sum \frac{a^2}{h^2} \cdot \rho \cdot g \cdot (x^3 - 2hx^2 + h^2 x) \cdot \Delta x$$

$$W = \int_0^h \frac{a^2}{h^2} \cdot \rho \cdot g \cdot (x^3 - 2hx^2 + h^2 x)\, dx$$
$$= \left[\frac{a^2}{h^2} \cdot \rho \cdot g \cdot \left(\frac{1}{4}x^4 - \frac{2}{3}hx^3 + \frac{h^2}{2}x^2\right)\right]_0^h$$
$$= \frac{1}{12} a^2 h^2 \cdot \rho \cdot g$$

Für die *Cheopspyramide* ergibt sich mit den Einsetzungen $a = 230$ m, $h = 146$ m, $\rho = 2500 \frac{kg}{m^3}$ (Dichte von Sandstein) und $g = 9{,}81 \frac{N}{kg}$ (Ortsfaktor, Erdbeschleunigung) für die verrichtete Arbeit der Wert $W = 2{,}3$ Billionen Joule. Das entspricht 640 157 kWh (Kilowattstunden).

Übung 18

Welche Hubarbeit muss aufgebracht werden, um einen massiven Sandsteinquader schichtenweise aus Steinblöcken aufzutürmen, wenn die Länge 50 m, die Breite 20 m und die Höhe 40 m betragen sollen?
(Dichte von Sandstein: $2500\ kg/m^3$)

Übung 19

Ein Ameisenhaufen aus sandigem Material (Dichte $1600\ kg/m^3$) hat die Form eines Kegelstumpfes. Der Grundflächenradius beträgt 1 m, die Höhe beträgt ebenfalls 1 m. Der Neigungswinkel der Böschung ist 60°. Welche Hubarbeit verrichteten die Ameisen beim Bau?

Zwei Spieler A und B sollen gemeinsam eine sechsstellige Zahl setzen. Spieler A besitzt die Ziffern 2, 4 und 6 und Spieler B besitzt die Ziffern 1, 3 und 5.

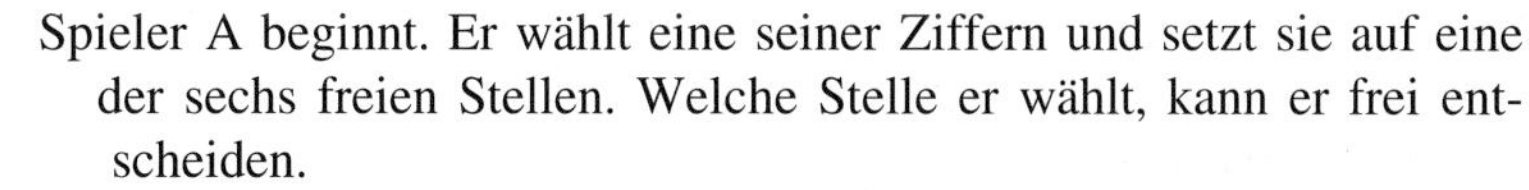

Spieler A beginnt. Er wählt eine seiner Ziffern und setzt sie auf eine der sechs freien Stellen. Welche Stelle er wählt, kann er frei entscheiden.
Spieler B setzt nun nach den gleichen Regeln eine seiner Zahlen auf einen der 5 verbleibenden Stellen.
Dies wird wiederholt, bis alle Ziffern verbraucht sind. Spieler A hat das Ziel, die sechsstellige Zahl klein zu halten, Spieler B dagegen soll anstreben, die Zahl möglichst groß zu gestalten. Welche Zahl ergibt sich?

E. Die Hubarbeit beim Pumpen

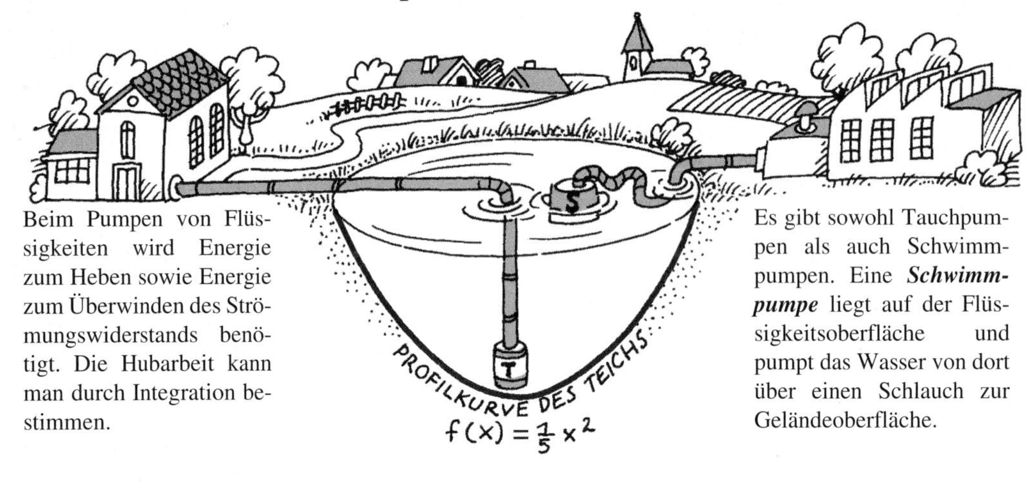

Beim Pumpen von Flüssigkeiten wird Energie zum Heben sowie Energie zum Überwinden des Strömungswiderstands benötigt. Die Hubarbeit kann man durch Integration bestimmen.

Es gibt sowohl Tauchpumpen als auch Schwimmpumpen. Eine ***Schwimmpumpe*** liegt auf der Flüssigkeitsoberfläche und pumpt das Wasser von dort über einen Schlauch zur Geländeoberfläche.

Wir arbeiten mit der Umkehrfunktion $g(x) = \sqrt{5x}$ der gegebenen Profilkurve $f(x) = \frac{1}{5}x^2$ des 5 m tiefen Teiches.

Die Schwimmpumpe fördert stets nur die oberste Wasserschicht. Wir betrachten daher eine in der Höhe x über Grund liegende Wasserschicht der Dicke Δx.

Ihr Radius ist $r_x = g(x) = \sqrt{5x}$. Hieraus ergibt sich ihr Zylindervolumen. Es beträgt $V_x = 5\pi \cdot x \cdot \Delta x$.

Die Gewichtskraft der Scheibe beträgt $F_x = V_x \cdot \rho \cdot g$. Mit den Einsetzungen $\rho = 1000\,\frac{\text{kg}}{\text{m}^3}$ und $g = 9{,}81\,\frac{\text{N}}{\text{kg}}$ erhalten wir $F_x = 49\,050 \cdot \pi \cdot x \cdot \Delta x$.

Diese Kraft muss beim Fördern der Scheibe über einen Hubweg von $s_x = 5 - x$ Metern aufrechterhalten werden, sodass die Hubarbeit $W_x = -49\,050\,\pi x(5 - x) \cdot \Delta x$ ist.

Die Gesamtarbeit W erhält man näherungsweise durch Summation der Hubarbeiten für alle Scheiben, d. h. durch eine Integration. Die konkrete Berechnung des Integrals liefert folgendes Resultat: W = 3,2 Millionen Joule = 0,89 kWh.

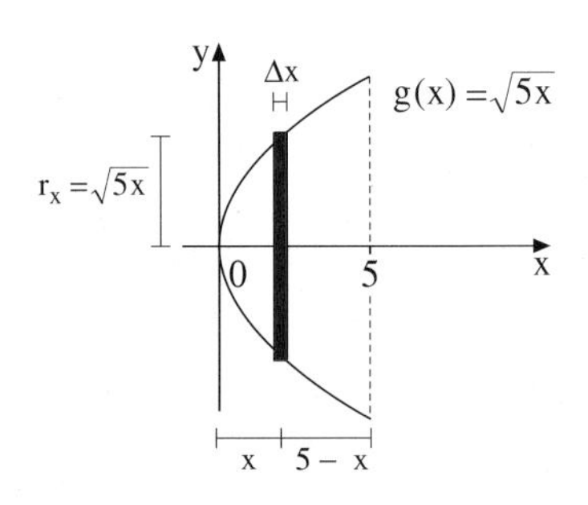

1. Volumen der Wasserscheibe

$$V_x = r_x^2 \pi h = g^2(x) \cdot \pi \cdot \Delta x = 5x \cdot \pi \cdot \Delta x$$

2. Gewichtskraft der Wasserscheibe

$$F_x = V_x \cdot \rho \cdot g = 5\pi x \cdot \Delta x \cdot 1000 \cdot 9{,}81$$
$$= 49\,050\,\pi x \cdot \Delta x$$

3. Hubarbeit beim Heben der Wasserscheibe

$$W_x = F_x \cdot (5 - x)$$
$$= (-49\,050\,\pi x^2 + 245\,250\,\pi x) \cdot \Delta x$$

4. Hubarbeit für den Teichinhalt

$$W \approx \sum (-49\,050\,\pi x^2 + 245\,250\,\pi x) \cdot \Delta x$$

$$W = \int_0^5 (-49\,050\,\pi x^2 + 245\,250\,\pi x)\,dx$$

$$= 3\,210\,315 \text{ Joule} \approx 0{,}89 \text{ kWh}$$

V. Produktregel und Kettenregel

1. Die Produktregel

Die uns bisher zur Verfügung stehenden allgemeinen Differentiationsregeln reichen nicht aus. Wir benötigen zwei weitere Regeln. Die erste Regel betrifft Funktionen, deren Funktionsterm ein Produkt $f(x) = u(x) \cdot v(x)$ ist.
Eine Summe $f(x) = u(x) + v(x)$ wird gliedweise differenziert. Nach der Summenregel gilt für die Ableitung der Summe $f'(x) = u'(x) + v'(x)$.
Wir untersuchen zunächst, ob die naheliegende Vermutung richtig ist, dass die Ableitung eines Produktes sich in analoger Weise durch faktorweises Differenzieren gewinnen lässt.

Beispiel: Untersuchen Sie anhand der Funktion $f(x) = x^2 \cdot x^3 = u(x) \cdot v(x)$, ob die Ableitung von Produkten durch faktorweises Differenzieren gewonnen werden kann.

Lösung:
Faktorweises Differenzieren führt auf das Ergebnis $f'(x) = 2x \cdot 3x^2 = 6x^3$.
Dieses Resultat kann nicht richtig sein, denn $f(x) = x^2 \cdot x^3 = x^5$ besitzt nach der Potenzregel zweifelsfrei die Ableitung $f'(x) = 5x^4$.

Gegebene Funktion f:
$f(x) = x^2 \cdot x^3 = u(x) \cdot v(x)$

Vermutete Regel:
$f'(x) = u'(x) \cdot v'(x)$

$f'(x) = 2x \cdot 3x^2 = 6x^3$

Kontrollrechnung mit der Potenzregel:
$f(x) = x^2 \cdot x^3 = x^5 \quad \Rightarrow \quad f'(x) = 5x^4$

Folgerung:
$f'(x) \neq u'(x) \cdot v'(x)$

Beispiel: Gegeben sei wiederum die Funktion $f(x) = x^2 \cdot x^3 = u(x) \cdot v(x)$. Versuchen Sie nun, das richtige Ableitungsergebnis $f'(x) = 5x^4$ aus den Termen u, u', v und v' zu kombinieren. Stellen Sie eine Regel für das Ableiten von Produkten auf.

Lösung:
$f(x) = x^2 \cdot x^3 = x^5$ hat nach der Potenzregel die Ableitung $f'(x) = 5x^4$.
Aus den Termen u, u', v, v' lassen sich Potenzen vierten Grades, die wir benötigen, nur durch Multiplikation erzielen. Die Produkte u' v und v' u führen auf solche Potenzen. Man erkennt, dass die Addition dieser Terme den Zielterm $5x^4$ liefert.
Dies legt die Regel $(uv)' = u'v + v'u$ nahe.

Zielterm:
$f(x) = x^2 \cdot x^3 = x^5 \quad \Rightarrow \quad f'(x) = 5x^4$

Faktoren und ihre Ableitungen:

$u = x^2 \qquad v = x^3$

$u' = 2x \qquad v' = 3x^2$

Kombination zu Potenzen 4. Grades:

$$\begin{aligned} u' \cdot v &= 2x \cdot x^3 = 2x^4 \\ v' \cdot u &= 3x^2 \cdot x^2 = 3x^4 \\ \hline u' \cdot v + v' \cdot u &= 5x^4 \end{aligned}$$

Regel:

$$\mathbf{(u \cdot v)' = u'v + v'u}$$

Übung 1

Überprüfen Sie die oben vermutete Regel $(u \cdot v)' = u' \cdot v + v' \cdot u$ für die Differentiation von Produkten an den folgenden Beispielen. Wenden Sie zunächst die Regel an und kontrollieren Sie das Resultat, indem Sie die jeweilige Ableitung nach Umformung des Funktionsterms auf eine zweite Art berechnen.

a) $f(x) = x^4 \cdot x^5$ b) $f(x) = (2x^3) \cdot (3x^4)$ c) $f(x) = (x^3 + x^2) \cdot (x^2 + x)$

d) $f(x) = \sqrt{x} \cdot \sqrt{x},\ x > 0$ e) $f(x) = x^3 \cdot \frac{1}{x},\ x \neq 0$ f) $f(x) = (ax^3 + bx^2) \cdot \frac{1}{x^2},\ x \neq 0$

Wir formulieren nun die oben vermutete Produktregel in mathematisch exakter Form:

Die Produktregel

Die Funktion f sei das Produkt der beiden differenzierbaren Faktoren u und v.

$$\mathbf{f(x) = u(x) \cdot v(x)}$$

Dann ist auch die Funktion f differenzierbar und für ihre Ableitung f' gilt die Formel:

$$\mathbf{f'(x) = u'(x) \cdot v(x) + v'(x) \cdot u(x).}$$

KURZFORM DER PRODUKTREGEL

$$\mathbf{(u \cdot v)' = u' \cdot v + v' \cdot u}$$

Beweis der Produktregel:

Wir versuchen, im Differenzenquotienten von f die Differenzenquotienten von u und v durch Umformungen zu erzeugen. Das gelingt durch die künstliche Hinzufügung geeigneter Terme, was aber im Gegenzug durch deren Gegenterme wieder ausgeglichen werden muss.

$$f'(x) = \lim_{h \to 0} \frac{f(x+h) - f(x)}{h} = \lim_{h \to 0} \frac{u(x+h) \cdot v(x+h) - u(x) \cdot v(x)}{h}$$
Definition der Ableitung f'

$$= \lim_{h \to 0} \frac{u(x+h) \cdot v(x+h) - u(x) \cdot v(x+h) + u(x) \cdot v(x+h) - u(x) \cdot v(x)}{h}$$
Ergänzung von Term und Gegenterm

$$= \lim_{h \to 0} \frac{[u(x+h) - u(x)] \cdot v(x+h) + [v(x+h) - v(x)] \cdot u(x)}{h}$$
Ausklammern, Grenzwertsätze für Funktionen

$$= \underbrace{\lim_{h \to 0} \frac{u(x+h) - u(x)}{h}}_{u'(x)} \cdot \underbrace{\lim_{h \to 0} v(x+h)}_{v(x)} + \underbrace{\lim_{h \to 0} \frac{v(x+h) - v(x)}{h}}_{v'(x)} \cdot \underbrace{\lim_{h \to 0} u(x)}_{u(x)}$$
Definition von u' und v'

$$= u'(x) \cdot v(x) + v'(x) \cdot u(x)$$

Übung 2

Bestimmen Sie die Ableitung von f mit Hilfe der Produktregel.

a) $f(x) = (x^2 + 3) \cdot (x^3 - 5)$ b) $f(x) = x \cdot \sqrt{x},\ x > 0$ c) $f(x) = (1 - x^2) \cdot (1 + x^2)$

d) $f(x) = x^3 \cdot \sqrt{x},\ x > 0$ e) $f(x) = \frac{x}{x+1},\ x \neq -1$ f) $f(x) = \frac{1}{x} \cdot \sqrt{x},\ x > 0$

Wir betrachten nun eine einfache Anwendung sowie eine Erweiterung zur Produktregel.

Beispiel: Gegeben ist die Funktion $f(x) = (x-1)\cdot\sqrt{x},\ x \geq 0$.

a) Bestimmen Sie die Nullstellen von f.

b) Berechnen Sie die erste Ableitung von f.

c) Der Graph von f besitzt einen Tiefpunkt. Bestimmen Sie seine Lage.

d) Skizzieren Sie den Graphen von f für $0 \leq x \leq 2$.

Lösung:

a) *Nullstellen:*

$f(x) = 0$

$(x-1)\cdot\sqrt{x} = 0,\ x \geq 0$

$x-1 = 0$ oder $\sqrt{x} = 0$

$x = 1 \quad , \quad x = 0$

b) *Ableitung für x > 0:*

$f(x) = u\cdot v = (x-1)\cdot\sqrt{x}$

$f'(x) = u'\cdot v + v'\cdot u$

$= 1\cdot\sqrt{x} + \frac{1}{2\sqrt{x}}\cdot(x-1)$

$= \frac{\sqrt{x}\cdot 2\sqrt{x}}{2\sqrt{x}} + \frac{x-1}{2\sqrt{x}} = \frac{3x-1}{2\sqrt{x}}$

d) *Graph:*

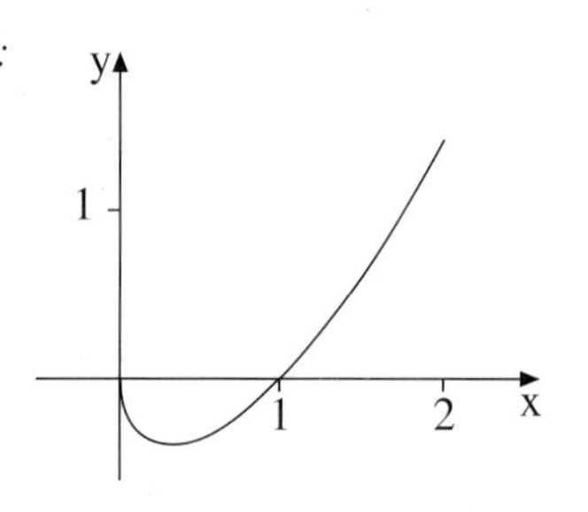

c) *Extremalberechnung:*

$f'(x) = 0$

$\frac{3x-1}{2\sqrt{x}} = 0$

$3x-1 = 0$

$x = \frac{1}{3}$

$y = f(\frac{1}{3}) = -\frac{2}{3}\cdot\sqrt{\frac{1}{3}} \approx 0{,}38$

Zur Überprüfung wenden wir das Vorzeichenwechselkriterium an, da wir die zweite Ableitung eines Quotienten noch nicht berechnen können.

$\left.\begin{array}{l} f'(\frac{1}{4}) = -\frac{1}{4} < 0 \\ f'(1) = +1 > 0 \end{array}\right\} \Rightarrow$ Minimum

Wegen des Vorzeichenwechsels der Ableitung f' von – nach + liegt also ein Tiefpunkt $T(\frac{1}{3}|0{,}38)$ vor.

Beispiel: Die Produktregel ist auch auf Produkte mit mehr als zwei Faktoren anwendbar. Bestimmen Sie auf diese Weise die Ableitung von $f(x) = x^2\cdot\sqrt{x}\cdot\frac{1}{x},\ x > 0$.

Lösung:

$(x^2 \bullet \sqrt{x}\cdot\frac{1}{x})' = (x^2)'\cdot(\sqrt{x}\cdot\frac{1}{x}) + (\sqrt{x}\cdot\frac{1}{x})'\cdot x^2$

$(u \bullet v)' = u' \cdot v + v' \cdot u$

$= (2x)\cdot(\sqrt{x}\cdot\frac{1}{x}) + (-\frac{\sqrt{x}}{2x^2})\cdot(x^2)$

$= 2\sqrt{x} - \frac{1}{2}\sqrt{x} = \frac{3}{2}\sqrt{x}$

Nebenrechnung: Bestimmung von v':

$(\sqrt{x}\cdot\frac{1}{x})' = \frac{1}{2\sqrt{x}}\cdot\frac{1}{x} + (-\frac{1}{x^2})\cdot\sqrt{x}$

$= \frac{1}{2\sqrt{x}\cdot x} - \frac{\sqrt{x}}{x^2}$

$= \frac{\sqrt{x}}{2x^2} - \frac{2\sqrt{x}}{2x^2} = -\frac{\sqrt{x}}{2x^2}$

2. Die Kettenregel

Verkettete Funktionen sind solche, deren Funktionsterm aus geschachtelten Einzeltermen besteht. Beispielsweise lässt sich die Funktion $k(x) = (2x+1)^3$ als Verkettung der beiden einfacheren Funktionen $f(x)= x^3$ und $g(x)=2x+1$ darstellen, denn es gilt: $k(x)= f(g(x))$. f heißt hierbei äußere und g innere Funktion der Verkettung k.

Verkettung:
$f(x) = x^3$ ***äußere Funktion***
$g(x) = 2x+1$ ***innere Funktion***

$$k(x) = f(g(x)) = f(2x+1) = (2x+1)^3$$

Im Folgenden werden wir eine Ableitungsregel entwickeln, mit deren Hilfe man verkettete Funktionen differenzieren kann, ohne die Verkettung aufzulösen. Wir gehen allerdings von einem einfachen Beispiel aus, das uns eine Kontrollrechnung auf konventionelle Art ermöglicht.

Beispiel: Die Funktion $k(x) = (2x+1)^3$ ist die Verkettung der Funktionen $f(x) = x^3$ und $g(x)=2x+1$. Es gilt nämlich $k(x) = f(g(x))$.
Gesucht ist die Ableitung von k. Versuchen Sie k auf zwei unterschiedliche Arten zu differenzieren.

Lösung:

Weg 1:
Wir wenden die Potenzregel direkt an, denn der Funktionsterm ist die dritte Potenz einer Klammer.

$$k(x) = (2x+1)^3$$
$$k'(x) = 3\cdot(2x+1)^2$$

Um den Vergleich zum Resultat von Weg 2 ziehen zu können, lösen wir die Klammern auf.

$$k'(x) = 3\cdot(4x^2 + 4x + 1)$$
$$k'(x) = 12x^2 + 12x + 3$$

Weg 2:
Wir gehen strikt nach bereits bekannten Regeln vor. Da wir keine Regel für das Differenzieren einer Klammerpotenz kennen, lösen wir zunächst die Klammer auf.

$$k(x) = (2x+1)^3 = (2x)^3 + 3\cdot(2x)^2 + 3\cdot(2x) + 1 = 8x^3 + 12x^2 + 6x + 1$$

Nun differenzieren wir das Polynom und erhalten

$$k'(x) = 24x^2 + 24\,x + 6.$$

Eines der beiden Ergebnisse muss falsch sein. Da wir uns bei Weg 2 strikt an bekannte Regeln hielten, muss Weg 1 falsch sein. So falsch ist er aber wiederum nicht, da das Ergebnis ja lediglich mit 2 multipliziert werden muss, um das korrekte Resultat zu erhalten.

Außerdem wäre Weg 1 wesentlich angenehmer. Man stelle sich nur einmal vor, wie groß der Arbeitsaufwand für das Klammerauflösen vor dem Ableiten nach Weg 2 bei der Funktion $k(x)=(2x+1)^{40}$ wäre.

Wir werden daher in der Folge versuchen, das Vorgehen nach Weg 1 so zu modifizieren, dass es zu richtigen Resultaten führt.

Analysiert man das obige Beispiel durch Betrachtung der äußeren und der inneren Funktion etwas genauer, so kann man mit etwas gutem Willen die richtige Regel erkennen.
$k(x) = f(g(x)) = (2x+1)^3$ hat die äußere Funktion $f(x) = x^3$ mit der Ableitung $f'(x) = 3x^2$ sowie die innere Funktion $g(x) = 2x+1$ mit der Ableitung $g'(x) = 2$.
Wir stellten fest, dass unsere Vermutung $k'(x) = 3(2x+1)^2$, was verallgemeinert $k'(x) = f'(g(x))$ entspricht, falsch war.
Vielmehr war $k'(x) = 3(2x+1)^2 \cdot 2$ das richtige Ergebnis, was allgemein der Formel $k'(x)=f'(g(x)) \cdot g'(x)$ entsprechen könnte. Diese Formel wird sich als richtig erweisen. Wir fassen sie nun mathematisch exakt. Den Nachweis verschieben wir auf später.

Die Kettenregel

$k(x) = f(g(x))$ sei die Verkettung der äußeren Funktion f mit der inneren Funktion g.
g sei an der Stelle x differenzierbar.
f sei an der Stelle g(x) differenzierbar.
Dann ist k an der Stelle x differenzierbar und es gilt nebenstehende Regel:

$$k(x) = f(g(x))$$
$$\Downarrow$$
$$k'(x) = \underbrace{f'(g(x))}_{\text{äussere Ableitung}} \cdot \underbrace{g'(x)}_{\text{innere Ableitung}}$$

ABLEITUNG VERKETTUNG k AN DER STELLE x = ***ABLEITUNG DER ÄUSSEREN FUNKTION f AN DER STELLE g(x)*** • ***ABLEITUNG DER INNEREN FUNKTION g AN DER STELLE x***

Beispiel: Differenzieren Sie die angegebenen Funktionen mit der Kettenregel und zum Vergleich mit einer konventionellen Methode.
a) $k(x) = (x^2)^3$ b) $k(x) = (1-3x)^2$ c) $k(x) = \sqrt{3x}$, $x>0$

Lösung mit der Kettenregel:

a) $k(x) = (x^2)^3$
$k'(x) = 3(x^2)^2 \cdot 2x = 3x^4 \cdot 2x = 6x^5$

b) $k(x) = (1-3x)^2$
$k'(x) = 2(1-3x) \cdot (-3) = 18x - 6$

c) $k(x) = \sqrt{3x}$
$k'(x) = \frac{1}{2\sqrt{3x}} \cdot 3 = \frac{3}{2\sqrt{3x}}$

Lösung ohne Kettenregel:

a) $k(x) = (x^2)^3 = x^6$
$k'(x) = 6x^5$

b) $k(x) = (1-3x)^2 = 1 - 6x + 9x^2$
$k'(x) = -6 + 18x$

c) $k(x) = \sqrt{3x} = \sqrt{3} \cdot \sqrt{x}$
$k'(x) = \sqrt{3} \cdot \frac{1}{2\sqrt{x}} = \frac{\sqrt{3}}{2\sqrt{x}} = \frac{3}{2\sqrt{3x}}$

Übung 3
Für $x \geq 0$ gilt die Gleichung $x \cdot \sqrt{x} = \sqrt{x^3}$. Differenzieren Sie den linken Term nach der Produktregel und den rechten Term nach der Kettenregel. Sind die Ergebnisse identisch ?

Damit nicht der Eindruck entsteht, dass die Kettenregel stets durch Einsatz einer konventionellen Methode ersetzt werden kann, behandeln wir einige weitere Beispiele.

Beispiel: Bestimmen Sie die Ableitungsfunktion von k.

a) $k(x) = (2x+1)^{40}$ b) $k(x) = \sqrt{3x^2+x}$ c) $k(x) = \frac{1}{3x+2}$

Lösung:

a) Der Term $(2x+1)^{40}$ hat die äußere Ableitung $40 \cdot (2x+1)^{39}$. Diese muss noch mit der Ableitung des inneren Terms $2x+1$, also mit 2, multipliziert werden. Man bezeichnet das Multiplizieren mit der inneren Ableitung auch als ***Nachdifferenzieren***.

$$k(x) = (2x+1)^{40}$$

$$k'(x) = \underbrace{40 \cdot (2x+1)^{39}}_{\text{äußere Ableitung}} \bullet \underbrace{2}_{\text{innere Ableitung}}$$

Nachdifferenzieren: Multiplizieren mit der inneren Ableitung

b) Der Ausdruck $\sqrt{3x^2+x}$ hat die äußere Ableitung $\frac{1}{2\sqrt{3x^2+x}}$.

Nachdifferenziert wird durch Multiplikation mit der Ableitung des inneren Terms $3x^2+x$, also mit $6x+1$.

$$k(x) = \sqrt{3x^2+x}$$

$$k'(x) = \underbrace{\frac{1}{2 \cdot \sqrt{3x^2+x}}}_{\text{äußere Ableitung}} \bullet \underbrace{(6x+1)}_{\text{innere Ableitung}}$$

c) Der Term $\frac{1}{3x+2}$ hat die äußere Ableitung $-\frac{1}{(3x+2)^2}$.

Der innere Term $3x+2$ hat die Ableitung 3, mit der nachdifferenziert wird.

$$k(x) = \frac{1}{3x+2}$$

$$k'(x) = \underbrace{-\frac{1}{(3x+2)^2}}_{\text{äußere Ableitung}} \bullet \underbrace{3}_{\text{innere Ableitung}}$$

In keinem der drei Fälle wäre ein einfacher konventioneller Weg unter Vermeidung der Kettenregel sinnvoll bzw. möglich gewesen.

Übung 4

Differenzieren Sie die Funktion k sowohl mit der Kettenregel als auch mit einer konventionellen Methode und zeigen Sie die Gleichheit der Ergebnisse.

a) $k(x) = (x^4)^3$ b) $k(x) = (3x^2-1)^2$ c) $k(x) = \sqrt[3]{x^4},\ x > 0$

Übung 5

Bestimmen Sie k' mit Hilfe der Kettenregel.

a) $k(x) = (x^2+x)^4$ b) $k(x) = \sqrt{x^2+4}$ c) $k(x) = \frac{1}{x^3-x},\ x > 1$

d) $k(x) = (1+x^2)^2$ e) $k(x) = \frac{1}{\sqrt{x}},\ x > 0$ f) $k(x) = \sqrt{\frac{1}{x}},\ x > 0$

Wir tragen nun den Beweis der Kettenregel nach. Allerdings müssen wir uns auf einen Spezialfall beschränken, indem wir voraussetzen, dass die innere Funktion streng monoton ist.

Beweis der Kettenregel:
Der Beweis beruht auf einem Erweiterungstrick. Es wird mit dem Term g(x+h)−g(x) erweitert, der wegen der vorausgesetzten strengen Monotonie der Funktion g nicht null werden kann. Die Regel ergibt sich dann folgendermaßen:

$$\frac{k(x+h)-k(x)}{h} = \frac{f(g(x+h))-f(g(x))}{h} = \frac{f(g(x+h))-f(g(x))}{g(x+h)-g(x)} \bullet \frac{g(x+h)-g(x)}{h}$$

$$\downarrow h \to 0 \qquad\qquad \downarrow h \to 0 \qquad\qquad \downarrow h \to 0$$

$$k'(x) = f'(g(x)) \bullet g'(x)$$

Auf den allgemeinen Beweis, der schwieriger ist, verzichten wir.

Die Kettenregel ist auch anwendbar, wenn mehr als zwei Funktionen verkettet sind.

Beispiel: Gesucht ist die Ableitung von $k(x) = (\sqrt{x^2+1})^3$.

Lösung:
Hier sind drei Funktionen miteinander verkettet.

Nach einer ersten Anwendung der Kettenregel (I) muss diese noch einmal angewandt werden, um die Ableitung der inneren Funktion ausrechnen zu können (II).

Einsetzen des Ergebnisses von II in I ergibt dann das Endresultat.

$$\text{I: } [(\sqrt{x^2+1})^3]' = \underbrace{3\cdot(\sqrt{x^2+1})^2}_{\text{äußere Abl.}} \cdot \underbrace{(\sqrt{x^2+1})'}_{\text{innere Abl.}}$$

$$\text{II: } [\sqrt{x^2+1}]' = \underbrace{\frac{1}{2\cdot\sqrt{x^2+1}}}_{\text{äußere Abl.}} \cdot \underbrace{(2x)}_{\text{innere Abl.}}$$

Einsetzen von II in I:

$$[(\sqrt{x^2+1})^3]' = 3(\sqrt{x^2+1})^2 \cdot \frac{1}{2\sqrt{x^2+1}} \cdot 2x$$

$$= 3x \cdot \sqrt{x^2+1}$$

Übung 6
Bestimmen Sie k' durch zweifache Anwendung der Kettenregel.
Die Aufgabenteile a) bis c) können zur Kontrolle auf eine zweite Art ohne Kettenregel gelöst werden.

a) $k(x) = ((2x)^2+1)^2$ b) $k(x) = (\,(x^2)^2\,)^2$ c) $k(x) = \frac{1}{\sqrt{x^2}},\ x>0$

d) $k(x) = ((x^2+1)^2+1)^3$ e) $k(x) = \sqrt{(x^2+x)^3}$ f) $k(x) = (\frac{1}{x^2+1})^2$

Übungen

7. Differenzieren Sie mit der Produktregel. Kontrollieren Sie mit einer zweiten Methode.

a) $f(x) = (x^2-1)(2x^2+5)$ b) $f(x) = (ax+b)(ax^2+b)$ c) $f(x) = \frac{x^2+1}{x}$

8. Bestimmen Sie die Ableitungsfunktion von f.

a) $f(x) = \sqrt{x} \cdot (x + x^2)$ b) $f(x) = \frac{1}{x} \cdot \frac{1}{x^2}$ c) $f(x) = g(x) \cdot x$

9. Wenden Sie die Produktregel mehrfach an.

a) $f(x) = x^2 \cdot x^3 \cdot x^4$ b) $f(x) = \sqrt{x} \cdot \sqrt{x+1} \cdot \sqrt{x+2}$ c) $f(x) = (x^2+1) \cdot \frac{1}{x} \cdot (2x-1)$

10. Entwickeln Sie eine allgemeine Produktregel für Produkte mit drei Faktoren. Berechnen Sie also die Ableitung von $f(x) = u(x) \cdot v(x) \cdot w(x)$.

11. Untersuchen Sie die Funktion $f(x) = (x^2-1) \cdot \sqrt{x}, x > 0$ auf Nullstellen und Extrema. Skizzieren Sie den Graphen von f für $0 < x \leq 2$.

12. Bestimmen Sie die Ableitung von k(x) mit Hilfe der Kettenregel. Kontrollieren Sie mit einer weiteren Methode, soweit möglich (a–h).

a) $k(x) = (x^2+5x)^3$ b) $k(x) = (x^5)^3$ c) $k(x) = (1-3x)^2$ d) $k(x) = (\frac{1}{x})^4$

e) $k(x) = (\sqrt{x})^4$ f) $k(x) = \sqrt{x^4}$ g) $k(x) = (ax+b)^3$ h) $k(x) = (x^m)^n$

i) $k(x) = \frac{1}{x^2-1}$ j) $k(x) = \frac{1}{(2x-4)^2}$ k) $k(x) = \sqrt{1-x^2}$ l) $k(x) = (ax+b)^n$

13. Wenden Sie die Kettenregel mehrfach an, um k' zu berechnen.

a) $k(x) = \sqrt{(x^4+1)^3}$ b) $k(x) = \frac{1}{(x^2+1)^2}$ c) $k(x) = \frac{1}{\sqrt{x^2+x}}$ d) $k(x) = \sqrt{\sqrt{\frac{1}{x}}}$

e) $k(x) = \sqrt{\frac{1}{x+1}}$ f) $k(x) = ((x^2+1)^2+x)^3$ g) $k(x) = (\sqrt{x^2+x}+x)^2$

14. Bestimmen Sie die Ableitung von f durch Anwendung von Produktregel und Kettenregel.

a) $f(x) = (x^2-1)^3 \cdot \sqrt{x}$ b) $f(x) = \frac{1}{x} \cdot (x^4+3)^2$ c) $f(x) = (x+1)^2 \cdot (1-x)^4$

d) $f(x) = \sqrt{x^2-1} \cdot \frac{1}{x}$ e) $f(x) = (x-1)^4 \cdot (2x+1)^2$ f) $f(x) = \sqrt{2x+1} \cdot \sqrt{x-1}$

g) $f(x) = (3x^2-x) \cdot \sqrt{5x^2-1}$ h) $f(x) = (x^3-1)^4 \cdot (x^4+x)^3$

Test: Produktregel und Kettenregel

Bearbeitungszeit: ca. 75 Minuten

1. Differenzieren Sie f durch Anwendung der Produktregel.

a) $f(x) = (x^2 + 1)\cdot(x^2 - 1)$ b) $f(x) = (ax + b)\cdot(1 - x^2)$ c) $f(x) = (x + 1)\cdot\frac{1}{x}$, $x \neq 0$

2. Wenden Sie die Produktregel an.

a) Gegeben: $f(x) = x \cdot g(x)$
Gesucht: $f'(x)$

b) Gegeben: $f(x) = u(x)\cdot v(x)$
Gesucht: $f''(x)$

3. Gegeben ist die Funktion $f(x) = (1 - x^2)\cdot\sqrt{x}$, $x \geq 0$.

a) Bestimmen Sie die Ableitung f' für $x>0$.
b) Untersuchen Sie f auf Nullstellen und Extrema.
c) Skizzieren Sie den Graphen von f für $0 \leq x \leq 2$.
d) Wie lautet die Gleichung der Tangente an f im Punkt $P(1|0)$?
e) Wo schneidet die Normale an f im Punkt $P(1|0)$ die y-Achse ?

4. Differenzieren Sie f mit Hilfe der Kettenregel.

a) $f(x) = (2x^2 + 1)^3$ b) $f(x) = \sqrt{1 - x^2}$ c) $f(x) = (ax^2 - bx)^2$

5. Wenden Sie die Kettenregel mehrfach an, um f ' zu berechnen.

a) $f(x) = ((x + 1)^3 + x)^2$ b) $f(x) = \sqrt{\sqrt{x}}$

6. Berechnen Sie Nullstellen und die Extremalstellen der Funktion $f(x) = (1 - \sqrt{x})^2$, $x \geq 0$. Skizzieren Sie den Graphen von f für $0 \leq x \leq 4$.

VI. Die trigonometrischen Funktionen

1. Grundlegende Definitionen und Formeln

Im Folgenden stellen wir die wichtigsten Grundlagen für den Umgang mit Sinus und Kosinus noch einmal in kompakter Wiederholungsform zusammen. Dieser Abschnitt ist überwiegend zum Nachschlagen und zum Nacharbeiten gedacht.

Sinus, Kosinus und Tangens im rechtwinkligen Dreieck

Sinus und Kosinus eines Winkels α können besonders einfach im rechtwinkligen Dreieck definiert werden. Allerdings gelten diese Definitionen nur für spitze Winkel.

$$\sin \alpha = \frac{\text{Gegenkathete von } \alpha}{\text{Hypotenuse}}$$

$$\cos \alpha = \frac{\text{Ankathete von } \alpha}{\text{Hypotenuse}}$$

$$\tan \alpha = \frac{\text{Gegenkathete von } \alpha}{\text{Ankathete von } \alpha}$$

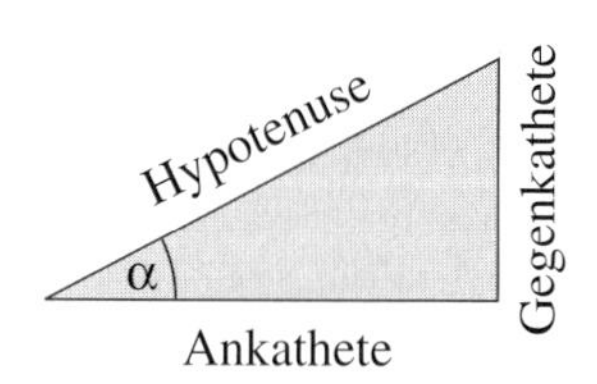

Sinus, Kosinus und Tangens am Einheitskreis, Gradmaß und Bogenmaß

Eine Erweiterung dieser Definition auf beliebige Winkel ergibt sich, wenn α als Drehwinkel im Einheitskreis betrachtet wird. Orientiert man sich am mittleren Bild, so wird der Radius OA in den Radius OP gedreht, um den Winkel α zu erzeugen. $\cos \alpha$ und $\sin \alpha$ werden dann als Koordinaten des Punktes P definiert.
Auf diese Weise werden $\sin\alpha$ und $\cos\alpha$ auch für solche Winkel α definiert, deren Winkelmaß 360° überschreitet.
Ebenso ist – je nach mathematischer Drehrichtung – die Unterscheidung zwischen Winkeln mit positivem bzw. negativem Winkelmaß möglich.

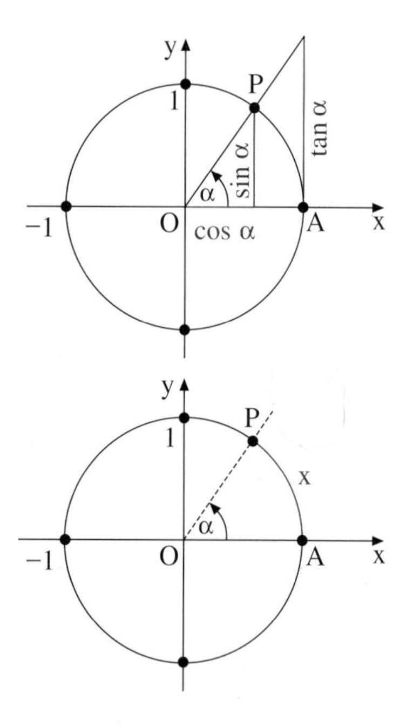

Als Winkelmaß wird im Folgenden anstelle des Gradmaßes α meistens das sog. ***Bogenmaß*** x verwendet. Das ist die dem Winkel α zugeordnete Bogenlänge x auf dem Umfang des Einheitskreises.
Die Formel zur Umrechnung zwischen Grad- und Bogenmaß steht rechts.

Umrechnung: Gradmaß / Bogenmaß

$$\frac{x}{2\pi} = \frac{\alpha}{360^\circ}$$

α = Gradmaß
x = Bogenmaß

Sinusfunktion und Kosinusfunktion

Tragen wir auf der x-Achse eines Koordinatensystems das Bogenmaß und auf der y-Achse den zugehörigen, am Einheitskreis gewonnenen Sinuswert ab, so erhalten wir den Graphen der Sinusfunktion. Analog erhalten wir den Graphen der Kosinusfunktion.

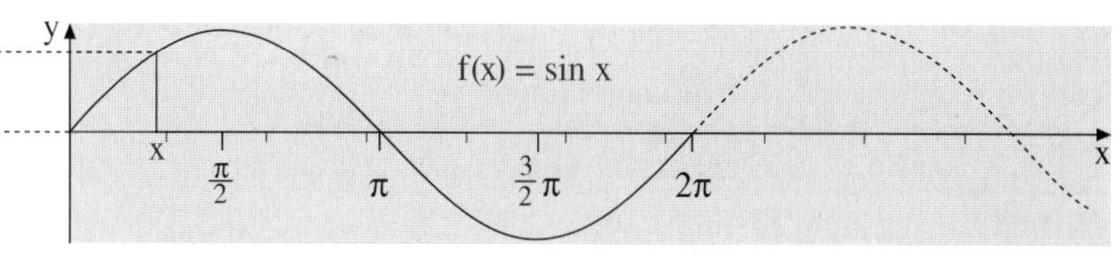

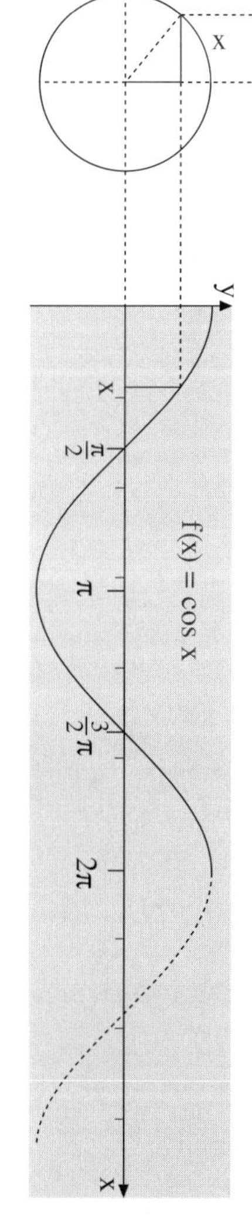

Den abgebildeten Graphen können wir einige wichtige Eigenschaften der beiden Funktionen entnehmen.

1. Sinus- und Kosinusfunktion haben die Definitionsmenge $\mathbb{R}$ und die Wertemenge $[-1;1]$.

2. Sinus- und Kosinusfunktion sind periodisch mit der Periode 2π. Für alle $x \in \mathbb{R}$ gilt daher:

$$\sin(x+2\pi) = \sin x$$
$$\cos(x+2\pi) = \cos x$$

3. Der Graph der Kosinusfunktion entsteht durch Verschiebung des Graphen der Sinusfunktion um $-\frac{\pi}{2}$ in x-Richtung.

$$\cos x = \sin(x+\tfrac{\pi}{2})$$

90°

4. Der Graph der Sinusfunktion ist symmetrisch zum Ursprung. Der Graph der Kosinusfunktion ist symmetrisch zur y-Achse.

$$\sin(-x) = -\sin x$$
$$\cos(-x) = \cos x$$

5. Die Nullstellen der Sinusfunktion liegen bei $x = k\pi$ und die Nullstellen der Kosinusfunktion liegen bei $x = \frac{\pi}{2} + k\pi$ $(k \in \mathbb{Z})$.

Übung 1

a) Begründen Sie die aus den Graphen gewonnenen Eigenschaften 1 bis 5 mit Hilfe der Darstellung von Sinus und Kosinus in der Einheitskreisfigur.

b) Berechnen Sie die folgenden Funktionswerte mit Hilfe des Taschenrechners. Stellen Sie den korrekten Modus ein (RAD für Winkel in Bogenmaß, DEG für Winkel in Gradmaß).

$\sin(30°)$ $\sin(\pi/3)$ $\sin(60°)$ $\sin(2)$ $\sin(8{,}3\pi)$ $\cos(0{,}5)$ $\cos(-\pi/3)$ $\cos(35°)$

DEG 0,5 RAD -0,99 | 0,866 0 DEG 0,018 | 0,866 -0,3 | R 0,909 D 0,034 | 0,809 D 2,83 R 0,45 | R 0,878 D 0,999 | 0,5 R -0,33 D 0,33 | D 0,819 R -0,903

Die Tangensfunktion

Eine weitere wichtige trigonometrische Funktion ist die Tangensfunktion.
Der Tangens des Winkels x lässt sich geometrisch als Tangentenabschitt interpretieren, wie rechts dargestellt.
Das Vorzeichen ist positiv, wenn der Bogen x im ersten und dritten Quadranten endet, ansonsten negativ. Die Periode beträgt π. Für ungerade Vielfache von $\frac{\pi}{2}$ ist der Tangens nicht definiert.
Man erkennt an der Strahlensatzfigur im Einheitskreis auf S. 96., dass die Tangensfunktion sich auf die Sinus- und die Kosinusfunktion zurückführen lässt.
Die Definition lautet dann:

$$\tan x = \frac{\sin x}{\cos x}, \quad x \neq (2k+1)\cdot\frac{\pi}{2}, \ k \in \mathbb{Z}$$

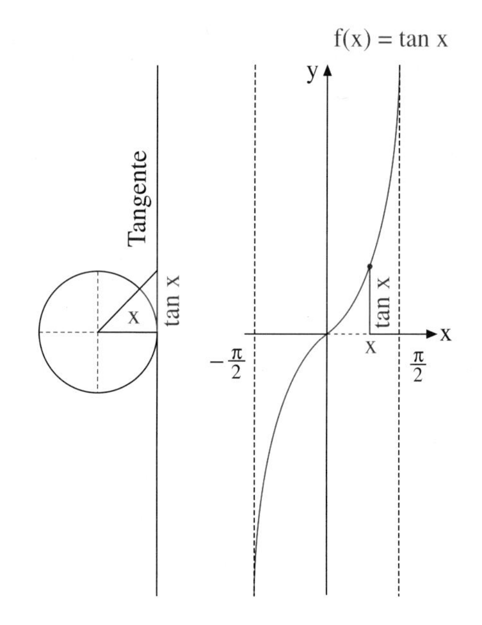

Trigonometrische Formeln

Bei zahlreichen trigonometrischen Umrechnungen benötigt man die folgenden Formeln.

Symmetrien	*Verschiebungen*	*trigonom. Pythagoras*
$\sin(-x) = -\sin x$	$\sin(x+\frac{\pi}{2}) = \cos x$	$\sin^2 x + \cos^2 x = 1$
$\cos(-x) = \cos x$	$\cos(x+\frac{\pi}{2}) = -\sin x$	

Additionstheoreme für Sinus und Kosinus / Formeln für das doppelte Argument

$$\sin(x+y) = \sin x \cdot \cos y + \cos x \cdot \sin y$$

$$\cos(x+y) = \cos x \cdot \cos y - \sin x \cdot \sin y$$

$$\sin(2x) = 2\cdot\sin x \cdot \cos x$$

$$\cos(2x) = \cos^2 x - \sin^2 x = 2\cdot\cos^2 x - 1 = 1 - 2\cdot\sin^2 x$$

Übung 2

a) Begründen Sie die obigen Symmetrie– und Verschiebungsformeln am Einheitskreis.
b) Zeigen Sie mit Hilfe einer der obigen Formeln, dass gilt: $\sin(2x) = 2\cdot\sin x \cdot \cos x$
c) Leiten Sie mit Hilfe einer der obigen Formeln her, dass gilt: $\sin(x+\frac{\pi}{2}) = \cos x$

2. Die Auflösung trigonometrischer Gleichungen

In diesem Abschnitt werden wir eine weitere wichtige Grundlage, die Auflösung trigonometrischer Gleichungen, wiederholen. Diese Gleichungen kommen bei der Untersuchung trigonometrischer Funktionen vor und bereiten dem Unerfahrenen oft Probleme. Die folgenden Beispiele zeigen, welche Schwierigkeiten auftreten und mit welchen Mitteln man diese überwinden kann.

Beispiel: Untersuchen Sie, für welche Werte von x die trigonometrische Gleichung $\sin x = 0{,}8$ gilt.

Lösung:
Zunächst verschaffen wir uns anhand des Graphen von $f(x) = \sin x$ einen Überblick.

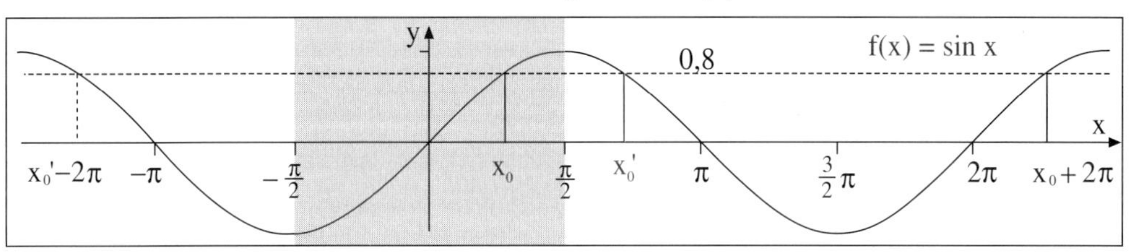

Allgemeine Betrachtung

Wir erkennen, dass es unendlich viele Lösungen gibt, da die Sinusfunktion periodisch ist mit der Periodenlänge 2π.

Interessant sind die beiden ***"Basislösungen"*** x_0 im aufsteigenden und x_0' im absteigenden Teil des Sinusbogens, denn alle anderen Lösungen ergeben sich durch Addition eines ganzzahligen Vielfachen der Periode 2π zu diesen Basislösungen.

Es reicht aus, x_0 zu bestimmen, da x_0' und x_0 symmetrisch zur Stelle $\frac{\pi}{2}$ liegen, so dass die Symmetrie $\frac{\pi}{2} - x_0 = x_0' - \frac{\pi}{2}$ gilt. x_0' ergibt sich daher aus x_0 nach der Gleichung $\boldsymbol{x_0' = \pi - x_0}$.

Man bestimmt die Basislösung x_0 mit Hilfe des Taschenrechners, auf dem die Umkehrfunktion des oben rot eingezeichneten Teiles der Sinusfunktion programmiert ist, nach nebenstehender Rechnung. Nun bestimmt man x_0' und sodann alle Lösungen durch Periodenaddition.

Konkrete Berechnung

Wir tasten den gegebenen Sinuswert 0,8 in den Taschenrechner ein.

Dann betätigen wir die Taste für die Umkehrfunktion der Sinusfunktion, die sogenannte Arkussinusfunktion. Je nach Taschenrechnermodell ist diese über die Tasten *INVSIN, SIN⁻¹* oder *ARCSIN* aufrufbar. Den Taschenrechner betreiben wir dabei im *RAD*-Modus (Bogenmaß).
In unserem konkreten Fall erhalten wir:

Eingabe von sin x	Ausgabe von x nach INVSIN
0,8	0,9273

Die Basislösungen sind also:
$x_0 \approx 0{,}9273$
$x_0' = \pi - x_0 \approx \pi - 0{,}9273 \approx 2{,}2143$

Alle Lösungen:
$x \approx 0{,}9273 + 2k\pi$
$x' \approx 2{,}2143 + 2k\pi \quad (k \in \mathbb{Z})$

Beispiel: Lösen Sie die trigonometrische Gleichung $\cos x = 0{,}5$.

Lösung:
Der Taschenrechner (im *RAD*-Modus) liefert mit Hilfe der Umkehrfunktion (Arkuskosinusfunktion, *INVCOS*) des markierten Teils der Kosinusfunktion die Basislösung $x_0 \approx 1{,}0472$.

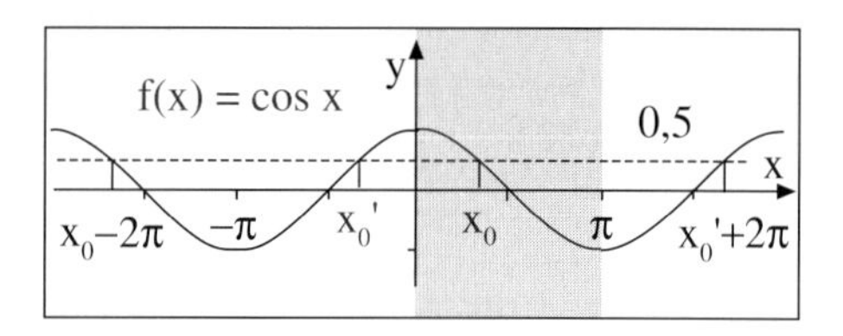

Für die zweite Basislösung x_0' gilt wegen der Achsensymmetrie der Kosinusfunktion $\boldsymbol{x_0' = -x_0}$.
Daraus folgt $x_0' \approx -1{,}0472$ als zweite Basislösung.

$$\begin{aligned} \cos x &= 0{,}5 \\ x &= \arccos 0{,}5 \\ x &\approx +1{,}0472 + 2k\pi \\ x' &\approx -1{,}0472 + 2k\pi \end{aligned}$$

Alle anderen Lösungen ergeben sich durch Addition von $2k\pi$:
$x \approx 1{,}0472 + 2k\pi$,
$x' \approx -1{,}0472 + 2k\pi \quad (k \in \mathbb{Z})$.

Übung 1

Bestimmen Sie die Basislösungen der folgenden trigonometrischen Gleichungen.

a) $\sin x = -0{,}68$ b) $\sin x = \frac{1}{3}$ c) $\tan x = 1{,}2$

d) $\sin x = 1$ e) $\cos x = \sqrt{\frac{1}{2}}$ f) $4 \cdot \cos x = -2{,}6$

Beispiel: Lösen Sie die Gleichung $4 \cdot \sin(2x - 5) = 1$.

Lösung:
Durch eine Substitution des Arguments $2x - 5$ kann eine derartige Gleichung auf die einfachere, oben behandelte Form zurückgeführt werden.

				Umformung
$4 \cdot \sin(2x-5) = 1$				
$\sin(2x-5) = 0{,}25$				*Substitution $2x - 5 = z$*
$\sin z = 0{,}25$				*Basislösungen z_0, z_0'*
z_0	$\approx 0{,}2527$	z_0'	$\approx 2{,}8889$	*Addition von $2k\pi$ ($k \in \mathbb{Z}$)*
z	$\approx 0{,}2527 + 2k\pi$	z'	$\approx 2{,}8889 + 2k\pi$	*Resubstitution $z = 2x - 5$*
$2x - 5$	$\approx 0{,}2527 + 2k\pi$	$2x' - 5$	$\approx 2{,}8889 + 2k\pi$	*Auflösung nach x, x'*
$2x$	$\approx 5{,}2527 + 2k\pi$	$2x'$	$\approx 7{,}8889 + 2k\pi$	
x	$\approx 2{,}6264 + k\pi$	x'	$\approx 3{,}9445 + k\pi$	

Übung 2

Bestimmen Sie alle Lösungen der folgenden trigonometrischen Gleichungen:

a) $5 \cdot \cos(2x + 1) = 4$ b) $0{,}8 \cdot \sin(5 - 4x) + 3 = 3{,}2$ c) $3 \cdot \tan(2x) - 2 = 10$

Zusatz: Welche Lösung liegt jeweils im Intervall $2\pi \le x \le 3\pi$?

Oftmals ist es hilfreich, die in einer trigonometrischen Gleichung auftretenden Terme durch Anwendung geeigneter trigonometrischer Formeln argumentgleich zu machen.

Beispiel: Bestimmen Sie die Lösungen der Gleichung $\sin x + \sin 2x = 0$.

Lösung:
Wir wenden zunächst die trigonometrische Formel für das doppelte Argument an: $\sin 2x = 2 \cdot \sin x \cdot \cos x$.
Anschließend können wir die linke Seite der Gleichung durch Ausklammern von $\sin x$ faktorisieren.
Der erste Faktor liefert die Lösungen $x = k\pi,\ k \in \mathbb{Z}$.
Der zweite Faktor liefert zusätzlich noch die folgenden Lösungen:
$x \approx 2{,}0944 + 2k\pi,\ x \approx -2{,}0944 + 2k\pi$.

$$\sin x + \sin 2x = 0$$
$$\sin x + 2 \cdot \sin x \cdot \cos x = 0$$
$$\sin x \cdot (1 + 2 \cdot \cos x) = 0$$

$\sin x = 0$ oder $1 + 2 \cdot \cos x = 0$

$\cos x = -0{,}5$

$x = k\pi$ $(k \in \mathbb{Z})$ $\quad$ $x \approx 2{,}0944 + 2k\pi$, $x \approx -2{,}0944 + 2k\pi$

Beispiel: Bestimmen Sie die Lösungen der Gleichung $\cos 2x + \cos x = 0$.

Lösung:
Mit Hilfe der Formel $\cos 2x = 2\cos^2 x - 1$ erhalten wir eine quadratische Gleichung für $\cos x$, deren Lösungen wir mit Hilfe der p-q-Formel bestimmen.

Wir erhalten $\cos x = 0{,}5$ und $\cos x = -1$.

Diese beiden Gleichungen liefern nun:
$x = \frac{\pi}{3} + 2k\pi,\ x = -\frac{\pi}{3} + 2k\pi,\ x = \pi + 2k\pi$.

$$\cos 2x + \cos x = 0$$
$$2\cos^2 x - 1 + \cos x = 0$$
$$\cos^2 x + 0{,}5\cos x - 0{,}5 = 0$$
$$\cos x = -0{,}25 \pm \sqrt{0{,}0625 + 0{,}5}$$
$$= -0{,}25 \pm 0{,}75$$

$\cos x = 0{,}5$ oder $\cos x = -1$

$x = \frac{\pi}{3} + 2k\pi,$ $\quad$ $x = \pi + 2k\pi,$

$x = -\frac{\pi}{3} + 2k\pi.$

Übung 3

Lösen Sie die folgenden trigonometrischen Gleichungen:

a) $\sin 2x + \cos x = 0$
b) $2\cos 2x - \sin x = -1$
c) $2\sin x - \cos 2x = 3$
d) $\sin 2x + \cos 2x = 1$
e) $\sin 3x = \sin 2x$
f) $\sin(2x) \cdot \cos x = \sin x$

Wie viele zehnstellige natürliche Zahlen lassen sich aus den Ziffern 0 bis 9 bilden, wenn jede Ziffer genau einmal pro Zahl verwendet wird? 0 ist nicht als erste Ziffer erlaubt.

Wie viele dieser Zahlen sind durch 36 teilbar ?

Übungen

4. Gesucht sind die zwischen $-\pi$ und π liegenden Lösungen der Gleichung. Fertigen Sie zunächst eine Skizze an und bestimmen Sie damit eine Näherungslösung. Bestimmen Sie dann eine genauere Lösung mittels Taschenrechner.

a) $\sin x = \frac{1}{3}$ b) $\cos x = -0{,}6$ c) $\cos x = \frac{1}{\sqrt{2}}$ d) $\tan x = 0{,}5$

5. Bestimmen Sie alle Lösungen der Gleichung. Bestimmen Sie zunächst die Basislösungen und berücksichtigen Sie dann die Periode der jeweiligen Funktion.

a) $0{,}5\sin x = 0{,}1$ b) $2\sin x + 1 = 0$ c) $3\cos x - 1 = 0$ d) $3\tan x = 6$

6. Gesucht sind diejenigen Lösungen, welche im Intervall $-\pi \leq x \leq 3\pi$ liegen.

a) $\sin(\pi-x) = \frac{1}{3}$ b) $\cos(2x+1) = \frac{1}{3}$ c) $\cos(x+2) = \frac{1}{\sqrt{2}}$ d) $4\tan(x-2) = 10$

7. Lösen Sie die Gleichung durch eine Zeichnung näherungsweise.

a) $\cos x - \sin x = 1 \quad , 0 \leq x \leq 2\pi$ b) $\sin x = 1 - x \quad , 0 \leq x \leq 2\pi$

8. Wenden Sie die Additionstheoreme an, um die Gleichungen zu lösen.

a) $\cos 2x - 1 = -\sin x, \ -\pi < x < 0$ b) $\sin 4x = \sin 2x \quad , 0 < x < \pi$

9. Die Kurven $f(x) = \cos x$ und $g(x) = x$ schneiden sich, wie abgebildet.

a) Lesen Sie die Lage der Schnittstelle x aus der Skizze näherungsweise ab, so gut Sie können.

b) Bestimmen Sie die Schnittstelle durch eine vergrößerte Detailzeichnung noch genauer.

c) Steigern Sie die Genauigkeit weiter, indem Sie zusätzlich ein rechnerisches Näherungsverfahren anwenden, z. B. Einschachtelung durch Intervallhalbierung.

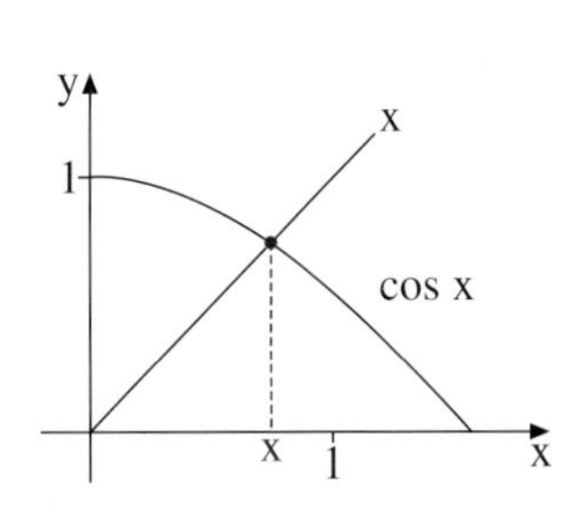

10. Bestimmen Sie die Schnittpunkte der Kurven f und g näherungsweise durch Zeichnungen der Graphen und Ablesen, entsprechend Übung 9 a und b.

a) $f(x) = \sin x$ und $g(x) = x - 1$ b) $f(x) = \sin x$ und $g(x) = \frac{x}{2}$

c) $f(x) = \sin 2x$ und $g(x) = x$ d) $f(x) = \tan x$ und $g(x) = 1 - x^2, 0 \leq x \leq \frac{\pi}{2}$

3. Die Ableitungen von Sinus und Kosinus

A. Graphische Differentiation von Sinus und Kosinus

Um trigonometrische Funktionen auf einem höheren Niveau untersuchen zu können, benötigen wir die Ableitungen der Sinusfunktion und der Kosinusfunktion.
Diese werden wir graphisch gewinnen. Der rechnerische Nachweis erfolgt später.

Beispiel: Zeichnen Sie den Graphen von $f(x) = \sin x$ für $0 \le x \le 2\pi$.
Tragen Sie einige Tangenten ein und ermitteln Sie deren Steigung aus der Graphik.
Skizzieren Sie mit den so gewonnenen Daten die Ableitungsfunktion f'.
Welche Vermutung ergibt sich ?

Lösung:

An den Stellen $x = \frac{1}{2}\pi$ und $x = \frac{3}{2}\pi$ beträgt die Steigung der Sinusfunktion 0, da dort Extremalpunkte liegen.
Die Stellen $x = 0$ und $x = 2\pi$ durchläuft die Sinusfunktion mit einem Winkel von 45°, so dass dort die Steigung 1 ist. Bei $x = \pi$ beträgt sie -1.
Bei $x = \frac{1}{4}\pi$ sowie $x = \frac{7}{4}\pi$ können wir näherungsweise eine Steigung von ca. 0,7 ablesen. Bei $x = \frac{3}{4}\pi$ sowie $x = \frac{5}{4}\pi$ beträgt die Steigung ca. $-0{,}7$.

Tragen wir diese Steigungen über den entsprechenden x-Werten in einem zweiten Koordinatensystem auf, so ergibt sich grob der Graph der Ableitungsfunktion f' der Sinusfunktion.

Wir erkennen, dass es sich um den Graphen der Kosinusfunktion handelt.

Die Funktion $f(x) = \sin x$:

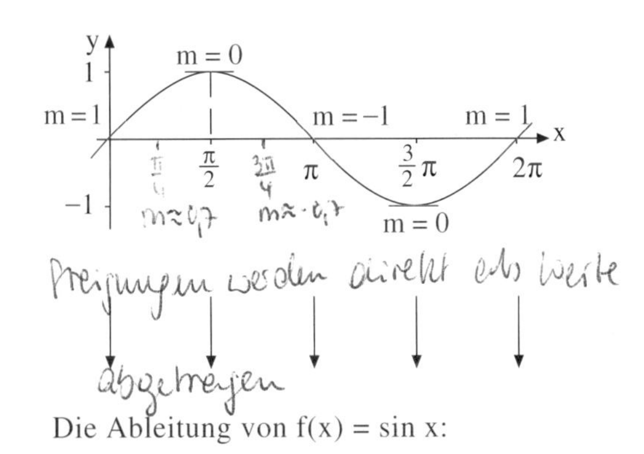

Die Ableitung von $f(x) = \sin x$:

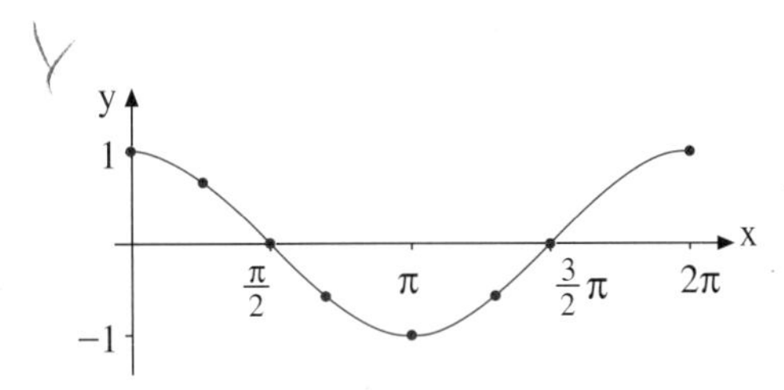

Diese Vermutung wird sich später auch rechnerisch beweisen lassen.
Wir können sie daher hier im Vorgriff als Lehrsatz formulieren, und wir führen das entsprechende Ergebnis für die Ableitung der Kosinusfunktion ebenfalls schon auf.

Die Ableitung der Sinusfunktion ist die Kosinusfunktion.	Die Ableitung der Kosinusfunktion ist die negierte Sinusfunktion.
$(\sin x)' = \cos x$	$(\cos x)' = -\sin x$

Übung 1

Zeichnen Sie den Graphen von $f(x) = \cos x$ für $0 \le x \le 2\pi$.
Tragen Sie einige Tangenten ein, und ermitteln Sie deren Steigung aus der Graphik.
Skizzieren Sie mit den so gewonnenen Daten die Ableitungsfunktion f'. Resultat?

Die beiden Ableitungsregeln für Sinus und Kosinus gestatten im Verein mit der Kettenregel und der Produktregel die Differentiation zahlreicher trigonometrischer Funktionen.
Wir führen zur Vertiefung des Arbeitens mit diesen Regeln einige Ableitungsübungen durch.

Beispiel: Gesucht sind die Ableitungen von $h(x) = \sin 5x$ und $h(x) = x^2 \cdot \cos x$.

Lösung:
$h(x) = \sin 5x$ differenzieren wir nach der Kettenregel.
Die äußere Ableitung ist $\cos 5x$, die innere Ableitung ist 5.
Also ergibt sich $h'(x) = 5 \cdot \cos 5x$

$h(x) = x^2 \cdot \cos x = u \cdot v$ differenzieren wir nach der Produktregel.
Wir erhalten:

$$h'(x) = u' \cdot v + v' \cdot u = 2x \cdot \cos x + (-\sin x) \cdot x^2$$

Übungen

2. Differenzieren Sie die Funktionen, deren Terme unten gegeben sind.
Wenden Sie Kettenregel und Produktregel an.

a) $\cos 4x$
b) $\sin(x^2)$
c) $\sin^2 x$, d. h. $(\sin x)^2$
d) $\sin(ax + b)$
e) $\sin x \cdot \cos x$
f) $\sin^2 x \cdot \cos x$
g) $\cos(x + x^2)$
h) $\sin 5x \cdot \cos 2x$
i) $x \cdot \cos x$
j) $x^2 \cdot \sin x$
k) $\sin(\cos x)$
l) $4 \cdot \cos(5x - 1)$
m) $4 \cdot \sin(2x + 3)$
n) $\frac{1}{\sin x}$
o) $\sqrt{\sin x}$

3. Diese Aufgaben sind etwas schwieriger: Sie müssen – um den Term zu differenzieren – Produktregel oder Kettenregel mehrfach bzw. geschachtelt anwenden.

a) $x \cdot \sin x \cdot \cos x$
b) $\sin(\sin(x^2))$
c) $\sin x \cdot \sin 2x \cdot \cos x$
d) $\sin(ax + b) \cdot \cos(ax)$
e) $\sin(\cos(\sin x))$
f) $(1 - \sin^2 x) \cdot \cos x$

4. ***Die Ableitung der Tangensfunktion:*** Gesucht ist die Ableitung von $f(x) = \tan x = \frac{\sin x}{\cos x}$.
Bestimmen Sie zunächst die Ableitung von $g(x) = \frac{1}{\cos x}$ nach der Kettenregel.
Stellen Sie sodann den Tangens in der Form $f(x) = \sin x \cdot \frac{1}{\cos x}$ dar und wenden Sie die Produktregel an. Vereinfachen Sie das so erzielte Resultat weitestmöglich.

5. $f(x) = \sin 2x$ lässt sich auch in der Form $f(x) = 2 \cdot \sin x \cdot \cos x$ darstellen.
Berechnen Sie $f'(x)$ für beide Darstellungen. Weisen Sie mithilfe trigonometrischer Formeln nach, dass die Resultate trotz optischer Verschiedenheit übereinstimmen.

6. Das Additionstheorem für den Sinus lautet: $\sin(x + y) = \sin x \cdot \cos y + \cos x \cdot \sin y$. "Differenzieren" Sie das Theorem. Betrachten Sie dabei x als Variable und y als Konstante. Was erhalten Sie als Resultat ?

B. Die Integration von Sinus und Kosinus

Aus den beiden Ableitungsregeln für Sinus und Kosinus ergeben sich auch die Integrationsregeln für die beiden Funktionen. Der Nachweis erfolgt unmittelbar durch Differentiation.

$$\int \sin x \, dx = -\cos x + C \qquad \int \cos x \, dx = \sin x + C$$

Man kann diese Integrationsregeln noch etwas verallgemeinern, wenn man versucht, die Kettenregel der Differentialrechnung als Integrationsregel umzufunktionieren. Dies gelingt allerdings nur in einfachen, aber dennoch praktisch wichtigen Fällen.

Beispiel: Gesucht ist eine Stammfunktion von $f(x) = \sin 3x$.

Lösung:
Man könnte die Vermutung aufstellen, dass $F(x) = -\cos 3x + C$ die gesuchte Stammfunktion ist.
Aber Differenzieren des Terms F nach der Kettenregel ergibt das dreifach zu große Resultat $F'(x) = 3 \cdot \sin 3x$.
Daher korrigieren wir unsere Vermutung zu $F(x) = -\frac{1}{3}\cos 3x + C$.

$$\int \sin 3x \, dx = -\frac{1}{3}\cos 3x + C$$

Nachweis:

$$\begin{aligned}(-\tfrac{1}{3}\cos 3x + C)' &= -\tfrac{1}{3}(\cos 3x)' + C' \\ &= -\tfrac{1}{3}(-3\sin 3x) + 0 \\ &= \sin 3x\end{aligned}$$

Diese auf der Kettenregel beruhende Korrekturfaktormethode funktioniert allerdings nur dann, wenn das Argument des zu integrierenden Sinus oder Kosinus eine lineare Funktion der Integrationsvariablen ist.

$$\int \sin(ax+b) \, dx = -\frac{1}{a}\cos(ax+b) + C \qquad \int \cos(ax+b) \, dx = \frac{1}{a}\sin(ax+b) + C$$

Übung 7

Berechnen Sie die folgenden Integrale. Interpretieren Sie die bestimmten Integrale.

a) $\int \sin \pi x \, dx$ b) $\int (1-\cos(-\pi x)) \, dx$ c) $\int (\sin(2x+1) - \cos x + 1)) \, dx$

d) $\int_0^{2\pi} \sin(0{,}5x) \, dx$ e) $\int_0^{2\pi} (x + \sin(x)) \, dx$ f) $\int_0^{\pi} \cos(2x) \, dx$

C. Einfache Differentiations- und Integrationsaufgaben

Wir üben nun an einfachen, isolierten Problemen die Differential- und Integralrechnung der trigonometrischen Funktionen. Später werden ähnliche Aufgabenstellungen im Rahmen von umfassenderen Kurvenuntersuchungen als Teilaufgaben wieder vorkommen.
Außerdem konzentrieren wir uns hier auf die Grundfunktionen Sinus und Kosinus.

Beispiel: Unter welchem Winkel α schneidet der Graph von $f(x) = \sin x$ die x-Achse bei $x = \pi$?

Lösung:
Die Steigung bei $x = \pi$ beträgt -1.
Daher ist der Steigungswinkel $\gamma = -45^\circ$ bzw. $\gamma = 135^\circ$. Der Schnittwinkel mit der x-Achse ist dann $\alpha = 45^\circ$.

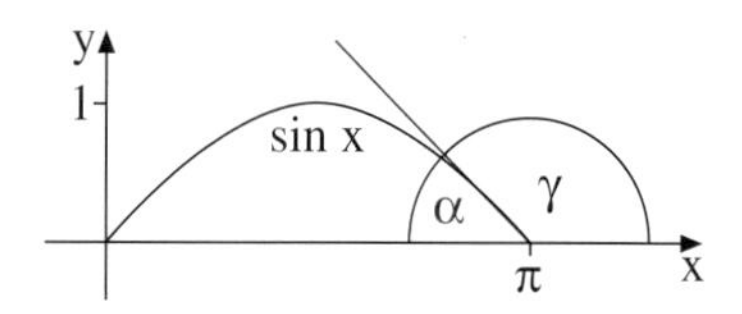

$f(x) = \sin x$ $\qquad f'(\pi) = \cos \pi = -1$

$f'(x) = \cos x$ $\qquad \tan \gamma = -1$

$\gamma = -45^\circ = 135^\circ$

$\alpha = 45^\circ$

Beispiel: Wie groß ist der y-Achsenabschnitt der Tangente an den Graphen von $f(x) = \sin x$ bei $x = \frac{\pi}{4}$?

Lösung:
Wir wählen für die Tangentengleichung den Punktrichtungsansatz, d. h.:

$$y_T(x) = m(x - x_0) + y_0.$$

Hier müssen

$$x_0 = \tfrac{\pi}{4},\ y_0 = f(x_0) \text{ und } m = f'(x_0)$$

gesetzt werden.
Dann ergibt sich als Resultat für den y-Achsenabschnitt der Tangente ca. 0,1517.

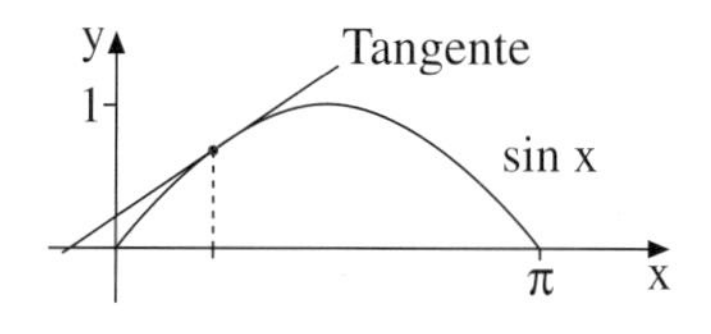

$$y_T(x) = m(x - x_0) + y_0$$

$$x_0 = \tfrac{\pi}{4}$$

$$y_0 = f(x_0) = \sin(\tfrac{\pi}{4}) \approx 0{,}7071$$

$$m = f'(x_0) = \cos(\tfrac{\pi}{4}) \approx 0{,}7071$$

$$y_T(x) \approx 0{,}7071(x - \tfrac{\pi}{4}) + 0{,}7071$$

$$y_T(x) \approx 0{,}7071x + 0{,}1517$$

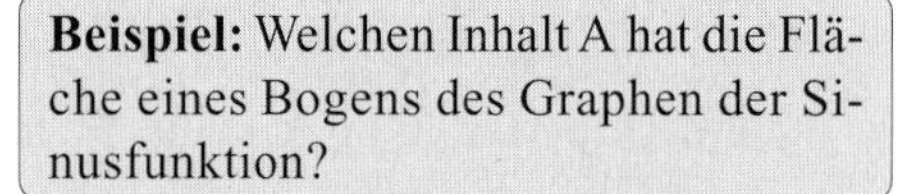

Beispiel: Welchen Inhalt A hat die Fläche eines Bogens des Graphen der Sinusfunktion?

Lösung:
Die nebenstehende Rechnung liefert auf einfache Weise das überraschende Resultat A = 2.
Ein so rundes Ergebnis hätte man sicher nicht erwartet.

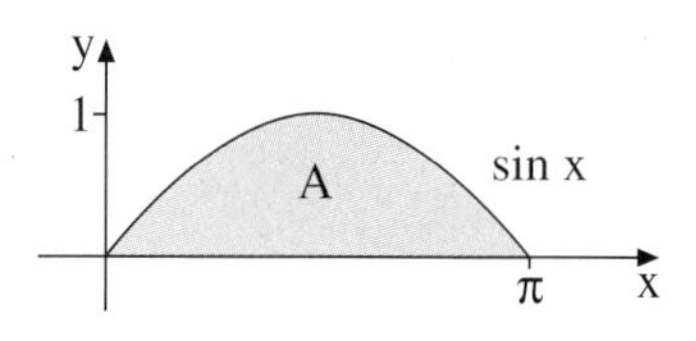

$$A = \int_0^\pi \sin x \, dx = [-\cos x]_0^\pi$$

$$= (-\cos \pi) - (-\cos 0)$$

$$= 1 - (-1) = 2$$

Beispiel: An welcher Stelle x und unter welchem Winkel γ schneiden sich die Graphen der Sinusfunktion und der Kosinusfunktion im Intervall [0; π]?

Lösung:
Die Schnittstelle x erhalten wir durch Gleichsetzen der Funktionsterme und Auflösen nach x, wobei wir rechnerisch über den Tangens gehen.
Ergebnis: $x = \frac{\pi}{4}$.
Die Steigungswinkel α und β der beiden Kurven bei $x = \frac{\pi}{4}$ errechnen wir aus den Steigungen der Kurven an dieser Stelle. Sie betragen 35,26° bzw. −35,26°. Damit ergibt sich der Schnittwinkel $\gamma \approx 70{,}52^{\circ}$.

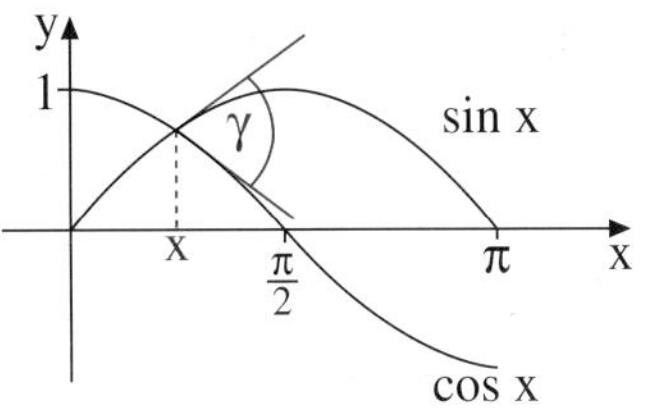

Schnittstelle:

$f(x) = g(x)$, $\sin x = \cos x$, $\frac{\sin x}{\cos x} = 1$

$\tan x = 1$, $x = \arctan 1$, $x = \frac{\pi}{4}$

Schnittwinkel: $f'(\frac{\pi}{4}) = \cos\frac{\pi}{4} = 0{,}7071$

$\tan\alpha = 0{,}7071$, $\alpha = 35{,}26^{\circ}$

$g'(\frac{\pi}{4}) = -\sin\frac{\pi}{4} = -0{,}7071$

$\tan\beta = -0{,}7071$, $\beta = -35{,}26^{\circ}$

$\Rightarrow \gamma = |\alpha| + |\beta| \approx 70{,}52^{\circ}$

Beispiel: Gesucht ist der Inhalt der abgebildeten Fläche zwischen den Graphen der Sinusfunktion, der Kosinusfunktion und der x-Achse.

Lösung:
Die Schnittstelle der beiden Kurven liegt bei $x = \frac{\pi}{4}$ (Rechnung im vorigen Beispiel). Wir integrieren daher in zwei Schritten: zunächst f(x) = sin x über dem Intervall $[0; \frac{\pi}{4}]$ und dann g(x) = cos x über dem Intervall $[\frac{\pi}{4}; \frac{\pi}{2}]$. Die Teilergebnisse werden addiert.
Resultat: $A \approx 0{,}59$

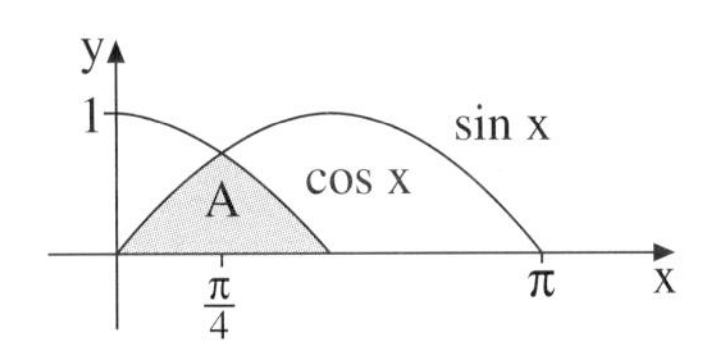

$$A = \int_0^{\frac{\pi}{4}} \sin x\,dx + \int_{\frac{\pi}{4}}^{\frac{\pi}{2}} \cos x\,dx$$

$$= [-\cos x]_0^{\frac{\pi}{4}} + [\sin x]_{\frac{\pi}{4}}^{\frac{\pi}{2}}$$

$$= 0{,}2929 \quad + \; 0{,}2929$$

$$\approx 0{,}59$$

Beispiel: Gesucht ist der Inhalt der Fläche A, die vom Bogen der Sinusfunktion durch die horizontale Gerade y=0,5 abgeschnitten wird ($0 \le x \le \pi$).

Lösung:
Wir errechnen zunächst die Schnittstellen durch Gleichsetzen der Funktionsterme und integrieren sodann die Differenzfunktion $d(x) = \sin x - \frac{1}{2}$ in den berechneten Grenzen.
Resultat: $A \approx 0{,}68$

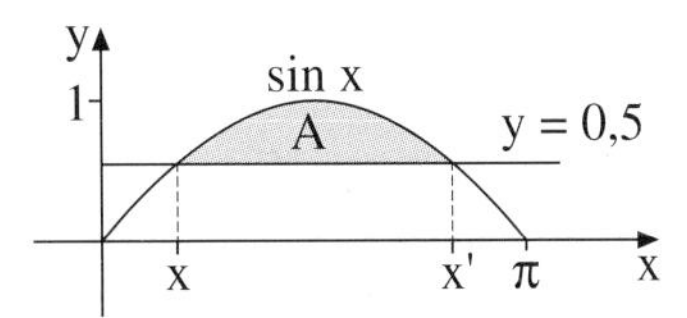

Schnittstellen:

$\sin x = \frac{1}{2}$, $x = 0{,}5236$, $x' = 2{,}6180$

$$A = \int_{0,5236}^{2,6180} (\sin x - \tfrac{1}{2})\,dx$$

$$= [-\cos x - \tfrac{1}{2}x]_{0,5236}^{2,6180} \approx 0{,}68$$

Übungen

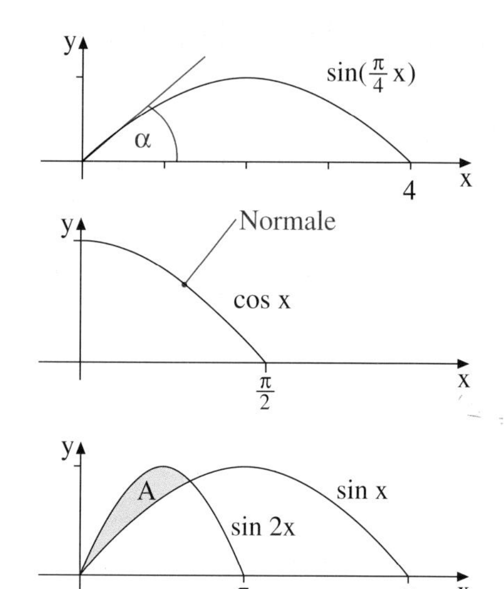

8. Welchen Steigungswinkel besitzt der Graph von $f(x) = \sin(\frac{\pi}{4}x)$ bei $x = 0$?

9. An welcher Stelle des Intervalls $[0; \frac{\pi}{2}]$ besitzt die Kosinusfunktion eine Normale mit der Steigung 2?

10. Die Funktionen f und g mit den Gleichungen $f(x) = \sin x$ und $g(x) = \sin 2x$ schließen die abgebildete Fläche A ein.
Berechnen Sie zunächst den rechten Schnittpunkt der Kurven und sodann den Inhalt der Fläche A.

11. Gesucht ist die ungefähr bei $x = 1$ liegende Stelle, an welcher die Differenz der Funktionswerte von

$$f(x) = \sin x \text{ und } g(x) = \sin\frac{x}{2}$$

ein lokales Maximum annimmt.

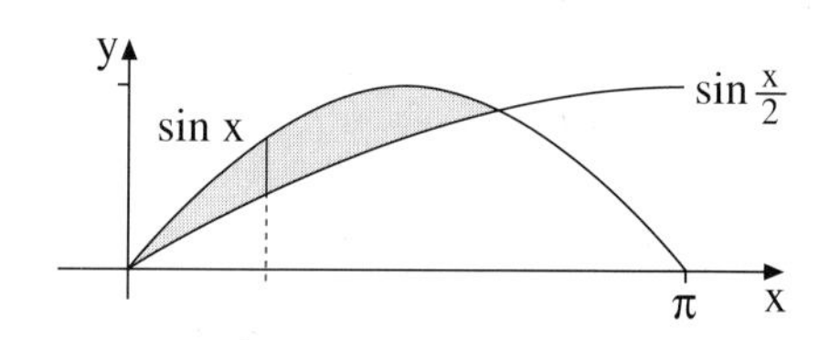

12. Berechnen Sie den Inhalt der abgebildeten Fläche A zwischen dem Graphen der Kosinusfunktion, dem Graphen von $g(x) = x - x^2$ und der x-Achse.

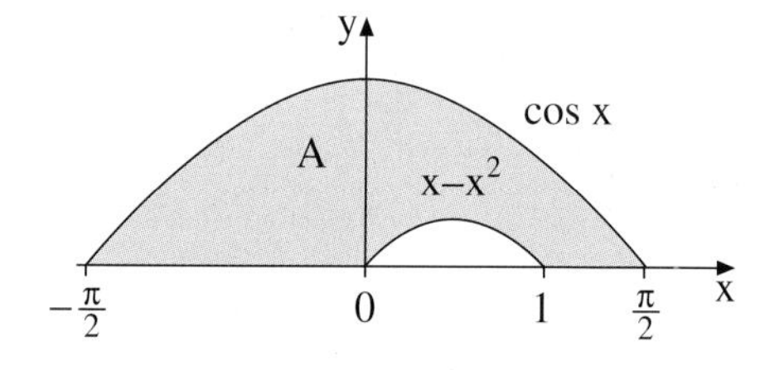

13. Wie groß ist der Inhalt der abgebildeten Fläche A.
A wird von den Graphen der drei Funktionen $f(x) = \sin x$, $g(x) = 2\sin x$, $h(x) = 4x - x^2$ sowie von der x-Achse begrenzt.

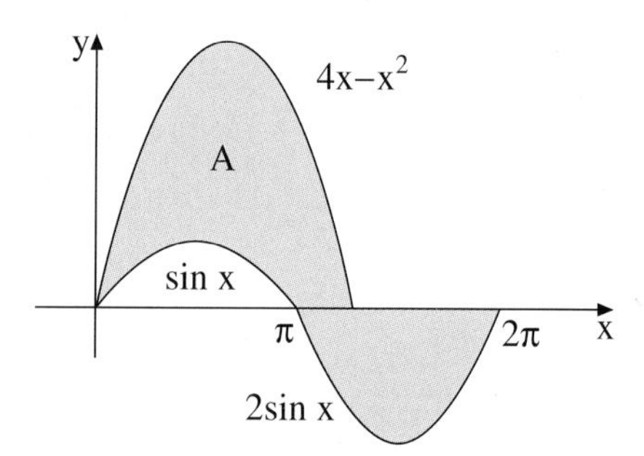

14. Eine zur y-Achse achsensymmetrische Parabel läuft durch den ersten Hochpunkt der Sinusfunktion rechts des Ursprungs.
Sie umschließt mit dieser eine Fläche A. Welchen Inhalt besitzt A?

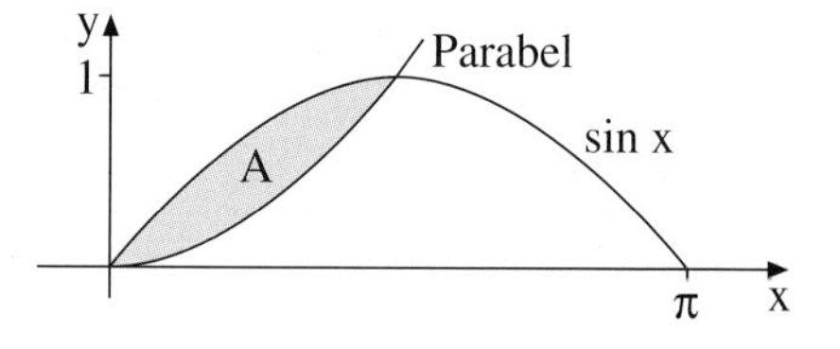

D. *EXKURS:* Die Grenzwerte $\lim\limits_{x\to 0}\frac{\sin x}{x}$ und $\lim\limits_{x\to 0}\frac{\cos x - 1}{x}$

Im folgenden Abschnitt werden wir den rechnerischen Nachweis der Ableitungsregeln für Sinus und Kosinus nachtragen. Dazu benötigen wir zwei Grenzwerte, die wir nun besprechen.

Beispiel: Der Term $\frac{\sin x}{x}$ ist für x = 0 nicht definiert. Untersuchen Sie, wie sich der Term $\frac{\sin x}{x}$ für $x \to 0$ verhält, indem Sie für x die Teststellen $1, \frac{1}{2}, \frac{1}{4}, \frac{1}{8}, \frac{1}{16}, \ldots$ einsetzen.

Lösung:
Mit dem Taschenrechner wird der Wert des Terms an den Teststellen ermittelt. Die nebenstehende Tabelle legt die Vermutung nahe, dass der Term $\frac{\sin x}{x}$ gegen den Grenzwert 1 strebt, wenn wir x gegen 0 streben lassen.
Ähnlich ergibt sich die Vermutung, dass der Term $\frac{\cos x - 1}{x}$ für x gegen 0 dem Grenzwert 0 zustrebt.

x	$\frac{\sin x}{x}$
1	0,8414
0,5	0,9589
0,25	0,9896
0,125	0,9974
0,0625	0,9993
↓	↓
0	1

$$\lim_{x\to 0}\frac{\sin x}{x} = 1 \qquad \lim_{x\to 0}\frac{\cos x - 1}{x} = 0 .$$

Wir führen den Beweis der ersten Grenzwertaussage am Einheitskreis für den Fall $x \geq 0$. Der Fall $x \leq 0$ verläuft analog.

Wir betrachten die nebenstehende Figur. Der Inhalt des Dreiecks OAP ist offensichtlich höchstens so groß wie der Inhalt des Kreissektors OAP, der wiederum höchstens so groß ist wie der Inhalt des Dreiecks OAQ, wie abgebildet.

Der Inhalt des Dreiecks OAP (Grundlinie 1, Höhe sin x) beträgt $\frac{1}{2}\cdot 1\cdot \sin x$.
Der Inhalt des Dreiecks OAQ beträgt $\frac{1}{2}\cdot 1\cdot \tan x$.
Der Kreissektor OAP mit der Bogenlänge x hat den Inhalt $\frac{1}{2}x$, so dass sich die Ungleichungkette (1) ergibt.

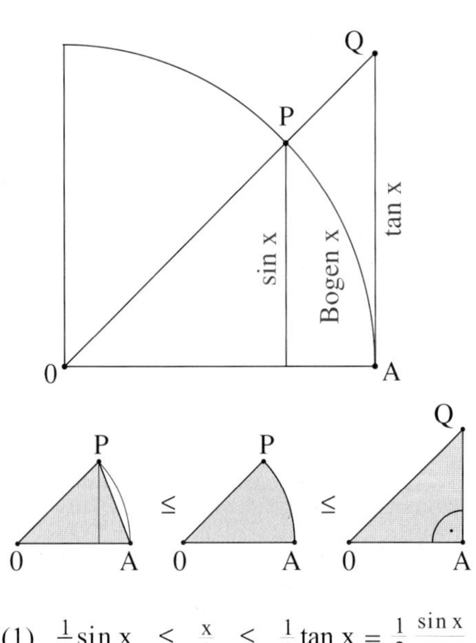

(1) $\frac{1}{2}\sin x \;\leq\; \frac{x}{2} \;\leq\; \frac{1}{2}\tan x = \frac{1}{2}\,\frac{\sin x}{\cos x}$

Dividieren wir nun alle drei Terme durch $\frac{1}{2}\sin x$ und bilden anschließend die Kehrwerte, was die Umkehrung der Ordnungszeichen zur Folge hat, so erhalten wir eine Einschachtelung (2) für den zu untersuchenden Term $\frac{\sin x}{x}$.
Da die beiden außen stehenden Terme 1 und cos x für x gegen 0 beide gegen den Grenzwert 1 streben, bleibt dem eingeschlossenen Term $\frac{\sin x}{x}$ keine andere Wahl, als auch gegen 1 zu streben.

Division aller Terme durch $\frac{1}{2}\sin x$:

$$1 \le \frac{x}{\sin x} \le \frac{1}{\cos x}$$

Kehrwertbildung aller Terme:

$$(2)\quad \underset{\substack{\downarrow\\1}}{1} \ge \frac{\sin x}{x} \ge \underset{\substack{\downarrow\\1}}{\cos x} \quad | \, x \to 0$$

Folgerung: $\lim\limits_{x \to 0} \frac{\sin x}{x} = 1$

Übung 15

a) Bekräftigen Sie die Grenzwertvermutung $\lim\limits_{x \to 0} \frac{\cos x - 1}{x} = 0$ durch eine Teststellenuntersuchung mittels Taschenrechner.

b) Beweisen Sie sodann diese Grenzwertaussage.

Anleitung: Erweitern Sie den Bruchterm zunächst mit dem Term $(\cos x + 1)$. Wenden Sie dann den trigonometrischen Pythagoras $\sin^2 x + \cos^2 x = 1$ an. Verwenden Sie schließlich das obige Ergebnis $\lim\limits_{x \to 0} \frac{\sin x}{x} = 1$ sowie die Grenzwertsätze für Funktionsgrenzwerte.

Unter Verwendung der beiden Grenzwerte von Seite 109 können wir weitere trigonometrische Grenzwerte bestimmen. Dabei können trigonometrische Formeln wie z. B. die Additionstheoreme nützlich sein, wie das folgende Beispiel zeigt.

Beispiel: Bestimmen Sie den Grenzwert $\lim\limits_{x \to 0} \frac{\sin 2x}{x}$.

Lösung:
Der Taschenrechner liefert uns durch Testeinsetzungen die Vermutung, dass die Zahl 2 der gesuchte Grenzwert ist.
Zum exakten Nachweis wenden wir das Additionstheorem $\sin 2x = 2 \cdot \sin x \cdot \cos x$ an, weiterhin die Grenzwertsätze sowie die trigonometrischen Grenzwerte von Seite 109.

$$\begin{aligned}\lim_{x \to 0} \frac{\sin 2x}{x} &= \lim_{x \to 0} \frac{2 \cdot \sin x \cdot \cos x}{x}\\ &= 2 \cdot \lim_{x \to 0} \frac{\sin x}{x} \cdot \lim_{x \to 0} \cos x\\ &= 2 \cdot 1 \cdot 1\\ &= 2\end{aligned}$$

Übung 16

Gesucht sind die folgenden trigonometrischen Grenzwerte. Stellen Sie zunächst mit Taschenrechnerhilfe eine Vermutung auf. Beweisen Sie sodann diese Vermutung unter Verwendung von Additionstheoremen, binomischen Formeln, der Grenzwertsätze für Funktionen sowie der trigonometrischen Grenzwerte von Seite 109.

a) $\lim\limits_{x \to 0} \frac{1 - (\cos x)^2}{1 - \cos x}$ b) $\lim\limits_{x \to 0} \frac{(\sin x)^2}{x}$ c) $\lim\limits_{x \to 0} \frac{\sin 3x}{\sin 2x}$ d) $\lim\limits_{x \to 0} \frac{1 - \sin x}{\cos x}$

E. *EXKURS:* Beweis der Ableitungsregeln für Sinus und Kosinus

Die Richtigkeit der in Abschnitt B anschaulich gewonnenen Vermutungen für die Ableitungen von Sinusfunktion und Kosinusfunktion sollen im Folgenden bewiesen werden.
Wir zeigen also: Sinusfunktion und Kosinusfunktion sind für alle $x \in \mathbb{R}$ differenzierbar und es gelten die Regeln $(\sin x)' = \cos x$ und $(\cos x)' = -\sin x$.

Beweis der Ableitungsregel (sin x)' = cos x:

Sei $f(x) = \sin x$. Dann gilt folgende Rechnung:

$$f'(x) = \lim_{h \to 0} \frac{f(x+h) - f(x)}{h} = \lim_{h \to 0} \frac{\sin(x+h) - \sin(x)}{h}$$ Definition der Ableitung f'(x)

$$= \lim_{h \to 0} \frac{\sin x \cdot \cos h + \cos x \cdot \sin h - \sin x}{h}$$ Additionstheorem für Sinus

$$= \lim_{h \to 0} \left[\sin x \cdot \frac{\cos h - 1}{h} + \cos x \cdot \frac{\sin h}{h}\right]$$ Umformung

$$= \sin x \cdot \lim_{h \to 0} \frac{\cos h - 1}{h} + \cos x \cdot \lim_{h \to 0} \frac{\sin h}{h}$$ Grenzwertsätze für Funktionen

$$= \sin x \cdot 0 + \cos x \cdot 1 = \cos x$$ Grenzwerte Seite 109

Bemerkung: Die Kosinusregel kann auch graphisch aufgrund folgender Überlegung begründet werden: Verschiebt man die Graphen in den Bildern auf Seite 103 um $\frac{\pi}{2}$ nach links, so entsteht im ersten Bild die Funktion $f(x) = \cos x$ und im zweiten Bild die Funktion $f(x) = -\sin x$.

Übung 17

Beweisen Sie die Regel $(\cos x)' = -\sin x$.
Gehen Sie analog zum oben auf dieser Seite dargestellten Beweis der Regel $(\sin x)' = \cos x$ vor, d.h. verwenden Sie den Differenzenquotienten.

Übung 18

a) Wie lautet die dritte Ableitung der Sinusfunktion?
b) Wie lautet die 1999-te Ableitung der Kosinusfunktion?
c) Bestimmen Sie die n-te Ableitung der Sinusfunktion.
d) Wie lautet die 20-te Ableitung von $f(x) = 2\sin x - 3\cos x$?

Test: Trigonometrische Funktionen

Bearbeitungszeit: ca. 45 Minuten

1. Bestimmen Sie die Basislösungen der trigonometrischen Gleichung.

a) $\sin x = \frac{\sqrt{3}}{2}$ b) $\cos x = \frac{1}{3}$ c) $\tan x = 2 + \sqrt{3}$

2. Vereinfachen Sie die Terme mit den Additionstheoremen für Sinus und Kosinus.

a) $\sin(x + 4{,}5\pi)$ b) $\cos\ (2(x - \pi))$

3. Berechnen Sie die Ableitungsfunktion der Funktion f.

a) $f(x) = \sin 2x + \cos \pi x$ b) $f(x) = \cos x \cdot \cos 2x$
c) $f(x) = \cos(x^2)$ d) $f(x) = (\sin x)^3$

4. Gesucht ist eine Stammfunktion von $f(x) = \sin 2x + 2\cos \frac{x}{\pi}$.

5. Gegeben ist die Funktion $f(x) = \sin \pi x$ für $0 \leq x \leq 2$.

a) Berechnen Sie die Ableitungen f', f'' und f'''.
b) Wo liegen die Extrempunkte der Funktion?
c) Wie lautet die Gleichung der Tangente an den Graphen von f bei x=0,25?

6. Gesucht ist der Inhalt A der abgebildeten Fläche.

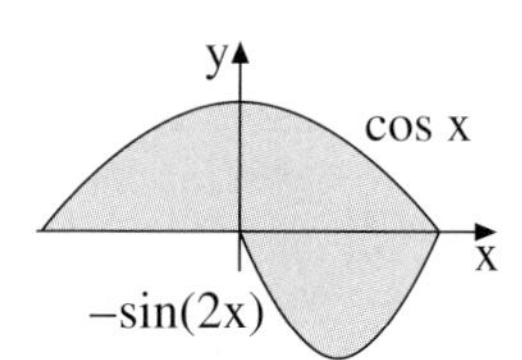

4. Kurvenuntersuchungen ohne Differentialrechnung

A. Verschiebung und Streckung

Mechanische, akustische und elektromagnetische Schwingungen können oft durch Sinusfunktionen dargestellt werden, die vom Typ $f(x) = a \sin(bx + c) + d$ sind.
Der Graph einer solchen Funktion lässt sich aus dem Graphen der Sinusfunktion mit Hilfe von Verschiebungen und Streckungen in Richtung der Koordinatenachsen gewinnen.
Die in der Einführungsphase (Band 11) diesbezüglich erworbenen Kenntnisse sind in der folgenden Tabelle zunächst noch einmal zusammengefasst.

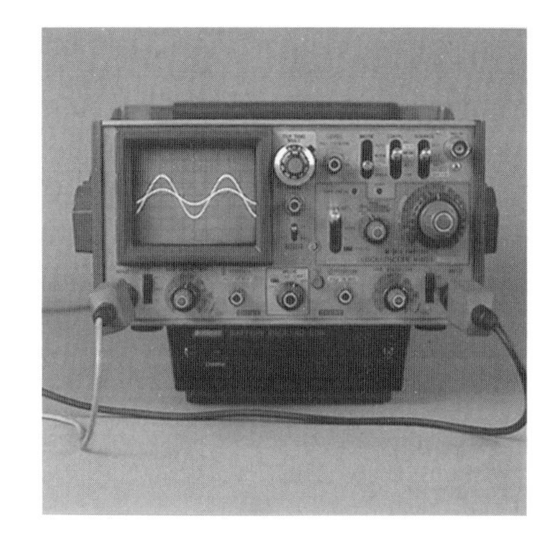

Verschiebungen und Streckungen beliebiger reeller Funktionen

Funktionaler Zusammenhang	Verbale Beschreibung der Transformation	Graphische Veranschaulichung
$g(x) = f(x) + a$	Der Graph von g entsteht aus dem Graphen von f durch Verschiebung um $a \in \mathbb{R}$ in Laufrichtung der y-Achse.	y, g, +a, f, x
$g(x) = f(x - a)$	Der Graph von g entsteht aus dem Graphen von f durch Verschiebung um $a \in \mathbb{R}$ in Laufrichtung der x-Achse.	y, f, +a, g, x
$g(x) = a \cdot f(x)$	… Streckung mit dem Faktor $a \in \mathbb{R}$ in vertikaler Richtung. ($a < 0$: zusätzliche Spiegelung an der x-Achse).	y, g, ·a, f, x

Übung 1

Beschreiben Sie, wie der Graph von g aus dem Graphen von f durch Verschiebungen und Streckungen hervorgeht, und skizzieren Sie anschließend den Graphen von g.

a) $g(x) = -2(x-1)^2 + 4$, $f(x) = x^2$ b) $g(x) = \sin(x + \frac{\pi}{2})$, $f(x) = \sin x$

Beispiel: Konstruieren Sie den Graphen der Funktion $f(x) = \sin(2x - 2)$, ausgehend vom Graphen der Sinusfunktion, durch Verschiebungen und Streckungen desselben.

Lösung:
Wir wandeln zunächst das Argument der Funktion f – also den inneren Term $2x - 2$ – in ein Produkt um. f hat dann die Gestalt $f(x) = \sin[2 \cdot (x-1)]$, von der ausgehend der Funktionsterm sich wesentlich einfacher veranschaulichen lässt .

Ausgangsgraph: Die Sinusfunktion
Zunächst zeichnen wir den Graphen der altbekannten Sinusfunktion $p(x) = \sin x$.
Er hat die **Periode** 2π sowie die **Amplitude** 1 (Amplitude: Bezeichnung für die Größe des "Maximalausschlags" der Funktion).

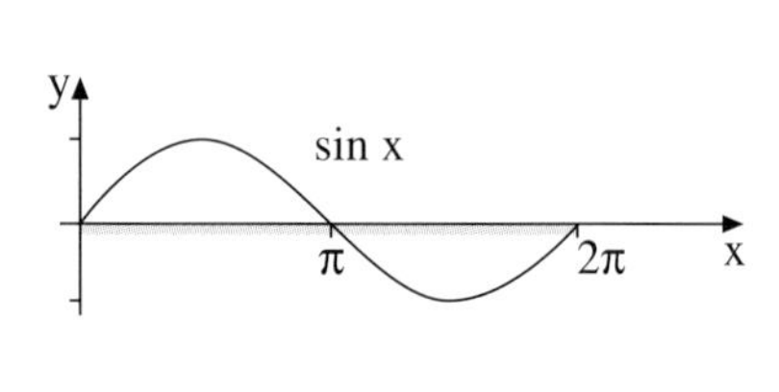

Verschiebung in x-Richtung (Phasenverschiebung)
Wir gehen zu $q(x) = \sin(x-1)$ über. Die Ersetzung des Arguments x durch $x-1$ bedeutet anschaulich eine Verschiebung des Graphen um +1 in Richtung der positiven x-Achse.

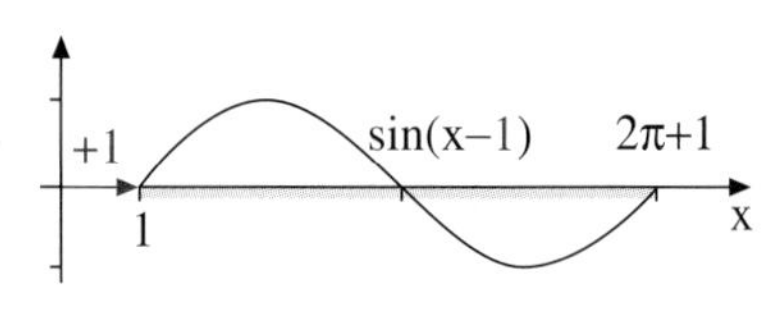

Änderung der Periodenlänge / der Frequenz
Der Übergang zu $f(x) = \sin[2 \cdot (x-1)]$ hat zur Folge, dass das Argument $2 \cdot (x-1)$ nun doppelt so schnell wächst wie das vorhergehende Argument $x-1$. Die Periode halbiert sich von 2π auf π. Man kann dies als eine Verdoppelung der Frequenz auffassen. Über dem gleichen Abschnitt der x-Achse liegen nun doppelt so viele Schwingungen.

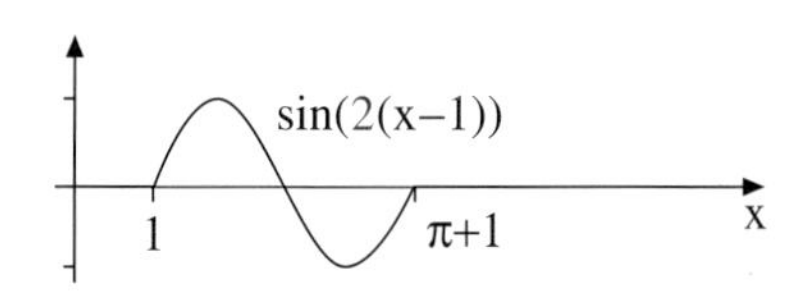

Übung 2

Beschreiben Sie, wie der Graph von f aus dem Graphen der Sinus- bzw. Kosinusfunktion durch Verschiebungen und Streckungen hervorgeht, und skizzieren Sie ihn anschließend.

a) $f(x) = \sin(\pi x - 2\pi)$ b) $f(x) = \cos(3x + \pi)$

Übung 3

Zeichnen Sie den Graph von f über einem Periodenintervall. Stellen Sie fest, welche Periodenlänge f hat. Wo liegen die Nullstellen von f, wo liegen die Extremalstellen?

a) $f(x) = \cos(\pi x - 4\pi)$ b) $f(x) = \sin(4x - 1)$

Wir führen nun die Methode aus dem letzten Beispiel weiter, indem wir eine ähnliche, aber noch etwas komplexer aufgebaute Funktion betrachten.

Beispiel: Konstruieren Sie den Graphen der Funktion $f(x) = 2 \cdot \sin(2x - 2) - 1$, ausgehend vom Graphen der Sinusfunktion, durch Verschiebungen und Streckungen desselben.

Lösung:
Wir gehen auch hier wieder von einer Darstellung des Funktionsterms aus, in der das Argument des Sinus Produktgestalt hat, also von der Darstellung $f(x) = 2 \cdot \sin[2 \cdot (x - 1)] - 1$.

Wir wiederholen zunächst die Schritte aus dem vorhergehenden Beispiel.
Wir starten mit dem Term sin x im ersten Bild.
Wir gehen dann zu $\sin(x-1)$ über, was einer x-Verschiebung um 1 nach rechts entspricht (Bild 2).
Nun gehen wir zu $\sin[2 \cdot (x - 1)]$ über, was eine Periodenhalbierung entspricht, wie in Bild 3 dargestellt.

Nun kommen die neuen, zusätzlichen Schritte:

Streckung in y-Richtung (Amplitude)
Der Übergang zu $2 \cdot \sin[2 \cdot (x-1)]$ bringt eine Streckung mit dem Faktor 2 in y-Richtung. Insbesondere verdoppelt sich der Maximalausschlag, die Amplitude (Bild 4).

Verschiebung in y-Richtung
Der nun folgende abschließende Übergang zu $2 \cdot \sin[2 \cdot (x - 1)] - 1$ bewirkt eine Verschiebung des Graphen um -1 in Richtung der y-Achse (Bild 5).

Der Gesamtgraph würde aus Bild 5 durch das Einzeichnen der periodischen Fortsetzungen nach rechts und links entstehen.

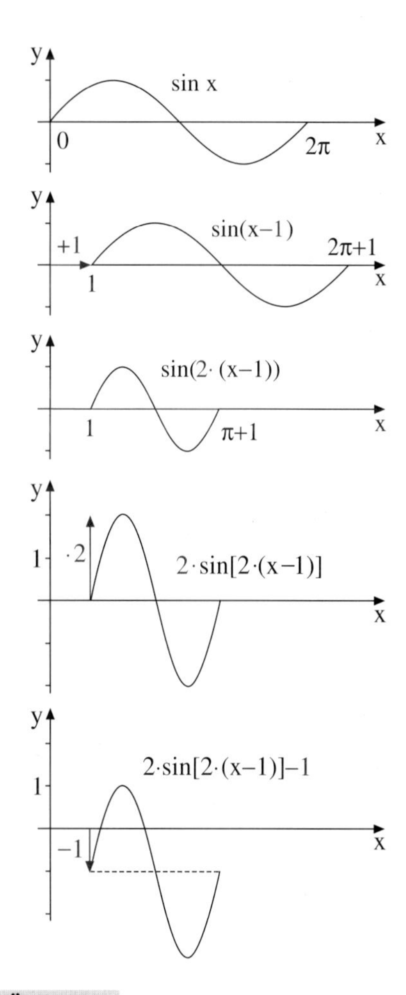

Übung 4
Zeichnen Sie den Graphen von f. Gehen Sie erforderlichenfalls schrittweise vor wie im obigen Beispiel.

a) $f(x) = 2 \cdot \sin(2x - 2\pi)$
b) $f(x) = 1{,}5 \cdot \cos(2x + \pi) + 1$

Übung 5
Wie könnte die Gleichung der Funktion lauten ?

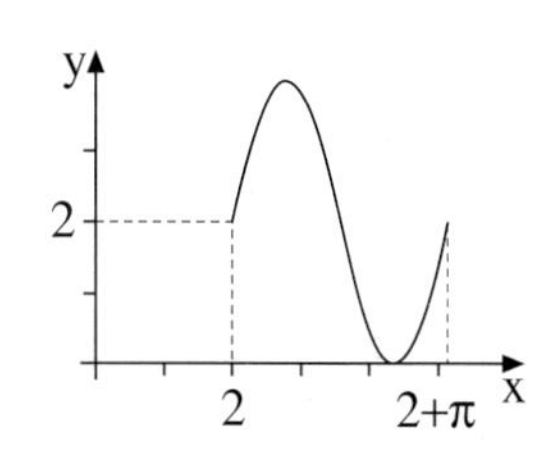

In der Praxis legt man die Verschiebungen parallel zu den Achsen, die Periodenlänge und die Amplitude fest, um den Graphen in einem Schritt zu zeichnen. Ein Beispiel:

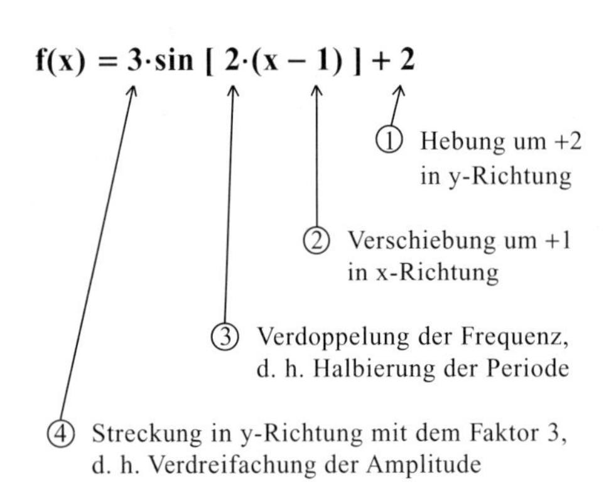

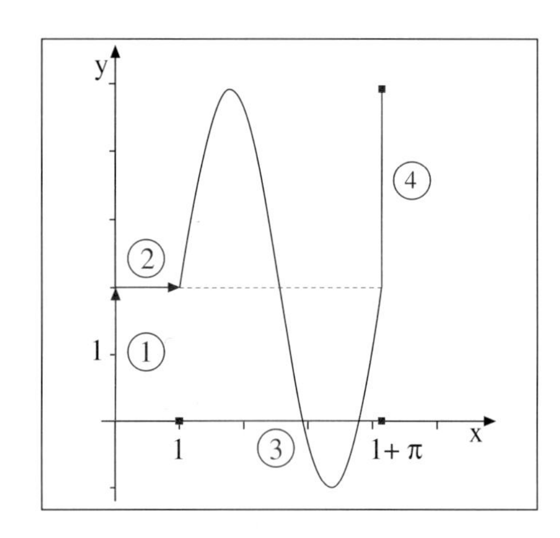

Beispiel: Beschreiben Sie den Verlauf des Graphen von $f(x) = 1{,}5 \cdot \cos(-\pi x + \pi)$.

Lösung:
In diesem Beispiel stört zunächst der negative Koeffizient $-\pi$, den wir nicht zu interpretieren wissen.
Dieser kann jedoch leicht beseitigt werden, da wegen der Achsensymmetrie des Kosinus gilt: $\cos(-\pi x+\pi) = \cos(\pi x-\pi)$.
Also erhalten wir $f(x) = 1{,}5 \cdot \cos(\pi x-\pi)$ und schließlich $f(x) = 1{,}5 \cdot \cos[\pi(x-1)]$.
Der Graph von f entsteht daher aus dem Graphen der Kosinusfunktion durch Verschiebung um 1 nach rechts, Verkürzung der Periodenlänge von 2π auf $\frac{2\pi}{\pi} = 2$, Vergrößerung der Amplitude von 1 auf 1,5.

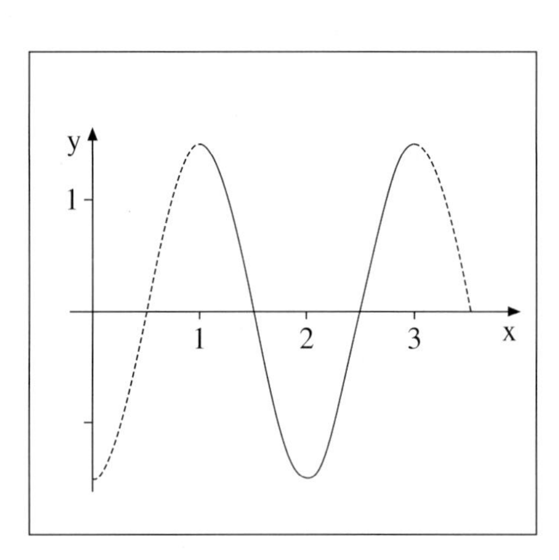

Übung 6

Skizzieren Sie den Graphen der Funktion f über eine Periodenlänge.

a) $f(x) = 3 \cdot \sin(2x-6) - 1$
b) $f(x) = 2 \cdot \sin(0{,}5x-2) - 2$
c) $f(x) = \sin(-\pi x+\pi) + 1$
d) $f(x) = 2 \cdot \cos(\frac{\pi}{2}x+\pi)$
e) $f(x) = 0{,}5 \cdot \sin(2\pi x-\pi)$
f) $f(x) = -2 \cdot \sin(\pi x+2\pi)$

Übung 7

Wie lauten die Funktionsgleichungen zu den abgebildeten Graphen?

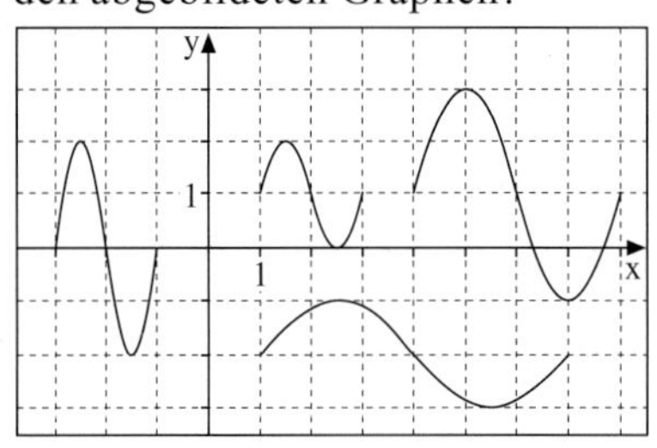

Zusammenfassung:

Funktionaler Zusammenhang	**Verbale Beschreibung der Transformation**
$g(x) = \sin x + a$	Verschiebung der Sinuskurve um $a \in \mathbb{R}$ in y-Richtung
$g(x) = \sin (x - a)$	Verschiebung der Sinuskurve um $a \in \mathbb{R}$ in x-Richtung
$g(x) = a \cdot \sin x$	Streckung mit dem Faktor $a \in \mathbb{R}$ in vertikaler Richtung (Amplitudenänderung; $a < 0$: Spiegelung an der x-Achse)
$g(x) = \sin (ax)$	Änderung der Periodenlänge ($a > 0$) Periode: $p = \frac{2\pi}{a}$

Wir untersuchen nun die Funktion aus dem Beispiel auf Seite 115 noch etwas näher.

Beispiel: Gegeben ist die Funktion $f(x) = 2 \cdot \sin (2x - 2) - 1$. Bestimmen Sie die Lage der Extrema, Wendepunkte und der Nullstellen der Funktion.

Lösung:

Bestimmung der Extrema

Die Lage der Extrema kann man direkt am Funktionsgraphen(s. S. 115) ablesen.

Bei $x = 1 + \frac{\pi}{4}$, $y = 1$ hat f ein Maximum,

bei $x = 1 + \frac{3}{4}\pi$, $y = -3$ ein Minimum.

Alle weiteren Maxima und Minima liegen um ein Vielfaches der Periode π verschoben. Resultat:

Maxima bei $x = 1 + \frac{\pi}{4} + k\pi$, $y = 1$ ($k \in \mathbb{Z}$),

Minima bei $x = 1 + \frac{3}{4}\pi + k\pi$, $y = -3$.

Bestimmung der Wendepunkte

Analog erhält man die Wendepunkte. Sie liegen bei $x = 1 + k\frac{\pi}{2}$, $y = -1$ ($k \in \mathbb{Z}$).

Bestimmung der Nullstellen

Die Lage der Nullstellen lässt sich am Graphen nur sehr unpräzise ablesen. Zur genaueren Bestimmung ist eine Rechnung erforderlich.

Ansatz:

$2 \cdot \sin (2x-2) - 1 = 0$

$\sin (2x-2) = 0{,}5$

Basislösungen:

$2x-2 \approx 0{,}52$ $\qquad$ $2x-2 \approx \pi - (0{,}52) \approx 2{,}62$

Alle Lösungen:

$2x-2 \approx 0{,}52 + 2k\pi$ $\qquad$ $2x-2 \approx 2{,}62 + 2k\pi$

Resultat:

$x \approx 1{,}26 + k\pi$ $\qquad$ $x \approx 2{,}31 + k\pi$

Übung 8

Bestimmen Sie Periode, Nullstellen, Extrema und Wendepunkte von f.
Skizzieren Sie einen typischen Ausschnitt des Funktionsgraphen.

a) $f(x) = 3\sin (\frac{\pi}{2}x)$ b) $f(x) = -\cos (\frac{\pi}{2}x + \pi)$ c) $f(x) = 2\sin (3x + 9) - 1$

d) $f(x) = -2\sin (2\pi x)$ e) $f(x) = -4\cos (-\pi x + 2\pi) + 2$ f) $f(x) = 3\sin (\pi x - 4) - 2$

B. *EXKURS:* Das Überlagerungsverfahren

Schwingungen wie z. B. in der Akustik können mit Hilfe von Sinusfunktionen beschrieben werden. Dabei werden die Tonhöhe durch die Frequenz (Kehrwert der Periode) und die Lautstärke durch die Amplitude erfasst. In der Musik handelt es sich nur selten um eine Folge von Einzeltönen, fast immer werden mehrere Töne gleichzeitig erzeugt, sodass sich Schwingungen unterschiedlicher Frequenz zu einem Gesamtklang überlagern.

Beispiel: (Experiment)
Die Schwingungen zweier Stimmgabeln unterschiedlicher Frequenz werden mit Hilfe eines Oszillographen zunächst einzeln veranschaulicht. Anschließend werden beide Stimmgabeln gleichzeitig zum Klingen gebracht. Welche Beobachtung lässt sich am Oszillographen feststellen?

Lösung:
Der Klang ergibt sich durch Überlagerung von Schwingungen. Der Graph der Überlagerung lässt sich durch graphische **Ordinatenaddition** konstruieren. Man spricht auch von **Superposition**.
Die Vorgehensweise wird im folgenden Beispiel näher beschrieben.

Beispiel: Konstruieren Sie den Graphen von $f(x) = 2 \cdot \cos x + \sin x$ durch graphische Addition der Summanden.

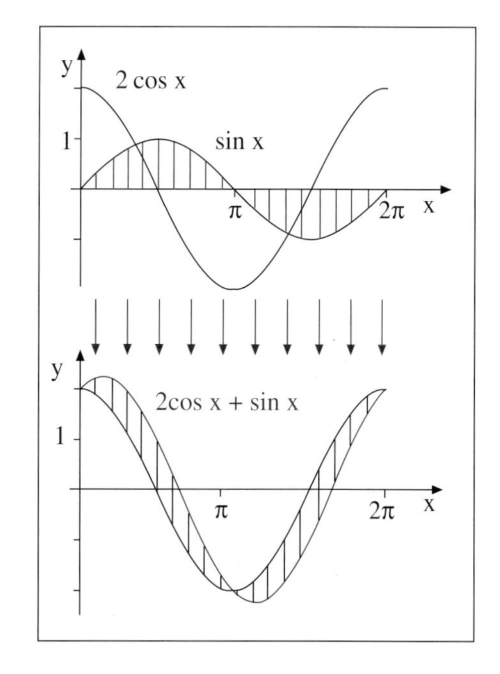

Lösung:
Man zeichnet von $g(x) = \sin x$ in ein Koordinatensystem.
Einige Funktionswerte werden markiert. In ein zweites, gleichmaßstäbiges Koordinatensystem trägt man nun den Graphen von $h(x) = 2 \cdot \cos x$ ein. Anschließend überträgt man die markierten Funktionswerte von g in dieses Koordinatensystem, indem man sie unter Beachtung ihres "Vorzeichens" auf den Graphen von h setzt. Auf diese Weise gewinnt man eine Anzahl von Punkten des Graphen der Summenfunktion $f = g + h$, den man dann skizzieren kann (rote Kurve).

Diese Überlagerungsmethode kann oft auch in wesentlich komplizierteren Fällen angewandt werden, allerdings nur unter der Voraussetzung, dass der betrachtete Funktionsterm die Summe von Termen ist, deren Graphen man kennt.

Übung 9

Zeichnen Sie den Graphen von f mit Hilfe des Überlagerungsverfahrens.

a) $f(x) = \sin x + \cos x$ b) $f(x) = \sin x - \cos x$ c) $f(x) = \sin x + \sin 2x$

Übung 10

Zeichnen Sie den Graphen von f.

a) $f(x) = 2\sin x - 3\cos x$ b) $f(x) = \sqrt{2} \cdot (\sin x + \cos x)$ c) $f(x) = \frac{5}{9}\sin x - \frac{8}{9}\cos x$

Übung 11

Es ist der Graph eines Klanges abgebildet, der durch Überlagerung zweier Töne entstanden ist.

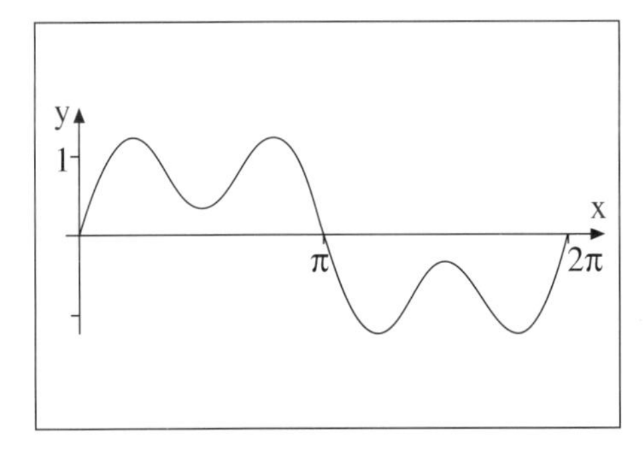

Welches der nebenstehend abgebildeten Schwingungspaare kann den Klang erzeugt haben ?

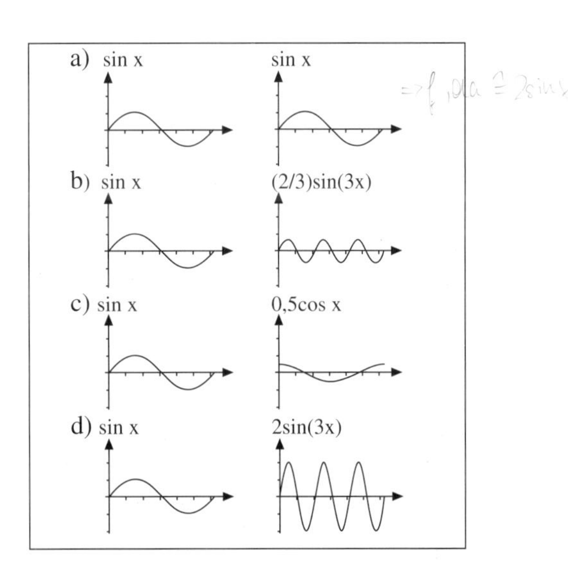

Das dritte Jahrtausend hat gerade begonnen. Der Minutenzeiger begibt sich auf die Jagd nach dem Stundenzeiger.
Um welche Uhrzeit, angegeben in Stunden, Minuten und Sekunden, am 1. Januar des Jahres 2000, überholt der Minutenzeiger den Stundenzeiger zum ersten Mal im neuen Jahrtausend ?

C. *EXKURS:* Amplitudenmodulation

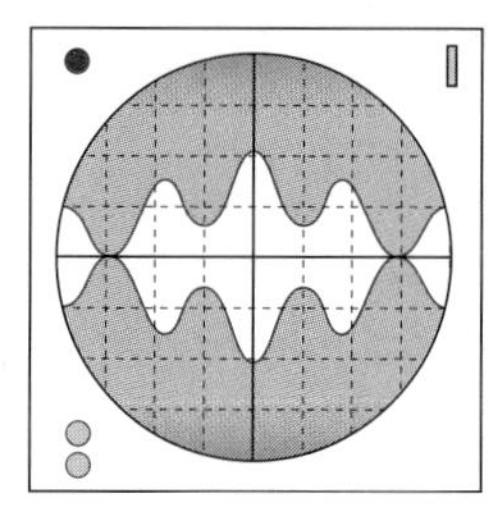

Das nebenstehend dargestellte Schwingungsbild kommt durch eine sogenannte ***Amplitudenmodulation*** zustande. Die Amplitude einer als Trägerschwingung dienenden hochfrequenten Sinusschwingung wird durch Multiplikation mit einem von x abhängigen Faktor moduliert.

Beispiel: Skizzieren Sie den Graphen der Funktion $f(x) = (3 + \cos x) \cdot \sin(6x)$ und beschreiben Sie die Lage der Nullstellen und der Extrema.

Lösung:
Wegen $-1 \leq \sin(6x) \leq 1$ gilt die Einschachtelung $-3-\cos x \leq f(x) \leq 3+\cos x$. Der Graph von f verläuft also zwischen dem Graphen des Amplitudenmodulationsfaktors $3 + \cos x$ und dessen Spiegelung an der x-Achse.
Er berührt diese Kurven an den Stellen, an welchen $\sin(6x) = \pm 1$ gilt, d. h. an den Stellen $x = \frac{\pi}{12} + k\frac{\pi}{6}$ $(k \in \mathbb{Z})$. Die Extrema von f liegen knapp neben diesen Berührpunkten.
f hat Nullstellen bei $x = k\frac{\pi}{6}$ $(k \in \mathbb{Z})$.
Nun ist es leicht, den Graphen von f mit Hilfe der Amplitudenmodulationskurven zu skizzieren.

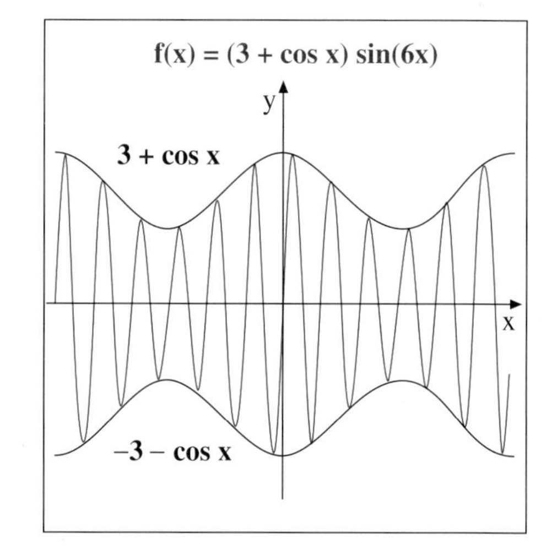

Übung 12
Fertigen Sie mit Hilfe einer Amplitudenmodulationsbetrachtung eine Skizze des Graphen von $f(x) = x \cdot \cos x$ an und beschreiben Sie den Verlauf des Graphen. Bestimmen Sie die Lage der Nullstellen von f.

Übung 13
Fertigen Sie mittels Amplitudenmodulation eine Skizze des Graphen von f an.
a) $f(x) = (1 + \sin(0{,}5x)) \cdot \cos(4x)$
b) $f(x) = \sqrt{x} \cdot \sin(2\pi x)$, $x \geq 0$

Übung 14
Die Skizze zeigt eine sinusartige Funktion mit zusätzlicher Amplitudenmodulation. Versuchen Sie die Funktionsgleichung zu bestimmen.

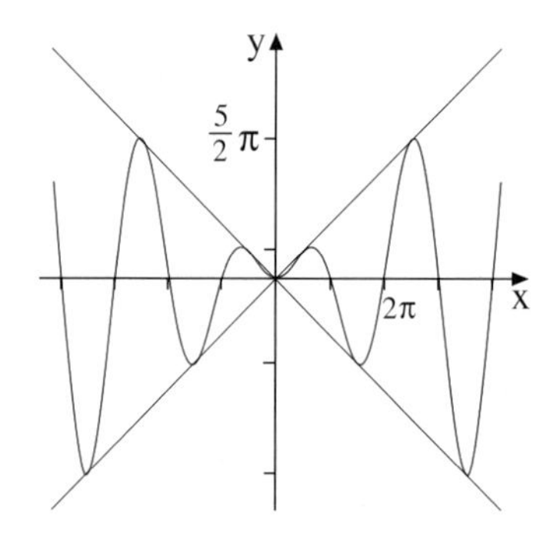

5. Kurvenuntersuchungen mit Differentialrechnung

A. Kurven mit einfachen Funktionstermen

Die Skizzierung des Graphen einer trigonometrischen Funktion gelingt in den meisten Fällen mit den bisher behandelten Methoden. Die Differentialrechnung sollte man daher erst dann einsetzen, wenn die exakte Bestimmung der Lage von Extrem- und Wendepunkten gefragt ist. Im Folgenden werden hierzu einige typische Beispiele leichten bis mittleren Schwierigkeitsgrades betrachtet.

Beispiel: Gegeben ist die Funktion $f(x) = 3\sin(2x-2)+1$ im Intervall $I = [1\,;\,\pi+1]$. Skizzieren Sie den Graphen und bestimmen Sie die Lage der Extrempunkte rechnerisch.

1. Graph
Nach Umformung des Funktionsterms von $f(x) = 3\sin(2\cdot(x-1))+1$ können wir ablesen, dass f aus dem Graphen der Sinusfunktion folgendermaßen entsteht: Verschiebung um 1 in x-Richtung und um 1 in y-Richtung, Periodenhalbierung auf π, Amplitudenverdreifachung.
Das reicht für eine grobe Skizze aus.

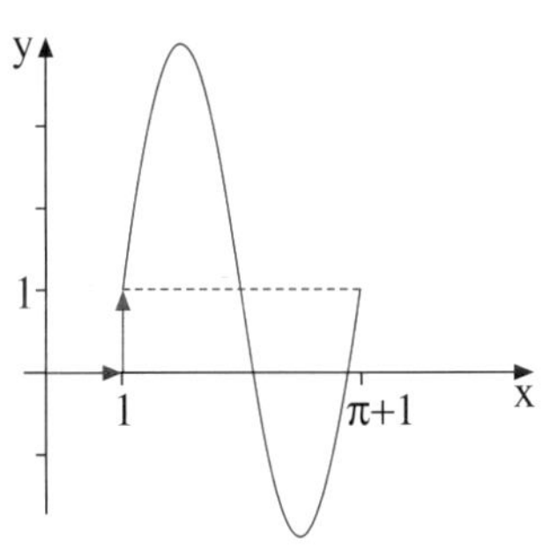

2. Ableitungen
Wir benötigen die Ableitungen bis zur zweiten Ordnung, die mithilfe der Kettenregel bestimmt werden können.

Ableitungen:

$f(x) = 3\sin(2x-2)+1$
$f'(x) = 6\cos(2x-2)$
$f''(x) = -12\sin(2x-2)$

3. Extrema
Zunächst werden die Stellen mit waagerechten Tangenten durch Berechnung der Nullstellen von f' ermittelt. Die Bestimmungsgleichung $6\cos(2x-2)=0$ ist im gegebenen Intervall nur für $x = \frac{\pi}{4}+1$ und $x' = \frac{3}{4}\pi+1$ erfüllt.

Nullstellen von f′(x) in I:

$6\cos(2x-2)=0$
$\cos(2x-2)=0$

$2x-2=\frac{\pi}{2}+2k\pi$	$2x'-2=-\frac{\pi}{2}+2k\pi$
$x=\frac{\pi}{4}+1+k\pi$	$x'=-\frac{\pi}{4}+1+k\pi$
$x=\frac{\pi}{4}+1\ (k=0)$	$x'=\frac{3}{4}\pi+1\ (k=1)$

Mithilfe der 2. Ableitung wird nun überprüft, ob tatsächlich Extrema vorliegen.
Resultat: $H\left(\frac{\pi}{4}+1\,|\,4\right)$, $T\left(\frac{3}{4}\pi+1\,|\,-2\right)$

Überprüfung mittels f″:

$f''\left(\frac{\pi}{4}+1\right) = -12 < 0 \Rightarrow$ Maximum
$f''\left(\frac{3}{4}\pi+1\right) = 12 > 0 \Rightarrow$ Minimum

Übung 1

Gegeben ist die Funktion $f(x) = 3\sin(2x-2)+1$ für $1 < x < \pi+1$ aus obigem Beispiel. Bestimmen Sie die Lage des Wendepunktes von f im betrachteten Intervall rechnerisch.

Wir führen nun das letzte Beispiel mit einer zusätzlichen Integrationsaufgabe fort.

Beispiel: Gegeben ist die Funktion $f(x) = 3\sin(2x - 2) + 1$ im Intervall $I = [0; 2\pi]$. Wie groß ist der Inhalt der Fläche A des ersten oberhalb der x-Achse liegenden und durch diese nach unten begrenzten Kurvenbogens?

Lösung:
Eine erste Schätzung aufgrund der Skizze ergibt für die Fläche A einen Inhalt von ca. 4 Flächeneinheiten, vielleicht sogar etwas mehr.
Aber nun die Rechnung:

1. Integrationsgrenzen
Die Integrationsgrenzen sind die ersten beiden im Intervall I liegenden Nullstellen a und b von f.
Aus der Skizze des Graphen ist ersichtlich, dass diese knapp unter x=1 und knapp unter $x = \pi$ liegen.
Die rechnerische Bestimmung liefert die Werte $a \approx 0{,}83$ und $b \approx 2{,}74$.

2. Stammfunktion
Durch Umkehrung der Kettenregel erhalten wir $F(x) = -\frac{3}{2}\cos(2x+2) + x$ als eine Stammfunktion von f.

3. Flächeninhalt
Die Berechnung des bestimmten Integrals ergibt $A \approx 4{,}73$. Dieser Wert liegt in Übereinstimmung mit unserer Schätzung.

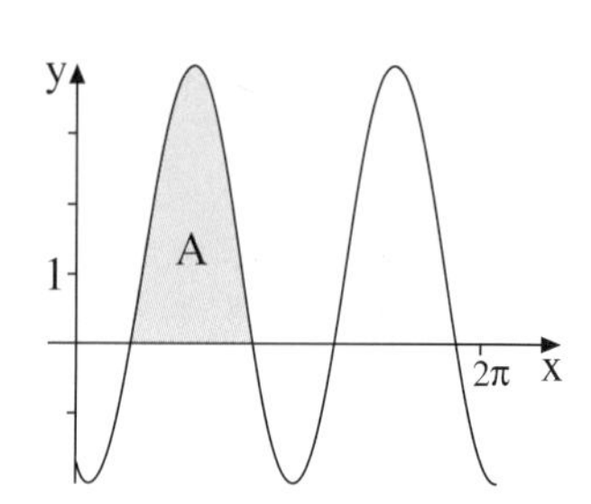

Integrationsgrenzen:

$f(x) = 0:$

$3\sin(2x-2)+1=0$, $\sin(2x-2) = -\frac{1}{3}$

$2x - 2 \approx -0{,}34 + 2k\pi$, $2x'-2 \approx 3{,}48 + 2k\pi$

$x \approx 0{,}83 + k\pi$, $x' \approx 2{,}74 + k\pi$

$a \approx 0{,}83 \quad b \approx 2{,}74$

Bestimmtes Integral:

$$\int_{0,83}^{2,74} (3\sin(2x-2)+1)\,dx$$

$$= \left[-\frac{3}{2}\cos(2x-2)+x\right]_{0,83}^{2,74}$$

$$\approx (4{,}15) - (-0{,}58)$$

$$= 4{,}73$$

Übung 2

Gegeben ist die Funktion f durch die Skizze ihres Graphen (Abb. rechts). Es ist eine modifizierte Kosinusfunktion.

a) Wie könnte die Funktionsgleichung lauten?
b) Wo liegt die erste Nullstelle rechts des Ursprungs?
c) Welchen Inhalt hat die graue Fläche?
d) Wo liegt der erste Wendepunkt?
e) Wie lautet die Gleichung der eingezeichneten Wendenormalen?

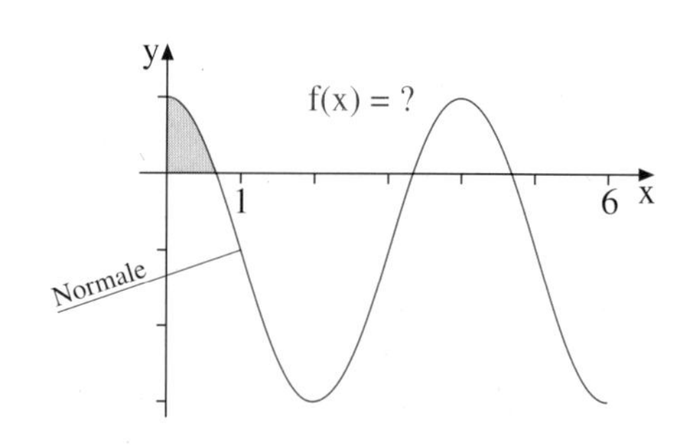

Das folgende Beispiel ist etwas schwieriger, weil die Funktionsgleichung nun zwei trigonometrische Terme enthält.

Beispiel: Gegeben ist die Funktion $f(x) = 2 \sin x + \cos x$ im Intervall $I = [0 ; 2\pi]$. Skizzieren Sie den Graphen von f, und bestimmen Sie anschließend die genaue Lage der beiden Extremalstellen.

Lösung:
Wir skizzieren die Graphen der Summanden $g(x) = 2 \sin x$ sowie $h(x) = \cos x$ in einem gemeinsamen Koordinatensystem. Hiervon ausgehend, gewinnen wir den Graphen von f durch Ordinatenaddition, indem wir die Ordinaten des Kosinusterms auf die Ordinaten des Sinusterms aufaddieren.
Natürlich überlegen wir uns vorher, welche Graphenpunkte von f wir besonders leicht gewinnen können. Das sind z. B. die Punkte von g, die über den Nullstellen von h liegen, und umgekehrt. Auch die Nullstellen der Funktion f können wir ungefähr eintragen, denn die liegen dort, wo g und h betragsgleiche Funktionswerte mit unterschiedlichem Vorzeichen haben.
Nun erst setzen wir die Differentialrechnung ein, um die genaue Lage der Extremalpunkte von f zu bestimmen.
Wir erhalten Extremalstellen bei $x \approx 1{,}11$ und $x \approx 4{,}25$.
Eine Überprüfung mit Hilfe der zweiten Ableitung ist nicht erforderlich, da schon aus der Skizze klar ist, dass der erste Wert eine Maximalstelle und der zweite Wert eine Minimalstelle darstellt.

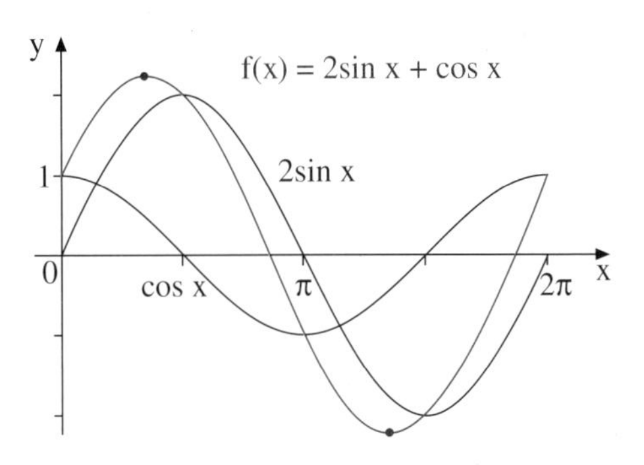

Berechnung der Extremalstellen:

$f(x) = 2 \sin x + \cos x$
$f'(x) = 2 \cos x - \sin x$

$f'(x) = 0$
$2 \cos x - \sin x = 0$
$\frac{\sin x}{\cos x} = 2$
$\tan x = 2$
$x = \arctan 2 + k\pi$
$x \approx 1{,}11 + k\pi$
$k=0$: $x \approx 1{,}11$
$k=1$: $x \approx 1{,}11 + 3{,}14 \approx 4{,}25$

Bei $x \approx 1{,}11$ liegt ein Maximum.
Bei $x \approx 4{,}25$ liegt ein Minimum.

Übung 3

Gegeben sei die im obigen Beispiel betrachtete Funktion $f(x) = 2 \sin x + \cos x$.

a) Gesucht sind die Lage des Wendepunktes sowie die Gleichung der Wendetangente von f.
b) Nun wird es schwieriger: Der Inhalt A der rot hinterlegten Fläche ist gesucht.

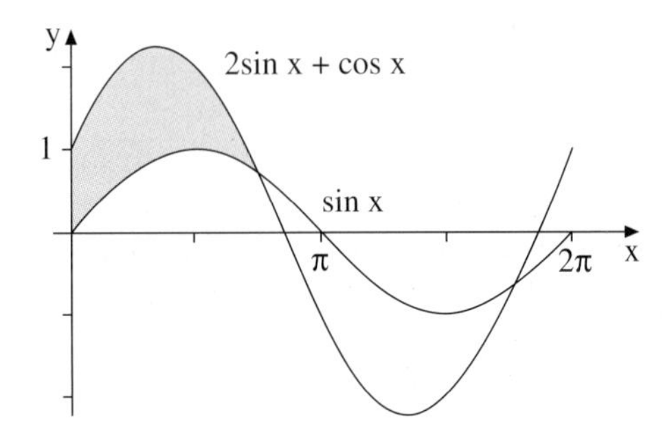

Beispiel: Gegeben sei die Funktion $f(x) = \cos x - \sin x$ über dem Intervall $I = [0;2\pi]$.
a) Skizzieren Sie den Graphen von f durch Ordinatensubtraktion.
b) Berechnen Sie die genaue Lage der Nullstellen und der Extrema.

a) Graph

Wir skizzieren die Graphen der Einzelterme cos x und sin x.
Der Funktionsterm von f ist die Differenz hiervon ist. Daher können wir den Graphen von f durch Ordinatensubtraktion gewinnen.
Wir erhalten als Ergebnis den rot dargestellten Graphen.

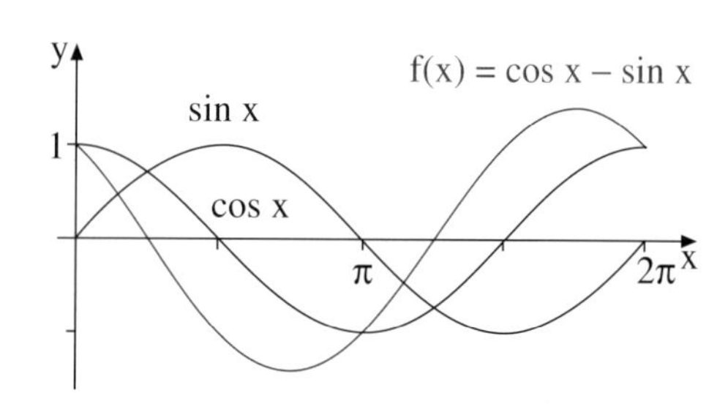

b1) Nullstellen

Die Bestimmungsgleichung für die beiden Nullstellen lautet $\cos x - \sin x = 0$. Sie enthält zwei trigonometrische Terme, was einer Auflösung abträglich ist. Daher dividieren wir nach der Umformung zu $\cos x = \sin x$ beide Seiten durch den Term cos x.
Dann entsteht die Gleichung $\tan x = 1$, die wir mit Hilfe des Arcustangens auflösen können.
Das Resultat lautet

$$x = \frac{\pi}{4} \approx 0{,}79 \text{ sowie } x = \frac{5\pi}{4} \approx 3{,}93.$$

b2) Extrema

Die Bestimmungsgleichung für die Extrema lautet $f'(x) = -\sin x - \cos x = 0$.

Sie führt auf $\tan x = -1$ mit den Lösungen

$$x = \frac{3\pi}{4} \approx 2{,}36 \text{ sowie } x = \frac{7\pi}{4} \approx 5{,}50.$$

Die zugehörigen Ordinaten sind
$y \approx -1{,}41$ sowie $y \approx 1{,}41$.

Es handelt sich um ein Minimum und um ein Maximum, wie schon die Skizze zeigt, sodass die Überprüfung mit f'' wiederum entfallen kann.

Wir setzen nun die Untersuchung der Funktion aus dem obigen Beispiel mit einer schwierigeren Fragestellung fort.

Beispiel: Gegeben sei die Funktion $f(x) = \cos x - \sin x$ über dem Intervall $I = [0;2\pi]$. Gesucht ist der Inhalt der Fläche A, die zwischen dem Graphen der Funktion f und dem Graphen der horizontalen Geraden $y(x) = 1$ liegt, und zwar oberhalb der Geraden.

Lösung:
Zeichnen wir den Graphen von f, der im obigen Beispiel entwickelt wurde, und den Graphen der horizontalen Geraden $y(x) = 1$ in ein gemeinsames Koordinatensystem ein, so erhalten wir nebenstehendes Bild, mit dessen Hilfe wir uns im Folgenden orientieren.

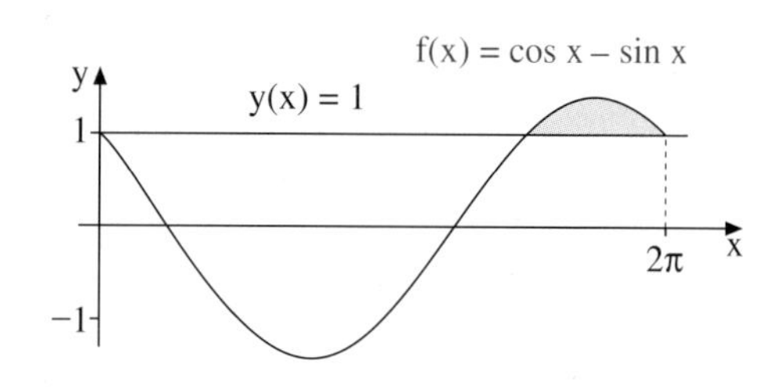

Zunächst müssen wir die Integrationsgrenzen als Schnittstellen der Graphen von f und y bestimmen.
Diese Schnittstellen liegen laut Graph bei $x \approx 4{,}5$ und bei $x = 2\pi$, wobei der erste Wert eine grobe Schätzung darstellt.
Diese Schnittstelle bestimmen wir daher rechnerisch genauer.
Die Rechnung rechts führt uns auf die Gleichung $\sin x = 0$, die im betrachteten Intervall $[0;2\pi]$ die drei Lösungen $x = 0$, $x = \pi$ und $x = 2\pi$ besitzt.
Die erste Lösung interessiert uns nicht, die zweite ist eine Scheinlösung, beim Quadrieren entstanden, und die dritte kannten wir bereits.
Die Rechnung führt aber auch auf die Gleichung $\sin x = -1$, von deren Lösungen nur $x = 1{,}5\pi$ im Intervall $[0;2\pi]$ liegt.

Damit ist die Berechnung des Flächeninhaltes mit nebenstehender Integration möglich. Resultat: $A = 2-0{,}5\pi \approx 0{,}43$.

Schnittstellenberechnung:

Ansatz: $f(x) = y(x)$

$$\cos x - \sin x = 1$$
$$\sqrt{1-\sin^2 x} - \sin x = 1$$
$$\sqrt{1-\sin^2 x} = 1+\sin x$$
$$1-\sin^2 x = (1+\sin x)^2$$
$$1-\sin^2 x = 1+2\sin x+\sin^2 x$$
$$2\sin^2 x + 2\sin x = 0$$
$$\sin x \cdot (\sin x + 1) = 0$$
$$\sin x = 0 \quad \text{oder} \quad \sin x = -1$$
$$x = 0,\ x = \pi,\ x = 2\pi \quad \Big| \quad x = 1{,}5\pi$$

Flächenberechnung:

$$\int_{1{,}5\pi}^{2\pi} (\cos x - \sin x - 1)dx$$
$$= \left[\sin x + \cos x - x\right]_{1{,}5\pi}^{2\pi} = 2-0{,}5\pi \approx 0{,}43$$

Übung 4

Gegeben ist die Funktion $f(x) = \sin x + \sin 2x,\ 0 \le x \le 2\pi$.

a) Entwickeln Sie eine Skizze des Graphen von f. Skizzieren Sie hierzu zunächst die Graphen der beiden Summanden sin x und sin 2x in einem gemeinsamen Koordinatensystem und arbeiten Sie mit Ordinatenaddition.
b) Bestimmen Sie die genaue Lage der Nullstellen von f.
c) Untersuchen Sie f auf Extrema.
d) Der Graph von f und die x-Achse begrenzen vier Flächenstücke. Bestimmen Sie den Gesamtinhalt dieser Flächen.

Übung 5

Gegeben ist die Funktion $f(x) = \sin x + \sin(x - \pi/3),\ 0 \le x \le 2\pi$.

a) Skizzieren Sie den Graphen von f mittels Ordinatenaddition auf der Grundlage von Skizzen der beiden Summandengraphen.
b) Berechnen Sie die Nullstellen von f. Hinweis: Wenden Sie zunächst das Additionstheorem für den Sinus an.
c) Wo liegt der Hochpunkt von f ?
d) Der Graph von f und die x-Achse umschließen ein Flächenstück A. Welchen Inhalt hat A ?
e) Gesucht ist der Schnittpunkt der beiden Wendetangenten von f.

Übungen

6. Gegeben ist die Funktion $f(x) = 2 \cdot \sin(x - \frac{\pi}{3}) - 1, 0 \leq x \leq 2\pi$.

a) Skizzieren Sie den Graphen von f.
b) Berechnen Sie die Lage der Nullstellen, Extrema und Wendepunkte von f.
c) Gesucht ist der Inhalt der im 1. Quadranten zwischen dem Graphen von f und der x-Achse liegenden Fläche A.
d) In welchem Winkel trifft der Graph von f auf die y-Achse ?

7. Diskutieren Sie die Funktion f (Periode, Nullstellen, Extrema, Wendepunkte, Graph).

a) $f(x) = 3 \cdot \cos(2x - \frac{\pi}{2}) - 1$ b) $f(x) = -\cos(\pi - 2x)$ c) $f(x) = 3 \cdot \sin(\pi x) - 1$

8. Die abgebildeten Kurven sind Graphen von modifizierten Sinus- oder Kosinusfunktionen.
a) Wie lautet die Funktionsgleichung von f bzw. von g ?
b) Wie groß ist der Inhalt A der grauen Fläche ?

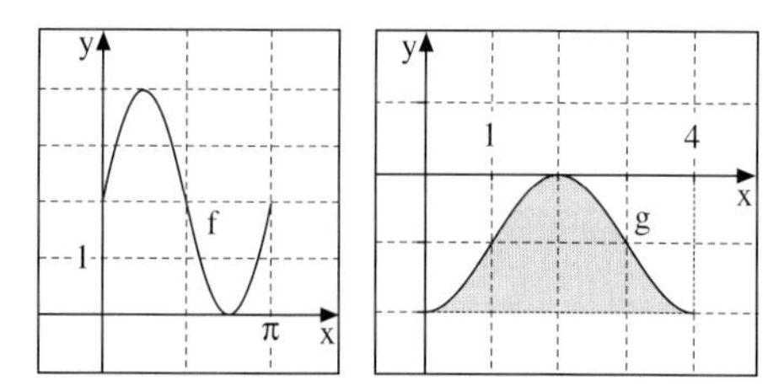

9. Untersuchen Sie die Funktion $f(x) = \sin x + 2 \cdot \cos x$, $0 \leq x \leq 2\pi$.
a) Graph, Nullstellen, Extrema, Wendepunkte
b) Inhalt der Fläche zwischen Graph und der x-Achse, unterhalb der x-Achse liegend.
c) Fläche zwischen dem Graphen von f, dem Graphen von $g(x) = \sin x$ und der y-Achse.

10. Diskutieren Sie die Funktion $f(x) = 2 \cdot \sin x - \cos x$, $0 \leq x \leq 2\pi$.
Nullstellen, Extrema, Wendepunkte, Graph

11. Ordnen Sie jeder der aufgeführten Funktionsgleichungen den passenden Graphen zu.
$f(x) = 2\cos(2x) + 1$, $g(x) = 2\cos x - \sin x$, $h(x) = \cos x - 2\sin x$, $k(x) = \sin(2x) + 2 \cdot \cos x$

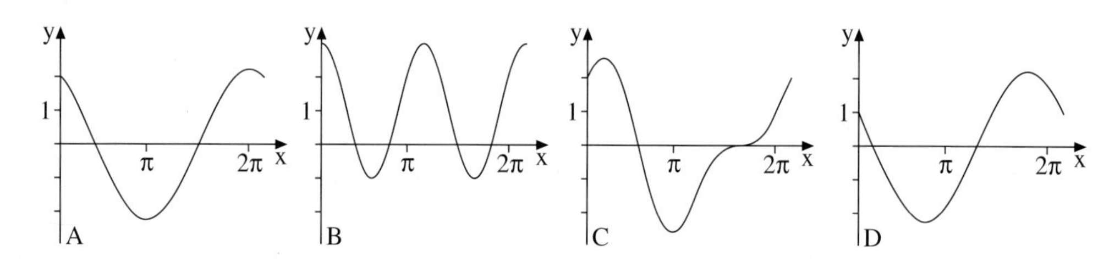

12. Diskutieren Sie die Funktion $f(x) = 3 \cdot \sin(x + \pi) + \cos x$, $0 \leq x \leq 2\pi$.
a) Skizzieren Sie den Graphen mittels Ordinatenaddition.
b) Berechnen Sie Nullstellen, Extrema und Wendepunkte.
c) Berechnen Sie den Inhalt der Fläche zwischen dem Graphen von f und den beiden Koordinatenachsen.
d) Unter welchem Winkel trifft der Graph von f auf die y-Achse ?
Hinweis: Vereinfachen Sie zunächst den Term $\sin(x + \pi)$.

Test: Trigonometrische Funktionen, Vertiefungen

Bearbeitungszeit: ca. 90–120 Minuten

1. Gegeben ist die Funktion $f(x) = \cos\left(\frac{\pi}{2}x - \frac{\pi}{4}\right) + 1,\ 0 \leq x \leq 4$.

a) Die abgebildete Kurve ist der Graph von f. Begründen Sie dies.
b) Wie lautet die Gleichung der Wendetangente im eingezeichneten Wendepunkt?
c) Der Graph von f umschließt mit den beiden Koordinatenachsen die markierte Fläche A. Wie groß ist deren Inhalt?

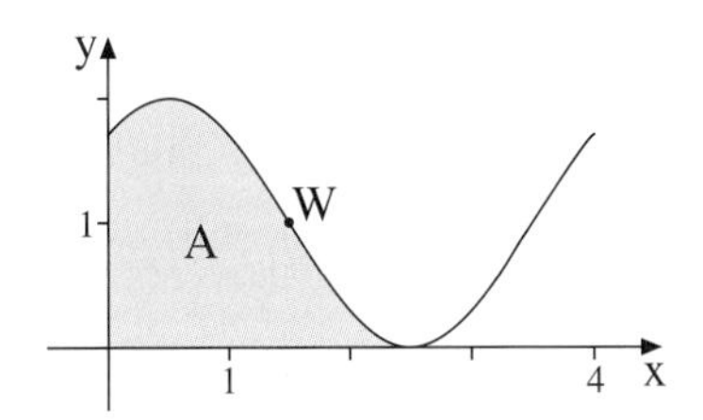

2. Betrachten Sie die Funktionen $f(x) = \cos x$ und $g(x) = -\sin x,\ 0 \leq x \leq 2\pi$.
a) Fertigen Sie in einem gemeinsamen Koordinatensystem eine Skizze der Graphen von f und g an.
b) Berechnen Sie die Lage der beiden Schnittpunkte von f und g.
c) Wie groß ist der Schnittwinkel der Graphen im linken Schnittpunkt?
d) Wie groß ist der Inhalt der Fläche A, die von den beiden Graphen umschlossen wird?

3. Die abgebildeten Kurven sind die Graphen modifizierter Sinus- und Kosinusfunktionen der Gestalt $f(x) = a \cdot \sin(bx + c) + d$ bzw. $g(x) = a \cdot \cos(bx + c) + d$.
Um welche Funktionen handelt es sich? Die Parameter a bis d sind jeweils zu bestimmen.

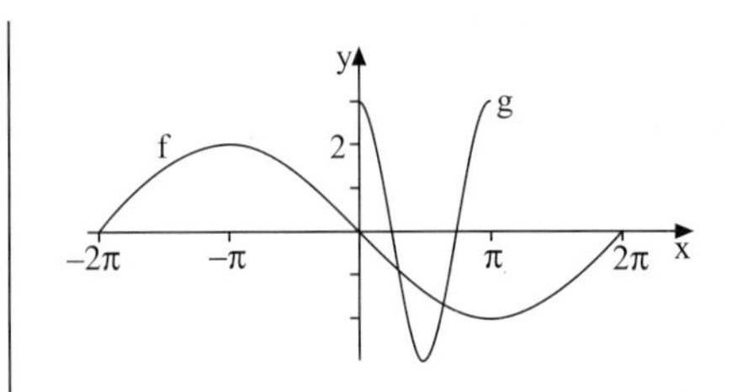

4. Gegeben sind für $t > 0$ die Funktionen $f_t(x) = t \cdot \sin x$ und $g_t(x) = t \cdot \cos x,\ 0 \leq x \leq \frac{\pi}{2}$.

a) An welcher Stelle schneiden sich f_t und g_t?
b) Wie groß ist der Inhalt der Fläche A, die von f_2, g_2 und der x-Achse umschlossen wird?
c) Wie groß muss t gewählt werden, wenn der Schnittwinkel γ der Kurven f_t und g_t 90° betragen soll?

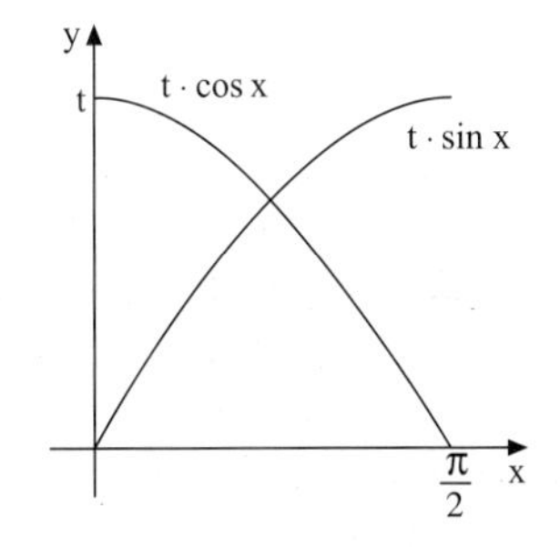

B. *Exkurs:* Kurven mit komplexen Funktionstermen

Im Folgenden werden etwas komplexere Funktionsterme als bisher betrachtet. Die Kurvenuntersuchungen gestalten sich dann wesentlich schwieriger als bisher. Wir beschränken uns im gegebenen Rahmen daher auf wenige exemplarische Fälle.

Beispiel: Skizzieren und beschreiben Sie den Graphen der Funktion $f(x) = \frac{1}{3}x + \sin x$. Zeigen Sie, dass dieser nur einmal die x-Achse schneidet.

Lösung:
Die Funktionswerte des Sinusterms werden mittels Ordinatenaddition auf die Gerade $y(x) = \frac{1}{3}x$ aufgetragen.
Der sich ergebende Graph schlängelt sich sinusartig an der Geraden entlang. Er besitzt eine Nullstelle sowie unendlich viele Extrema und Wendepunkte.
Die Nullstellengleichung $\frac{1}{3}x + \sin x = 0$ kann man nicht auflösen.
Man kann dennoch leicht begründen, weshalb x=0 ihre einzige Lösung ist. Zwischen 0 und π sind die Terme $\sin x$ und $\frac{1}{3}x$ beide positiv, also auch ihre Summe. Rechts von π ist $\frac{1}{3}x$ größer als 1 und sin x größer oder gleich −1, sodass die Summe der Terme hier ebenfalls stets positiv ist, was insgesamt Nullstellen rechts des Ursprungs ausschließt.

Graph:

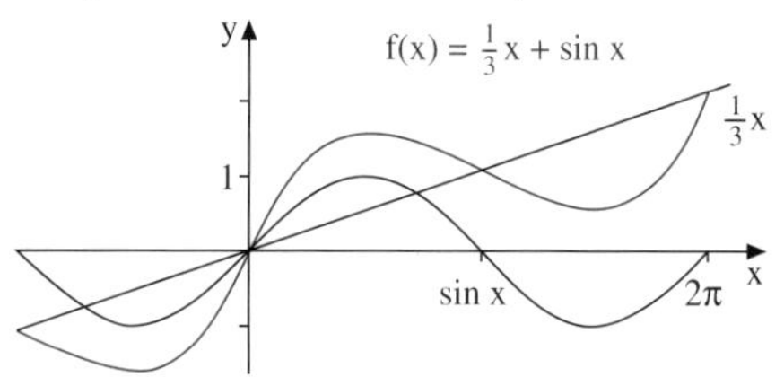

Nullstellen von f(x):

$x = 0$: $\quad f(0) = \frac{1}{3}\cdot 0 + \sin 0 = 0$

$0 < x \leq \pi$: $\quad \left.\begin{matrix} \frac{1}{3}x > 0 \\ \sin x > 0 \end{matrix}\right\} \Rightarrow f(x) > 0$

$x > \pi$: $\quad \left.\begin{matrix} \frac{1}{3}x > 1 \\ \sin x \geq -1 \end{matrix}\right\} \Rightarrow f(x) > 0$

Beispiel: Wir betrachten die schon oben untersuchte Funktion $f(x) = \frac{1}{3}x + \sin x$. Bestimmen Sie nun die Lage der ersten beiden Extremalpunkte rechts der y-Achse.

Lösung:
Die Extremalstellen ergeben sich als Nullstellen der ersten Ableitung. Diese liegen bei $x \approx 1{,}91 + 2k\pi$ bzw. bei $x \approx -1{,}91 + 2k\pi$.
Es handelt sich um abwechselnd aufeinander folgende Maxima und Minima.

Für k=0 bzw. k=1 erhalten wir die ersten beiden Extremalpunkte rechts der y-Achse.
Es handelt sich hierbei um einen Hochpunkt bei $x \approx 1{,}91$, $y \approx 1{,}58$ und einen Tiefpunkt bei $x \approx 4{,}37$, $y \approx 0{,}52$.

Lage und Art der Extremalstellen:

$$f'(x) = \frac{1}{3} + \cos x = 0$$
$$\cos x = -\frac{1}{3}$$
$$x = \arccos(-\tfrac{1}{3}) + 2k\pi$$
$$x \approx 1{,}91 + 2k\pi \qquad x' \approx -1{,}91 + 2k\pi$$
$$x \approx 1{,}91\ (k=0) \qquad x' \approx 4{,}37\ (k=1)$$

$$f''(1{,}91) \approx -\sin(1{,}91) \approx -0{,}94 < 0 \Rightarrow \text{Maximum}$$
$$f''(4{,}37) \approx -\sin(4{,}37) \approx +0{,}94 > 0 \Rightarrow \text{Minimum}$$

Beispiel: Diskutieren Sie die Funktion $f(x) = \sin(x^2)$.

Lösung:
f ist eine Verkettung der Sinusfunktion mit der Normalparabel. Der Graph verläuft sinusartig. Allerdings folgen Nullstellen, Extrema und Wendepunkte längs der positiven x-Achse nicht wie bei der Sinusfunktion in gleichen, sondern in immer kürzeren Abständen aufeinander. Das Argument wächst hier nämlich quadratisch und nicht linear mit x an.

1. Ableitungen / Nullstellen

Die erste Ableitung wird mit Hilfe der Kettenregel bestimmt. Die Errechnung der zweiten Ableitung erfordert zusätzlich die Anwendung der Produktregel.

Die Nullstellen liegen bei $x = -\sqrt{k\pi}$ und $x = +\sqrt{k\pi}$, wobei k eine nicht negative ganze Zahl ist.

$$f(x) = \sin(x^2)$$
$$f'(x) = 2x \cdot \cos(x^2)$$
$$f''(x) = 2\cos(x^2) - 4x^2 \cdot \sin(x^2)$$

$$f(x) = 0$$
$$\sin(x^2) = 0$$
$$x^2 = k\pi$$
$$x = \pm\sqrt{k\pi},\ k \in \mathbb{Z},\ k \geq 0$$

2. Extrema

Die nebenstehende Rechnung liefert die Lage der Extrema. Die Art der Extremstellen stellen wir z. B. durch Einsetzen in f'' fest.

Hochpunkte liegen an den Positionen: $H_k(\pm\sqrt{\frac{\pi}{2} + k\pi} \mid 1)$ mit geradem $k \geq 0$.

Als Tiefpunkte erhält man $T(0|0)$ sowie $T_k(\pm\sqrt{\frac{\pi}{2} + k\pi} \mid -1)$ mit ungeradem $k > 0$.

$$f'(x) = 0$$
$$2x \cdot \cos(x^2) = 0$$

I: $2x = 0 \quad \Rightarrow \quad x = 0,\ y = 0$ (Min.)

II: $\cos(x^2) = 0$

$$x^2 = \frac{\pi}{2} + k\pi \quad (k \in \mathbb{Z},\ k \geq 0)$$

$$x = \pm\sqrt{\frac{\pi}{2} + k\pi} \quad \begin{cases} \text{k gerade: } y=1 & \text{(Max.)} \\ \text{k unger.: } y=-1 & \text{(Min.)} \end{cases}$$

3. Graph

Der Graph kann mit den errechneten Informationen über die Nullstellen und die Extrema skizziert werden.

Man kommt ohne die Wendepunkte aus, deren Bestimmung recht kompliziert ist. Wir verzichten hier darauf.

Die Wendestellen liegen übrigens in der Nähe der Nullstellen $x = \pm\sqrt{k\pi}$.

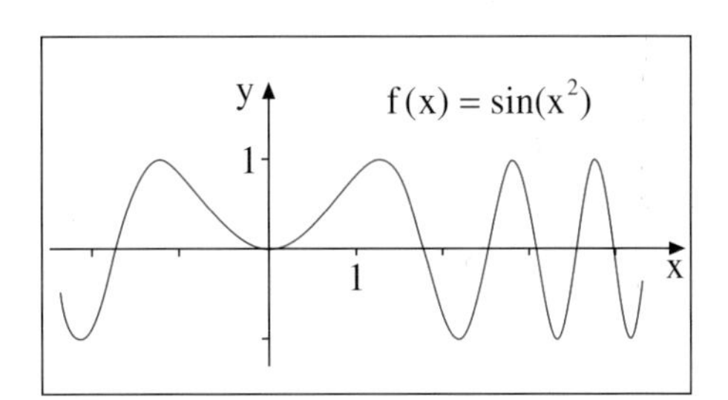

Übung 13

Gegeben ist die Funktion $f(x) = \frac{4}{9}x + \cos x, \quad 0 \leq x \leq 2\pi$. Fertigen Sie zunächst eine grobe Skizze des Graphen von f an. Untersuchen Sie die Funktion auf Extrema und Wendepunkte. Bestimmen Sie eine Stammfunktion von f. Berechnen Sie den Inhalt der Fläche A zwischen der Kurve, den beiden Koordinatenachsen und der senkrechten Geraden durch den Tiefpunkt. Gesucht ist außerdem der y-Achsenabschnitt der Normalen durch den ersten Wendepunkt rechts des Ursprungs.

Beispiel: Gegeben ist die Funktion $f(x) = \sin^2 x$, $0 \le x \le 2\pi$.

a) Entwickeln Sie eine Skizze des Graphen von f, ausgehend vom Graphen der Sinusfunktion.
b) Bestimmen Sie die Ableitungen f', f'' und f'''.
c) Beschreiben Sie die Lage der Nullstellen und der lokalen Extrema von f.
d) Berechnen Sie die Lage des ersten Wendepunkts von f rechts der y–Achse.

Lösung:
Diejenigen Punkte, in welchen der Sinus die Werte 0 oder 1 annimmt, bleiben beim Quadrat der Sinusfunktion erhalten. Hiermit und mit einer ergänzenden Wertetabelle ergibt sich der rechts abgebildete Kurvenverlauf.

Graph:

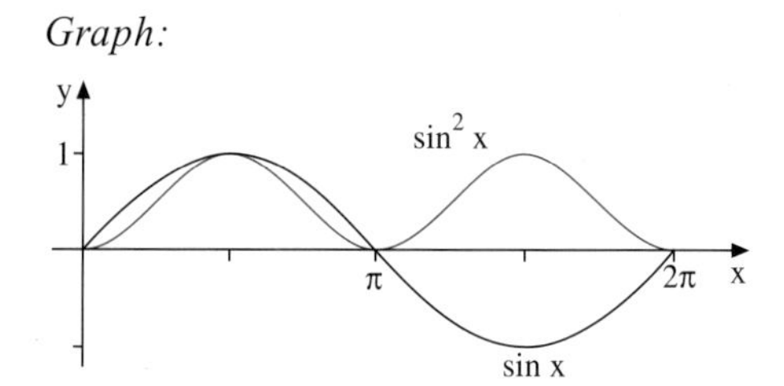

Die Ableitungen von f können wir mit der Kettenregel und mit der Produktregel errechnen.
Die Resultate sind rechts aufgeführt.

Ableitungen:

$$f(x) = \sin^2 x = (\sin x)^2$$
$$f'(x) = 2\cdot\sin x\cdot\cos x = \sin 2x$$
$$f''(x) = 2\cdot\cos 2x$$
$$f'''(x) = -4\cdot\sin 2x$$

Die Nullstellen der Funktion liegen bei $x=0$, $x=\pi$ und $x=2\pi$.

Die lokalen Extremalpunkte von f sind $H_1(\frac{\pi}{2}|1)$, $T(\pi|0)$ und $H_2(\frac{3\pi}{2}|1)$.
Diese Ergebnisse kann man offensichtlich der Skizze entnehmen. Um alle Zweifel auszuräumen, wäre dennoch die formale Berechnung erforderlich.

Wendestellen:

$$f''(x) = 0 \quad \text{notwendige Bedingung}$$
$$2\cdot\cos 2x = 0$$
$$\cos 2x = 0$$

$$2x = \frac{\pi}{2} + 2k\pi \quad \text{oder} \quad 2x = -\frac{\pi}{2} + 2k\pi$$

$$x = \frac{\pi}{4} + k\pi \quad\Big|\quad x = -\frac{\pi}{4} + k\pi$$

$$x = \frac{\pi}{4},\ x = \frac{5}{4}\pi \quad\Big|\quad x = \frac{3}{4}\pi,\ x = \frac{7}{4}\pi$$

Die kleinste Wendestelle liegt nach nebenstehender Rechnung bei $x=\pi/4$.
Der gesuchte Wendepunkt ist $W(\frac{\pi}{4}|\frac{1}{2})$.

$$f'''(\tfrac{\pi}{4}) = -4 < 0 \Rightarrow \text{Links-rechts-Wendepunkt}$$

Die Diskussion dieser Funktion wird in Übung 14 fortgesetzt.

Übung 14

Gegeben ist die im obigen Beispiel betrachtete Funktion $f(x) = \sin^2 x$, $0 \le x \le 2\pi$.

a) Zeigen Sie durch Differenzieren: $F(x) = \frac{1}{2}x - \frac{1}{2}\sin x \cdot \cos x$ ist Stammfunktion von f.
b) Berechnen Sie den Inhalt der Fläche zwischen den Graphen von f und der x-Achse über dem betrachteten Intervall $0 \le x \le 2\pi$.
c) Wo schneidet die Kurvennormale durch den ersten rechts des Ursprungs liegenden Wendepunkt, der im obigen Beispiel berechnet wurde, die x-Achse?

Beispiel: Gegeben ist die Funktion $f(x) = x \cdot \sin x$, $-2\pi \le x \le 2\pi$.

a) Skizzieren Sie den Graphen von f, ausgehend von den Graphen der Faktoren.

b) Bestimmen Sie die Lage des ersten Maximums rechts des Ursprungs näherungsweise auf eine Nachkommastelle genau.

Lösung zu a):
Die Werte des Terms sin x liegen stets zwischen −1 und 1. Daher verläuft der Graph von $f(x) = x \cdot \sin x$ stets zwischen den beiden Geraden $y = -x$ und $y = x$.
Der Graph von f ist achsensymmetrisch zur y-Achse, da folgende Rechnung gilt: $f(-x) = (-x) \cdot \sin(-x) = x \cdot \sin x = f(x)$.
Die Nullstellen von f stimmen mit den Nullstellen der Sinusfunktion überein und liegen daher bei 0, $\pm\pi$ und $\pm 2\pi$.
Über den Extremalstellen der Sinusfunktion berührt der Graph von f die Begrenzungsgeraden $y = -x$ und $y = x$.
Der Graph ist rechts skizziert.

Graph:

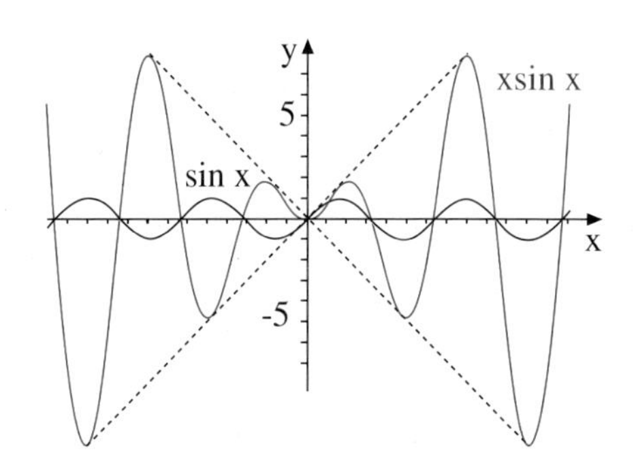

Lösung zu b):
Die Extremalbestimmung führt auf die leider nicht exakt auflösbare Gleichung $\sin x + x \cdot \cos x = 0$.
Mit einer Wertetabelle können wir uns an eine akzeptable Näherung herantasten, ausgehend von der Schätzung nach Zeichnung, dass x knapp unter 2 liegt.

Resultat: Der gesuchte Hochpunkt liegt näherungsweise bei H(2,05|1,82).
Genauere Resultate kann man mit systematischen Näherungsverfahren erzielen, z. B. mit dem Intervallhalbierungsverfahren oder dem Newton-Verfahren.

Extremalbestimmung:

$f'(x) = \sin x + x \cdot \cos x$
$f'(x) = 0$
$\sin x + x \cdot \cos x = 0$

x	sin x + x·cos x
1,6	0,95
1,7	0,77
1,8	0,56
1,9	0,33
2,0	0,077
2,1	−0,2

$x \approx 2{,}05$

Übung 15

Gegeben ist die Funktion $f(x) = x \cdot \sin x$, $-2\pi \le x \le 2\pi$, die schon oben betrachtet wurde.

a) Zeigen Sie, dass $F(x) = \sin x - x \cdot \cos x$ eine Stammfunktion von f ist. Berechnen Sie den Inhalt der oberhalb der x-Achse unter dem Graphen von f liegenden Fläche A.

b) Weisen Sie rechnerisch nach, dass der Graph von f die eingezeichneten Geraden $y = -x$ und $y = x$ bei $x = \pm\frac{\pi}{2}$ und $x = \pm\frac{3\pi}{2}$ tatsächlich berührt.

Abschließend untersuchen wir eine trigonometrische Kurvenschar.

Beispiel: Diskutieren Sie die Kurvenschar $f_t(x) = t\,(1 + \sin(tx))$ mit $t > 0$ für den Bereich eines Periodenintervalls. Zeichnen Sie die Graphen von f_1 und f_2.

Lösung:

1. Periode

Die Funktion f_t hat die Periodenlänge $p = \frac{2\pi}{t}$. Die folgenden Berechnungen beziehen sich daher alle auf das Periodenintervall $[0\,;\,2\pi]$.

2. Nullstellen

Bei $N(\frac{3\pi}{2t}\,|\,0)$ liegen die Nullstellen der Kurvenschar.

$$\begin{aligned} f_t(x) &= 0 \\ t\,(1 + \sin(tx)) &= 0 \qquad (t > 0) \\ \sin(tx) &= -1 \\ tx &= \frac{3\pi}{2} \\ x &= \frac{3\pi}{2t} \end{aligned}$$

3. Ableitungen

Die Ableitungen ergeben sich mit Hilfe der Kettenregel.

$$\begin{aligned} f_t'(x) &= t^2 \cos(tx) \\ f_t''(x) &= -t^3 \sin(tx) \\ f_t'''(x) &= -t^4 \cos(tx) \end{aligned}$$

4. Extrema

f_t' hat Nullstellen bei $x = \frac{\pi}{2t}$ und $x = \frac{3\pi}{2t}$. Dort liegen relative Extrema, wie die Standardüberprüfung mittels f_t'' zeigt: $H(\frac{\pi}{2t}\,|\,2t)$, $T(\frac{3\pi}{2t}\,|\,0)$.

$$\begin{aligned} f_t'(x) &= 0 \\ t^2 \cos(tx) &= 0 \qquad (t > 0) \\ \cos(tx) &= 0 \\ tx &= \frac{\pi}{2}\,,\quad tx = \frac{3\pi}{2} \\ x &= \frac{\pi}{2t}\,,\quad x = \frac{3\pi}{2t} \end{aligned}$$

$$f_t''(\tfrac{\pi}{2t}) = -t^3 < 0 \Rightarrow \text{Max.}$$

$$f_t''(\tfrac{3\pi}{2t}) = t^3 > 0 \Rightarrow \text{Min.}$$

5. Wendepunkte

$$\begin{aligned} f_t''(x) &= 0 \\ -t^3 \sin(tx) &= 0 \qquad (t > 0) \\ \sin(tx) &= 0 \\ tx &= 0\,,\quad tx = \pi \\ x &= 0\,,\quad x = \frac{\pi}{t} \end{aligned}$$

$$f_t'''(0) \neq 0 \Rightarrow W(0\,|\,t)$$

$$f_t'''(\tfrac{\pi}{t}) \neq 0 \Rightarrow W(\tfrac{\pi}{t}\,|\,t)$$

6. Graphen für t = 1 und t = 2

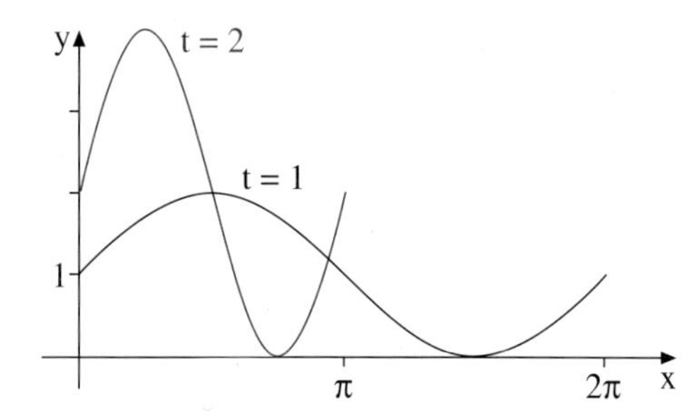

Übung 16

Untersuchen Sie die Kurvenschar $f_t(x) = t \cos x - t$, $t>0$, für $-\pi \leq x \leq \pi$.

a) Bestimmen Sie Nullstellen, Extrema und Wendepunkte von f_t.

b) Skizzieren Sie die Graphen von f_1 und f_2.

c) Bestimmen Sie die Gleichung der Wendetangente und der Wendenormalen von f_t $(x>0)$.

d) Bestimmen Sie den Inhalt der Fläche A zwischen dem Graphen von f_1, der Wendetangente und der y-Achse.

Übungen

17. Gegeben ist die Funktion $f(x) = \cos x - x,\ 0 \le x \le 2\pi$.

a) Skizzieren Sie den Graphen von f.

b) Bestimmen Sie die Lage der im Innern des Intervalls $[0; 2\pi]$ liegenden Stellen von f mit waagerechter Tangente.

c) Gesucht sind die Wendepunkte von f.

d) Berechnen Sie eine Stammfunktion von f.

e) Gesucht ist der Inhalt der Fläche zwischen dem Graphen von f, der y–Achse und der durch den linken der beiden Wendepunkte von f gehenden Ursprungsgeraden.

18. Gegeben ist die Funktion $f(x) = \sqrt{\cos x + 1},\ 0 \le x \le 2\pi$.

a) Untersuchen Sie f auf Nullstellen und Extrema.

b) Zeichnen Sie den Graphen von f.

c) Bestimmen Sie die Gleichung der Tangente an den Graphen von f bei $x = \frac{\pi}{2}$ und $x = \frac{3}{2}\pi$.

d) Gesucht sind Schnittpunkt und Schnittwinkel der beiden Tangenten aus c.

19. Gegeben ist die Funktion $f(x) = x + \sin(2x),\ -\pi \le x \le \pi$.

a) Skizzieren Sie mittels Ordinatenaddition den Graphen von f.

b) Gesucht sind die Extremalpunkte von f.

c) Bestimmen Sie die Wendepunkte von f.

d) Bestimmen Sie den Inhalt der Fläche zwischen dem Graphen von f und der Geraden $y=x-1$.

20. Gegeben ist die Funktionenschar $f_t(x) = 1 + t \cdot \sin x,\ t \ge 0,\ 0 \le x \le 2\pi$.

a) Skizzieren Sie die Graphen von f_0, f_1 und f_2.

b) Gesucht sind die Extrema und Wendepunkte von f_t.

c) Welche Scharfunktionen f_t besitzen Nullstellen?

d) Bestimmen Sie die Nullstellen von f_2.

e) Die Tangenten von f_t bei $x = 0$ und $x = \pi$ schneiden sich.
Wie muss t gewählt sein, wenn der Schnittwinkel $60°$ betragen soll?

1. Wie lauten die beiden letzten Ziffern von $7^{7^{7^7}} - 7^7$?

2. Alle Zahlen der Form
1331
1030301
1003003001 usw.
sind Kubikzahlen. Weisen Sie dies nach.

6. Exkurs: Extremalprobleme und Rekonstruktionen

A. Trigonometrische Extremalprobleme

Beispiel: Sektschale
Die Seitenkanten einer Sektschale sind 1 dm lang. Wie muss der Öffnungswinkel α gewählt werden, damit der Inhalt der Schale möglichst groß wird?

Lösung:
Das Glas hat Kegelform. Die Volumenformel des Kegels enthält die beiden Variablen r und h, die wir durch den Sinus und den Kosinus des halben Öffnungswinkels β ausdrücken können.
So erhalten wir eine nur von β abhängige Zielfunktion V für das Volumen.

Die Extremalberechnung mit Hilfe der ersten Ableitung von V führt auf ein Extremum für $\beta = 0{,}9553$ bzw. $\beta = 54{,}74°$, so dass der optimale Öffnungswinkel $109{,}5°$ beträgt.

Es handelt sich also um eine relativ flache Weinschale.

Eine Alternativlösung erhält man ohne trigonometrische Funktionen, wenn man die Nebenbedingung $r^2+h^2 = 1$ und die Zielfunktion $V(h) = \frac{\pi}{3}(h - h^3)$ verwendet.

Hauptbedingung:

$V = \frac{\pi}{3} r^2 \cdot h$

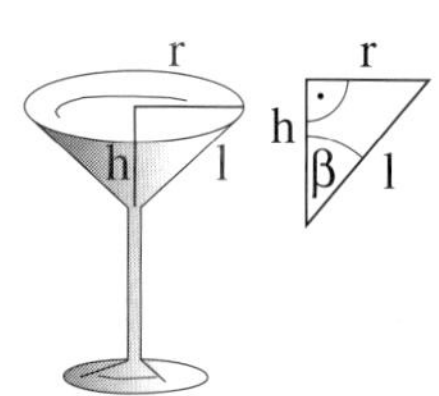

Nebenbedingung:

$r = 1 \cdot \sin\beta$
$h = 1 \cdot \cos\beta$

Zielfunktion:

$$V(\beta) = \frac{\pi}{3} \cdot \sin^2\beta \cdot \cos\beta = \frac{\pi}{3}(1 - \cos^2\beta) \cdot \cos\beta = \frac{\pi}{3}(\cos\beta - \cos^3\beta)$$

Extremalberechnung:

$$V'(\beta) = \frac{\pi}{3}(-\sin\beta + 3\cos^2\beta \cdot \sin\beta) \overset{!}{=} 0$$

$$\sin\beta \cdot (\underbrace{3\cos^2\beta - 1}) = 0$$

$$\cos^2\beta = \frac{1}{3}$$

$$\cos\beta = \frac{1}{\sqrt{3}}, \quad \beta = 0{,}9553 \mathrel{\hat{=}} 54{,}74^\circ$$

Übung 1
Wie muss die Stelle x gewählt werden, wenn der Umfang des eingezeichneten Rechtecks maximal werden soll?

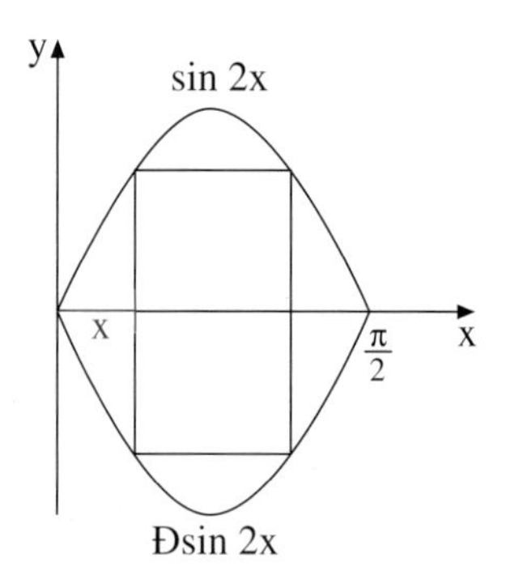

In den folgenden Beispielen werden die auftretenden Zielfunktionen etwas komplizierter.

Beispiel: Aus Marmorplatten von jeweils 10 m Länge und 2 m Breite soll eine Rinne mit trapezförmigem Querschnitt angefertigt werden.
Für welche Größe des Winkels α wird das Fassungsvermögen der Rinne maximal?

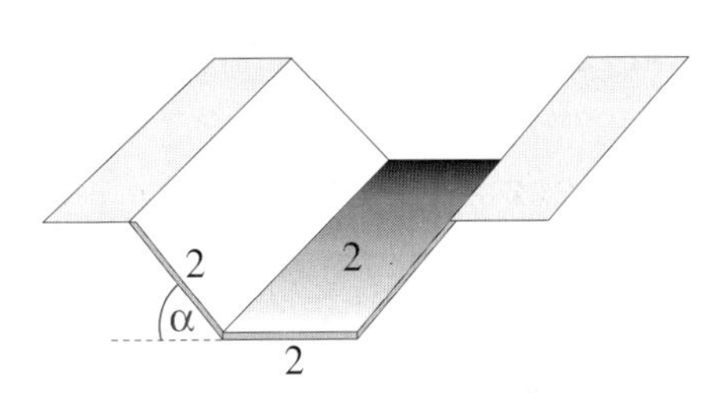

Lösung:
Die Länge der Rinne spielt keine Rolle. Es genügt, die Querschnittsfläche zu maximieren.

Wir stellen diese als Funktion des Winkels α dar:

$$A(\alpha) = 4 \cdot \sin\alpha \cdot (1 + \cos\alpha).$$

Durch Differentiation nach der Produktregel ergibt sich die Ableitungsfunktion:

$$A'(\alpha) = 4(\cos^2\alpha + \cos\alpha - \sin^2\alpha).$$

Nullsetzen führt auf eine quadratische Bestimmungsgleichung für α:

$$\cos^2\alpha + \tfrac{1}{2}\cos\alpha - \tfrac{1}{2} = 0.$$

Eine der beiden Lösungen dieser trigonometrischen Gleichung ist $\cos\alpha = 0{,}5$. Diese Lösung liefert das Resultat $\alpha = 60^\circ$.

Überprüfung mittels $A''(60^\circ) = -10{,}4 < 0$ bestätigt, dass hier tatsächlich ein Maximum vorliegt.

Hauptbedingung:

$A = (2 + x) \cdot h$

Nebenbedingung:

$x = 2 \cdot \cos\alpha$

$h = 2 \cdot \sin\alpha$

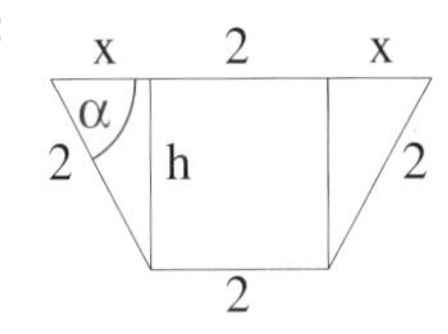

Zielfunktion:

$$A(\alpha) = (2 + 2 \cdot \cos\alpha) \cdot 2\sin\alpha = 4 \cdot \sin\alpha \cdot (1 + \cos\alpha)$$

$$A'(\alpha) = 4(\cos^2\alpha + \cos\alpha - \sin^2\alpha)$$

Extremalberechnung:

$$\cos^2\alpha + \cos\alpha - \sin^2\alpha = 0$$

$$\cos^2\alpha + \cos\alpha - 1 + \cos^2\alpha = 0$$

$$\cos^2\alpha + \tfrac{1}{2}\cos\alpha - \tfrac{1}{2} = 0$$

$$\cos\alpha = -\tfrac{1}{4} \pm \sqrt{16 + \tfrac{1}{2}} = -\tfrac{1}{4} \pm \tfrac{3}{4}$$

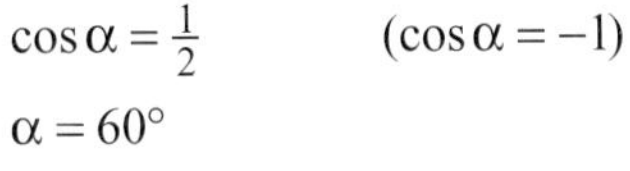

$$\cos\alpha = \tfrac{1}{2} \qquad (\cos\alpha = -1)$$

$$\alpha = 60^\circ$$

Übung 2
Gegeben sind die Graphen der beiden Funktionen f und g mit den Gleichungen $f(x) = \sin x$ und $g(x) = -\sin 2x$, $0 \le x \le \pi$. Wie muss x gewählt werden, wenn der Betrag der Ordinatendifferenz h der beiden Kurven maximal werden soll?

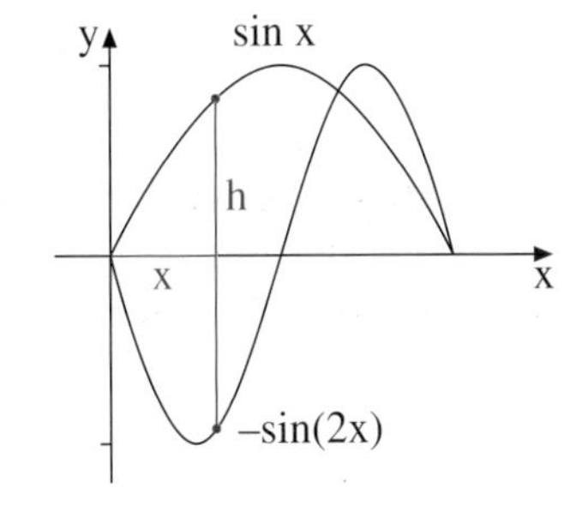

Im folgenden Beispiel spielt ein physikalischer Ansatz eine Rolle.

Beispiel: Ein 10 m breiter Wasserlauf soll von der Achterbahn besonders effektvoll, d. h. in möglichst kurzer Zeit, überbrückt werden. Wie muss der Winkel α der Achterbahn gegen die Horizontale gewählt werden?

Lösung:
Wird der Winkel α sehr groß, so dauert die Fahrt zu lange, weil der Fahrweg dann zu lang ist. Wird der Winkel zu klein, so dauert die Fahrt ebenfalls lange, weil die Fahrbeschleunigung zu gering ist.
Dazwischen muss ein Optimum liegen.
Wir stellen zunächst die physikalischen Grundlagen zusammen.
Grundlegend ist das Weg-Zeit-Gesetz der gleichmäßig beschleunigten Bewegung:

$$s = \frac{a}{2} \cdot t^2.$$

Die Erdbeschleunigung g wird durch die Zwangsbewegung auf der geneigten Fahrbahn in zwei Komponenten $g \cdot \sin\alpha$ in Fahrtrichtung und $g \cdot \cos\alpha$ senkrecht zur Bahn aufgeteilt.
Nur die erste Komponente wird hier beschleunigungswirksam, die zweite wird durch die Fahrbahn kompensiert.
Der Fahrweg ist durch den Term $s = \frac{10}{\cos\alpha}$ darstellbar.

Um die Zielfunktion aufzustellen, setzen wir in die Formel $t^2 = \frac{2s}{a}$ die für a und s gefundenen Terme ein und erhalten den Ausdruck $t^2 = \frac{40}{g} \cdot \frac{1}{\sin(2\alpha)}$, den wir als Zielfunktion verwenden.
Die Extremalrechnung für die Zielfunktion t^2 liefert uns das Optimum für den Winkel $\alpha = 45°$.

Die minimale Fahrzeit beträgt dann ca. 2 Sekunden bei einem Fahrweg von ca. 14,1 Metern.

Physikalische Grundlagen:

$s = \frac{a}{2} \cdot t^2$ $\quad s =$ *Fahrweg*

$t^2 = \frac{2s}{a}$ $\quad a =$ *gleichmäßige Beschleunigung*

$t =$ *Fahrzeit*

Beschleunigung und Weg:

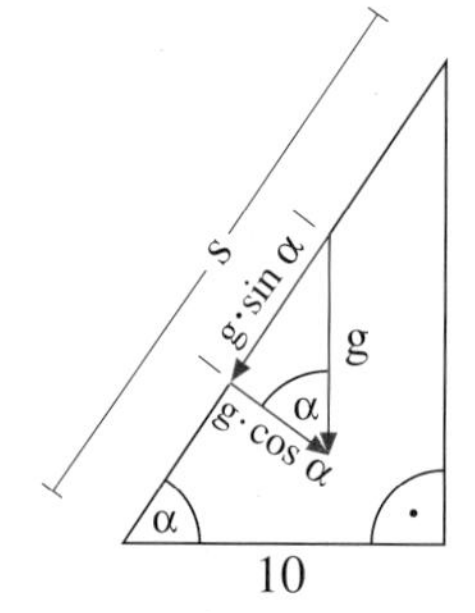

Fahrbeschleunigung:

$a = g \cdot \sin\alpha$

Fahrweg:

$\cos\alpha = \frac{10}{s}$

$s = \frac{10}{\cos\alpha}$

Zielfunktion:

$$t^2 = \frac{2 \cdot \frac{10}{\cos\alpha}}{g \cdot \sin\alpha} = \frac{20}{g} \cdot \frac{1}{\sin\alpha \cdot \cos\alpha}$$

$$t^2 = \frac{40}{g} \cdot \frac{1}{\sin(2\alpha)}$$

Extremalberechnung:

$$(t^2)' = -\frac{40}{g} \cdot \frac{2\cos(2\alpha)}{\sin^2(2\alpha)} \overset{!}{=} 0$$

$$\cos(2\alpha) = 0$$

$$2\alpha = 90°$$

$$\alpha = 45°$$

Übungen

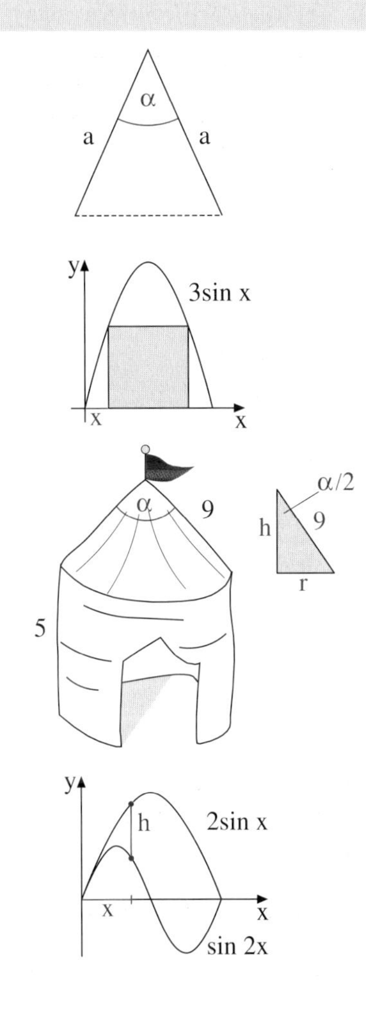

3. Der Flächeninhalt eines gleichschenkligen Dreiecks soll maximal werden.
Wie groß muss der Winkel zwischen den beiden Schenkeln gewählt werden?

4. Wie muss x gewählt werden, wenn der Umfang des abgebildeten Rechtecks möglichst groß werden soll?

5. Ein Rundzelt hat die Form eines Zylinders mit aufgesetztem Kegel. Der Zylinder ist 5 m hoch. Die Mantellinie des Kegels ist 9 m lang.
Wie groß muss der Öffnungswinkel des Kegels gewählt werden, wenn das Luftvolumen des Zeltes maximal werden soll?
Wie groß ist das maximale Volumen?

6. Wie muss x gewählt werden, wenn die Ordinatendifferenz h der beiden eingezeichneten Funktionen maximal werden soll?

7. Die sechs Seitenkanten einer sechsseitigen Wabe haben die feste Länge 1.
Variabel ist der Winkel α.
Wie muss α gewählt werden, wenn die Fläche A der Wabe einen maximalen Inhalt annehmen soll?
Welche Form besitzt die optimale Wabe?

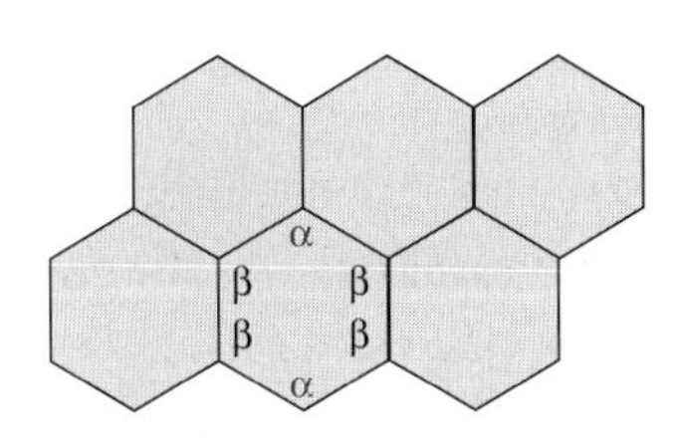

8. Ein Brett der Länge L soll durch die Ecke von einem Gang in den nächsten Gang getragen werden. Es wird stets horizontal gehalten.
Wie lang darf das Brett maximal sein?
Hinweis: Stellen Sie L als Funktion von α dar.

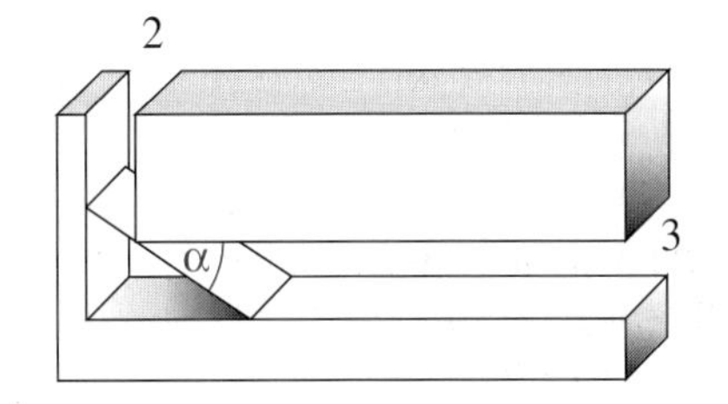

B. Rekonstruktionsaufgaben

Während bei einer Kurvendiskussion aus dem Funktionsterm wichtige Eigenschaften der Funktion wie Nullstellen, Extrema und Wendepunkte abgeleitet werden, liegt bei der Rekonstruktion / Konstruktion von Funktionen die umgekehrte Aufgabenstellung vor. Charakteristische Eigenschaften der Funktion – z. B. auch graphischer Art – sind gegeben. Ein passender Funktionsterm ist hieraus zu konstruieren.

Beispiel: Eine modifizierte Sinusfunktion vom Typ $f(x) = a \cdot \sin(bx)$ besitzt die der nicht maßstäblichen Skizze zu entnehmende Eigenschaft. Wie lautet der konkrete Funktionsterm von f?

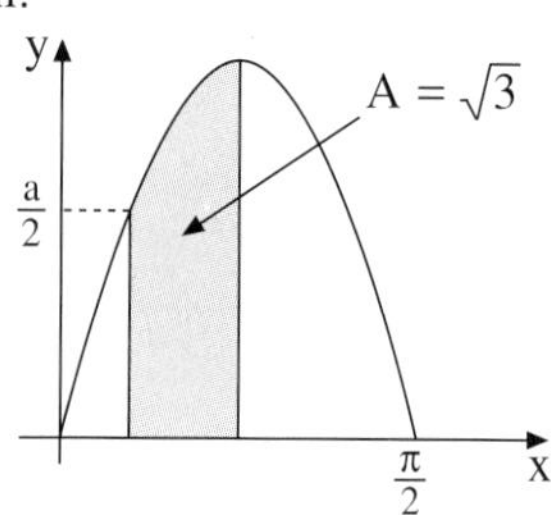

Lösung:
Der Skizze kann man entnehmen, dass die Periodenlänge der Funktion π beträgt. Daher muss der Faktor b im Ansatz $f(x) = a \cdot \sin(bx)$ den Wert 2 haben, so dass $f(x) = a \cdot \sin(2x)$ gilt.
Um a zu bestimmen, müssen wir die in der Skizze enthaltene Flächeninhaltsinformation $A = \sqrt{3}$ ausnutzen, was durch Integration geschieht.
Zunächst stellen wir die Integrationsgrenzen fest. Während die obere Grenze $x = \frac{\pi}{4}$ aus der Skizze direkt ablesbar ist, ist die untere Grenze x durch Angabe des zugehörigen Funktionswertes charakterisiert, der $f(x) = \frac{a}{2}$ beträgt. Die Bestimmungsgleichung $a \cdot \sin(2x) = \frac{a}{2}$ führt auf die untere Grenze $x = \frac{\pi}{12}$.
Nun können wir durch Integrationsrechnung wie dargestellt a berechnen. Wir erhalten $a = 4$.
Die gesuchte Funktion ist also

$$f(x) = 4 \cdot \sin(2x).$$

Ansatz:
Typ: $f(x) = a \cdot \sin(bx)$

Bestimmung von b:
Periodenlänge: $\pi \Rightarrow b = 2$

Bestimmung von a:
obere Integrationsgrenze: $x = \frac{\pi}{4}$
untere Integrationsgrenze:

$$f(x) = \frac{a}{2}$$
$$a \cdot \sin(2x) = \frac{a}{2}$$
$$\sin(2x) = \frac{1}{2}$$
$$2x = \frac{\pi}{6}, \quad x = \frac{\pi}{12}$$

Flächenberechnung:

$$A = \int_{\frac{\pi}{12}}^{\frac{\pi}{4}} a \cdot \sin(2x)dx$$
$$\sqrt{3} = \left[-\frac{a}{2}\cos(2x)\right]_{\frac{\pi}{12}}^{\frac{\pi}{4}}$$
$$\sqrt{3} = \frac{a}{2}\cos\frac{\pi}{6} = \frac{a}{2} \cdot \frac{\sqrt{3}}{2} = a \cdot \frac{\sqrt{3}}{4}$$
$$a = 4$$

Übung 9
Gesucht ist die modifizierte Kosinusfunktion $f(x) = a \cdot \cos(bx + c)$ mit den an der nicht maßstäblichen Skizze ablesbaren Eigenschaften.

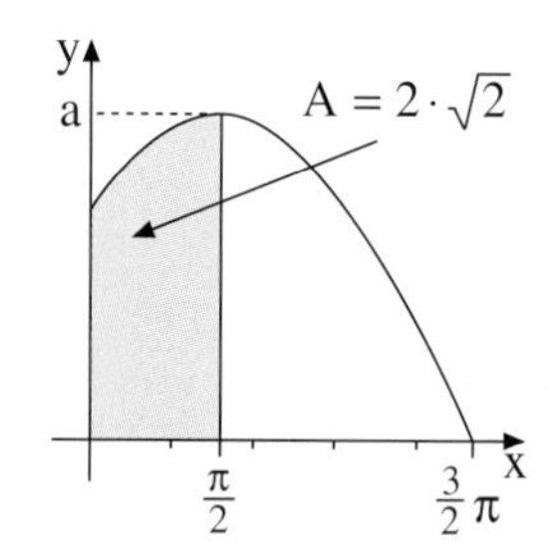

Gesucht wird die flüchtige Isolde f. Sie gehört zum Clan der trigonometrischen Funktionen und soll sich in der Gestalt von $f(x) = a \cdot \sin(bx + c)$ tarnen.
Nach Zeugenaussagen sollen die Nullstellen von Isolde f bei $x = \frac{\pi}{2}$ und $x = \frac{5\pi}{2}$ liegen.
Die Flüchtige befindet sich in Begleitung ihrer Kumpanen namens x-Achse und y-Achse. In Tatgemeinschaft mit diesen beiden Elementen soll sie Anna A als Geisel genommen haben.
Im Besitz der Anna A befinden sich $2 - \sqrt{2}$ Flächeneinheiten.
Für die Identifikation und Festsetzung der f wird eine hohe Belohnung ausgesetzt.

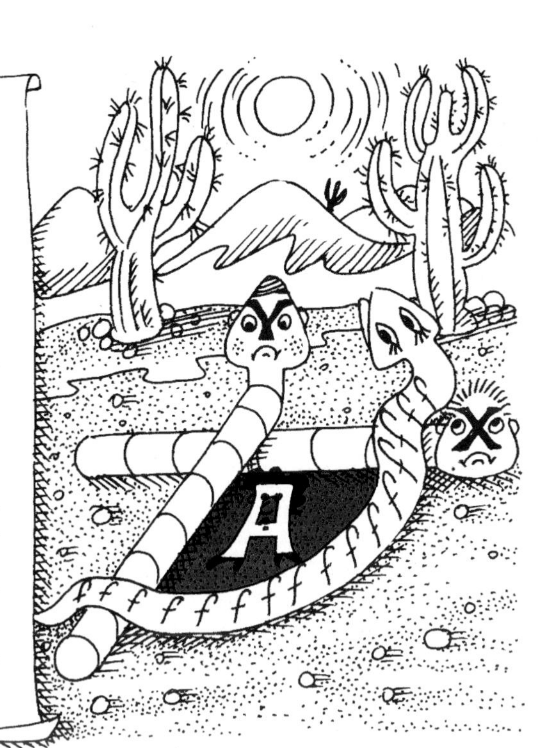

Lösung des Falles:
Die beiden kleinsten Nullstellen der gesuchten Isolde f liegen bei $x = \frac{\pi}{2}$ und bei $x = \frac{5\pi}{2}$.
Daher muss ihr Argument $bx + c$ bei der Einsetzung dieser Zahlen die Werte 0 und π annehmen, die zu den kleinsten positiven Nullstellen des Sinus führen.

Hieraus kann scharfsinnig auf $b = \frac{1}{2}$ geschlossen werden, wobei ein Subtraktionsverfahren eingesetzt wurde.
Die vorläufige Gestalt der Flüchtigen ergab sich damit zu $f(x) = a \cdot \sin\left(\frac{1}{2}x - \frac{\pi}{4}\right)$, woraus das rechts ausgehängte Phantombild entstand.

Mit dem großen Integrator konnte das noch fehlende Glied a zu $a = 1$ bestimmt werden.

Isolde f war damit identifiziert und wurde festgesetzt: $f(x) = \sin\left(\frac{1}{2}x - \frac{\pi}{4}\right)$.

$$\left.\begin{aligned} b \cdot \tfrac{\pi}{2} + c &= 0 \\ b \cdot \tfrac{5\pi}{2} + c &= \pi \end{aligned}\right\} \Rightarrow b = \tfrac{1}{2}, \quad c = -\tfrac{\pi}{4}$$

$$\Rightarrow f(x) = a \cdot \sin\left(\tfrac{1}{2}x - \tfrac{\pi}{4}\right)$$

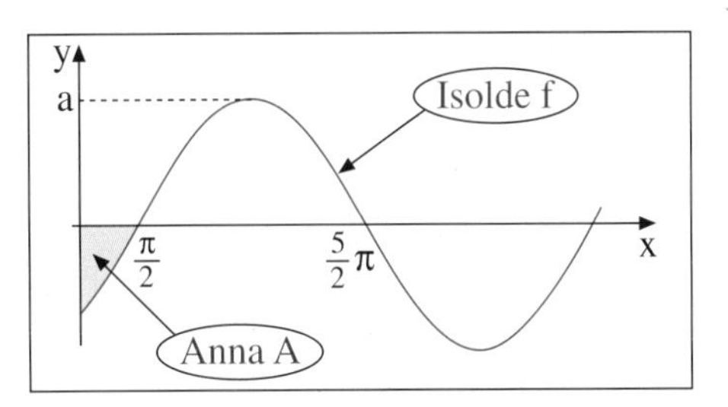

$$\Rightarrow \int_0^{\frac{\pi}{2}} a \cdot \sin\left(\tfrac{1}{2}x - \tfrac{\pi}{4}\right) dx \stackrel{!}{=} -(2 - \sqrt{2})$$

$$\left[-2a \cdot \cos\left(\tfrac{1}{2}x - \tfrac{\pi}{4}\right)\right]_0^{\frac{\pi}{2}} = -2 + \sqrt{2}$$

$$-2a + a \cdot \sqrt{2} = -2 + \sqrt{2}$$

$$a = 1$$

Übungen

10. Die Parabel $f(x) = ax^2$ und die Sinuskurve $g(x) = 2 \cdot \sin x$, $0 \le x \le \pi$, schneiden sich im Hochpunkt der Sinuskurve.
Wie groß ist die von beiden Kurven eingeschlossene Fläche A?

11. Die Parabel $f(x) = ax^2$ und die Sinuskurve $g(x) = b \cdot \sin x$, $0 \le x \le \pi$, schneiden sich im Hochpunkt der Sinuskurve.
Die von beiden Kurven umschlossene Fläche hat den Inhalt $6 - \pi$.
Wie lauten die Funktionsgleichungen der Kurven?

12. Die beiden kleinsten positiven Nullstellen der sinusartigen Funktion $f(x) = a \cdot \sin(b(x - c))$ liegen bei $x = \frac{\pi}{4}$ und $x = \frac{7}{4}\pi$.
Der Graph der Funktion und die Verbindungsstrecke dieser beiden Nullstellen umschließen eine Fläche A oberhalb der x-Achse, deren Inhalt 3 beträgt. Bestimmen Sie $f(x)$.

13. Eine modifizierte Sinusfunktion des Typs $f(x) = a \cdot \sin(bx + c) + d$ geht durch den Ursprung und schneidet dort die x-Achse unter einem Winkel von 60°. Die Periodenlänge der Funktion beträgt π, f ist symmetrisch zum Ursprung. Wie heißt die Funktion?

14. Wie lautet die Gleichung der abgebildeten sinusartigen Kurve, bezogen auf das eingezeichnete Koordinatensystem?

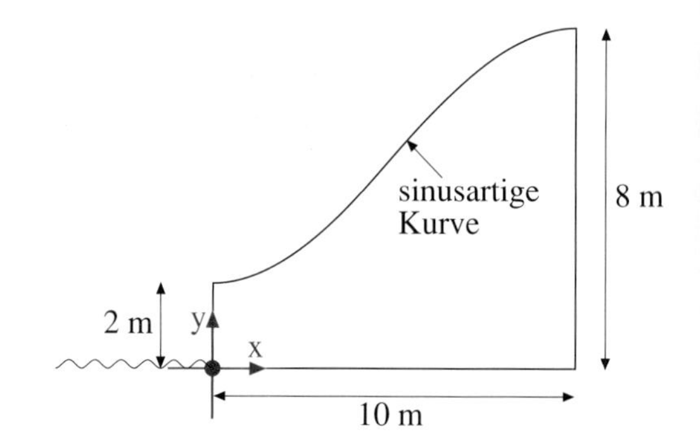

15. Wie lauten die Gleichungen der beiden abgebildeten Kurven, die nicht maßstäblich dargestellt sind?

$f(x) = a \cdot \cos(bx)$

$g(x) = a \cdot (x^2 - 1)$

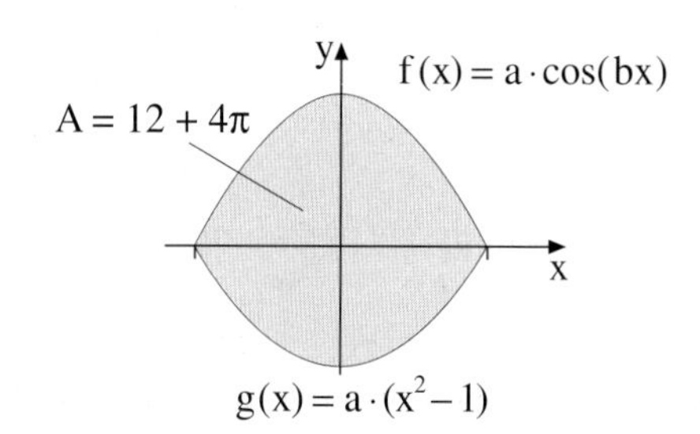

16. Gegeben ist die Funktion $f(x) = a \cdot \sin(bx) + c$.
Sie ist punktsymmetrisch zum Ursprung und besitzt die Periodenlänge 4.
Zwischen dem Graphen von f und der Geraden $y = x$ liegt über dem Intervall $[0; 1]$ die Fläche A mit dem Inhalt 1.
Wie lautet die Funktionsgleichung ?

17. Gegeben sind die abgebildeten Graphen der modifizierten Kosinusfunktion $f(x) = a \cdot \cos(bx) + c$ und der Parabel $g(x) = ux^2 + vx + w$.

a) Gesucht sind die Funktionsgleichungen von f und g.

b) Wie groß ist der Inhalt der Fläche zwischen den beiden Graphen?

c) Unter welchem Winkel treffen sich die Graphen bei $x = 4$?

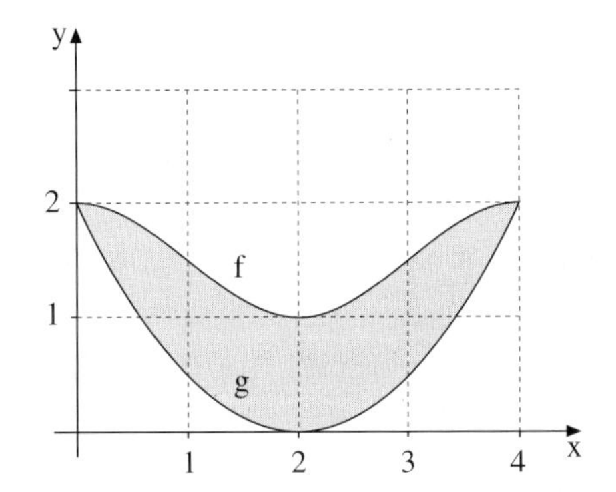

18. Wie lautet der Funktionsterm der abgebildeten Kurve? Die Skizze ist nicht maßstäblich.

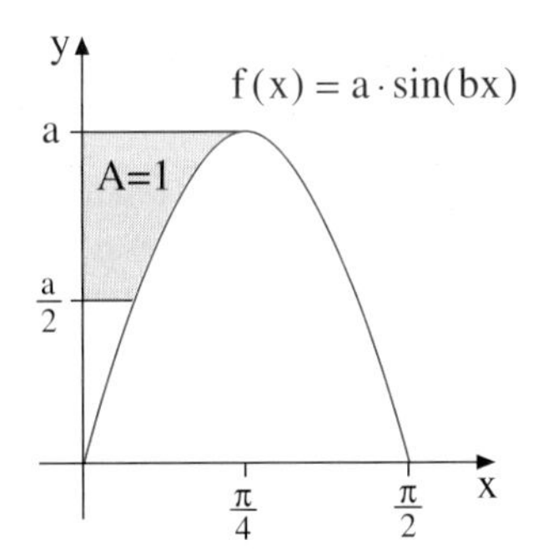

19. Wie lautet die Gleichung der Polynomfunktion g, deren Graph durch die drei markierten Punkte der Kosinusfunktion $f(x) = \cos x$ geht?
Wie groß ist der Inhalt der Fläche A zwischen den Graphen von f und g über dem Intervall $[-\frac{\pi}{2}; \frac{\pi}{2}]$?
Errechnen Sie näherungsweise auf zwei Nachkommastellen genau, an welcher Stelle $x > 0$ die Differenz der Funktionswerte von g und f maximal wird.

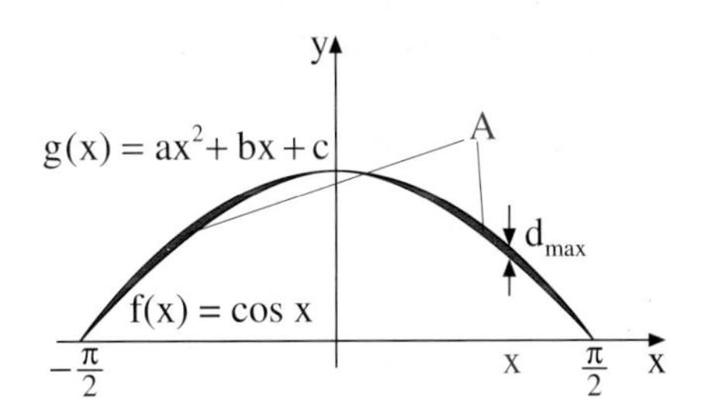

Stichwortverzeichnis